计 算

高等职业教育"十三五"规划教材

SQL Server数据库项目化教程

主 编 李 蕾 袁 芬 马荣飞
副主编 彭小玲 傅晓婕 鲁文科 高兴媛 张丽虹
参 编 尹建璋 杨淑贞

ECONOMY STILL GREW BY 3.8% IN
AND HAD ENJOYED A PERIOD OF
ANT GROWTH SINCE 1999. THIS TREND
ABOVE THE AVERAGE THIS TREND
LDS TRUE IN THE MAIN
TERS. WITH A GROWTH RATE OF
RESPONDING TO 9.8% OF THE
TIONING THE COMPANY IN 5TH
D ITS MAIN COMPETITORS. BUT
EXPECTED THAT THE
HIT VERY HARD THE
CONCERNING

北京师范大学出版集团
BEIJING NORMAL UNIVERSITY PUBLISHING GROUP
北京师范大学出版社

图书在版编目(CIP)数据

SQL Server 数据库项目化教程 / 李蕾，袁芬，马荣飞主编.
—北京：北京师范大学出版社，2018.6
高等职业教育"十三五"规划教材·计算机专业系列
ISBN 978-7-303-22802-7

Ⅰ. ①S… Ⅱ. ①李…②袁…③马… Ⅲ. ①关系数据库系
统－高等职业教育－教材 Ⅳ. ①TP311.138

中国版本图书馆 CIP 数据核字(2017)第 217863 号

营 销 中 心 电 话	010-62978190　62979006
北师大出版社科技与经管分社	www.jswsbook.com
电 子 信 箱	jswsbook@163.com

出版发行：北京师范大学出版社　www.bnup.com
　　　　　北京市海淀区新街口外大街 19 号
　　　　　邮政编码：100875
印　　刷：北京京师印务有限公司
经　　销：全国新华书店
开　　本：787 mm×1092 mm　1/16
印　　张：18.25
字　　数：350 千字
版　　次：2018 年 6 月第 1 版
印　　次：2018 年 6 月第 1 次印刷
定　　价：42.00 元

策划编辑：华　珍　周光明	责任编辑：华　珍　周光明
美术编辑：高　霞	装帧设计：高　霞
责任校对：赵非非　黄　华	责任印制：赵非非

内容简介

本书主要介绍了应用 SQL Server 2008 数据库管理系统进行数据库管理与开发的知识。全书共 10 章，主要包括：职业岗位需求分析、课程定位与教学案例综述，数据库应用系统概述，SQL Server 2008 的安装、配置与管理，数据库概念模型及关系模型设计，管理 SQL Server 2008 数据库，管理数据表，数据库高级对象操作和管理应用，数据库的日常维护，数据库的安全管理，简易学生选课管理系统实例开发等内容。

本书以职业岗位需求分析和课程定位为主导，以总项目"学生选课管理系统数据库设计"为主线，包括 7 个子项目、41 个任务，将知识项目化、任务化，融"教、学、练"为一体，以任务情境为驱动，以任务实现为知识导向，以课堂实训搭建知识体系，使读者能快速掌握数据库的知识，灵活应用所学的知识解决实际问题。本书可作为高职高专计算机相关专业的专业基础课教材，也可作为数据库爱好者的参考用书。

前 言

Microsoft SQL Server 是目前最流行的大中型关系型数据库管理系统，为响应教育部教职成〔2012〕9 号文件关于加快教材内容改革，优化教材类型结构，使教材更加生活化、情景化、动态化、形象化的精神，在我院领导的大力支持下，于 2013 年 5 月顺利完成了《SQL Server 数据库项目化教程》教材第 1 版的编写任务，于同年 9 月在北京师范大学出版社正式出版。本教材作为我院 2012 年 4 月院级教学改革项目（项目编号：XBJC20110207）成果，也是我院 2013 年重点资源共享课程建设项目（ZDZY20130201），同时该课程的资源库建设荣获 2014 年度浙江省高校教师教育技术成果三等奖。在教材出版后，得到了浙江长征职业技术学院、河南科技学院、云南工商学院、武汉铁路职业技术学院、成都职业技术学院、杭州师范大学钱江学院等多所高校的大力支持和使用，受到了高校师生和广大读者的广泛好评。

《SQL Server 数据库项目化教程》（第 2 版），与浙江经济职业技术学院以及杭州华恩教育科技有限公司合作编写，由马荣飞教授担任第三主编，鲁文科技总监担任第三副主编，并为改版教材提供了良好的"互联网＋"教学环境，将教材与云端网络教学平台相结合。

1. 本教材编写的思路与意义

俗话说："授之以鱼，不如授之以渔。"课程教学的主要任务固然是传授知识、训练技能，但新形态产立体化教材的改革更重要是我们要提供什么样的环境实现"互联网＋教育"，将真正的人才培养落到实处。

（1）为学生提供教材与互联网教学资源融合共享的学习载体

第 1 版教材是将项目、任务揉进每一个知识点，但缺乏师生的互动性、学习的延展性和与数字化教学资源无缝结合的优势。而本版教材正是解决了学生单纯纸质教材资源学习的局限性，以多样化的媒体资源表现形式提供教学内容，在教材中嵌入课程微课公众号二维码，使学生在阅读教材的同时可随时扫码查看更多的网络资源。同时，本版教材的内容全部在云端教学平台上线（http://www.itbegin.com），实现了结合教材在线完成预习课程任务、在线查看与提交课程作业、在线加入实时课程直播等，以及结合课程网站（http://www.jpzysql.com）随时下载教材中的教学视频、实训资源、习题库及相关考证内容。学生也可通过手机端（http://m.jpzysql.com）随时访问课程资源、随时播放媒体资源、随时解决课堂学习中遇到的问题。本版教材为每个学生提供最适合的学习材料，构建最恰当的媒体资源环境，渗透最优化的学习方法。

（2）为教师提供承载课程内容、预定教学计划、传递教学信息的功能

第 1 版教材是以传统纸质教材为主的教学体系，更多的是学科知识体系的浓缩和再现，教材的核心内容是各学科中的基本知识结构，尽管能够满足学科系统化知识学习的需要，但在培养学生的个性特质、创新能力和实践能力方面明显不足。而改版后的教材，更多是从课程目标的多维度、教学对象的多层次、课程表现形式的多媒体及解决问题的多角度等不同层面的要求综合考虑，将第 1 版教材的内容结合"互联网＋"，融合云端教学平台，整合教学系统，帮助更多的教师实现结合纸质教材的互联网在线教学、互联网在线作业管理、互联网在线预习管理、互联网在线学生管理、互联网在线统计数据等策略，使教材的各组成部分在教学思想、教学内容、教学目标和教学策略上有机融合，互为补充，形成了综合的知识体系，与第 1 版教材优势互补，以学生为主体，关注学生的学习方法、学习情境，达到领会、运用、分析、综合和评价的教育目标。第 2 版教材以网络、多媒体等信息技术为依托，为教师提供一套能够最大限度地满足教与学需要的整体解决方案，帮助教师更新教学观念和教学模式，提高教学质量和效益。

2. 本教材编写的特色与创新

①在改版教材的中，根据教育部教学指导委员会关于课程是"实践性的主干课程"的课程定位和本书"以独立动手能力提升为主，以课堂演示＋互联网教学资源促教"的教学理念，进一步强化了教材的实践能力提升系列，按照"由单项训练到综合训练"的科学训练方式，形成环环相扣的训练体系，并将训练项目插入教材的相关部分，做到"边学边练，讲练结合"。

②改版教材提供了一种教学资源的整体解决方案，最大限度地满足教学需要。教材强调各种媒体的立体化教学设计，不仅有主教材，还有辅助教材，并与教学网站结合在一起，为教师、学生提供多元的教学环境。

③改版教材在呈现方式上也进行了改革，以网络为依托，采用"纸质文本＋数字化资源"的呈现方式。核心资源在书中呈现，拓展资源放到课程网站（www.jpzysql.com）上，通过二维码扫描实现平面教材与网络资源的链接，或登录课程网站即可尽览课程资源，实现教学课堂与课程网站的对接，让学生在广阔的网络空间，以丰富多彩的方式学习数据库相关知识。

④改版教材配套资源完善，提供 xsxk 数据库、教学管理系统和人事管理系统数据库、完整的"学生选课管理系统设计"教学视频、PPT 电子教案等。

3. 本教材主要内容

本书共有 10 章内容，以 1 个总项目"学生选课管理系统数据库设计"为主线，由 7 个子项目、41 个任务组成。具体包括：第 1 章　职业岗位需求分析、课程定位与教学案例综述，包括职业岗位需求分析、课程设置和课程定位分析、教学案例数据库说明与项目设计与教学安排；第 2 章　数据库应用系统概述，包括数据库的基本概念和术语、数据库应用系统的主要结构模式与组成、数据库应用系统创建过程、预览数据库应用系统；第 3 章　SQL Server 2008 的安装、配置与管理，包括 1 个子项目、7 个任务；第 4 章　数据库概念模型及关系模型设计，包括 1 个子项目、3 个任务；第 5 章管理 SQL Server 2008 数据库，包括 1 个子项目、6 个任务；第 6 章　管理数据表，包

括1个子项目、9个任务；第7章　数据库高级对象操作和管理应用，包括1个子项目、6个任务；第8章　数据库的日常维护，包括1个子项目、4个任务；第9章　数据库的安全管理，包括1个子项目、2个任务；第10章　简易学生选课管理系统实例开发，包括1个总项目、4个任务。

本书是校级新态立体化教材，同时也是一本校企合作的教材，由李蕾、袁芬、马荣飞担任主编，彭小玲、傅晓婕、鲁文科、高兴媛、张丽虹担任副主编。本书在编写过程中得到了浙江长征职业技术学院各级领导、计算机网络技术专业教研室主任尹建璋老师和各位教研室同事的大力支持，也得到了院校合作单位浙江经济职业技术学院马荣飞教授的悉心指导，同时也得到了校企合作单位杭州华恩教育科技有限公司全体同仁的大力支持，在此一并表示衷心的感谢。

本书的编写人员分工如下：尹建璋、杨淑贞编写第1章，马荣飞编写第2章，袁芬编写第4章，李蕾编写第3、第6、第7、第10章及附录，彭小玲、高兴媛编写第5章，张丽虹、傅晓婕编写第8章，鲁文科编写第9章。

本书可作为各大专院校计算机类相关专业数据库原理与应用课程的教材，也可以作为计算机培训学校的培训教材。尽管作者在教材特色建设方面做了许多努力，但由于时间仓促且水平有限，书中难免存在疏漏之处，欢迎广大读者和同仁提出宝贵的意见和建议。本书配套资源索取方式：E-mail：leafree@126. com。

编　者

目 录

第1章   职业岗位需求分析、课程定位与教学案例综述

章 首 语

亲爱的同学们，新学期开始啦，在上课之前，建议同学们先看看由浙江大学郑强教授演讲的《你为什么读大学》视频，继而请同学们也思考一个问题："我为什么读大学？"

大学，是整个人生文化、自我熏陶培养的重新开始，大学也是知识的源泉，少数人如饥似渴地畅饮，更多的人优哉游哉地品吮，绝大多数的人则只是漱了漱口。今天做别人不愿做的事，明天就能做别人做不到的事。如果你坚信自己最优秀，那么你就最聪明。解决最复杂的事情往往需要最简单的方法。无论什么时候，记住尊严这两个字，做人是要有尊严、有准则、有底线的。否则，没有人会尊重你。记住，这个世界上没有免费的午餐，永远不要走捷径！想要向前冲，就先定个美好的目标吧！

高校每个专业所开设的每一门课程都需要事先进行社会和市场调研，不管是专业核心课，还是专业辅助课，都要进行岗位需求分析，了解市场对该课程的知识、技能的具体要求，以审核课程定位是否准确、适应面是否广、课程内容是否过时。专业开设一门新课或安排新实训，首要任务就是分析课程在所学专业课程体系中和人才培养方案中的地位和作用，对学习专业课和后续课程有哪些帮助。这样，在有了明确目标的前提下，大大提高了学生的学习兴趣。

【教学导航】

1. 了解该课程在岗位需求中的作用。
2. 了解该课程在人才培养方案中的位置。
3. 了解该课程与专业前导和后续课中的链式结构。
4. 了解该课程在专业设置中的定位。
5. 了解该课程的教学内容在专业技能训练体系中的位置。

▶ 1.1 职业岗位需求分析

通过对杭州人才网(http://www.hzrc.com)、浙江人才网(http://www.zjrc.com)、智联招聘网(http://www.zhaopin.com)、前程无忧网(http://www.51job.com)、大中华人才网(http://www.job110.cn)、中国人才热线(http://www.cjol.com)等专业招聘网站上万份招聘信息与上千个与软件开发、数据库系统开发、网站建设与维护等相关联的职业岗位进行了调研分析，对人才需求情况有了一定的了解，以招聘信息作为分析(表1-1至表1-8)，普遍性中含有代表性，更具有说服力度，为制定专业人才培养方案和设置课程的教学任务起到了积极的指导作用，也使得学生对数据库管理和数据库系统开发、软件行业的软件开发、网站开发等岗位对数据库的基本知识、操作技能和基本素质的要求有了更深的了解，使学生在学习过程中有的放矢，学有所获。

表 1-1　数据库管理员 DBA 的招聘信息

招聘职位：数据库管理员 DBA
招聘单位：×××××有限公司
岗位要求： 　　1. 熟悉 MS SQL 数据库技术，精通 SQL Server 2008，熟练掌握 T-SQL 语言，能开发编写数据库管理、SQL 脚本； 　　2. 精通 SQL Server 数据库管理维护，熟练编写复杂存储过程、函数、触发器，并能进行性能优化； 　　3. 能设计大型数据库结构，撰写规范的技术文档，熟悉数据库版本控制工具； 　　4. 熟悉 SQL Server 系列数据库的安装部署、管理、备份、恢复与故障处理；有较强的 SQL 编程经验，有数据库调优方面的经验； 　　5. 熟悉 SQL Server、MySQL、Oracle、Sybase、DB2 等主流数据库，有服务器集群配置经验者或有 MES 行业经验者优先考虑； 　　6. 熟悉数据库解决方案，有快速处理系统突发事件的能力，能迅速发现并解决问题； 　　7. 思维清晰敏捷，逻辑分析能力强，良好的口头和书面表达能力，善于与人沟通； 　　8. 有责任意识，工作认真细致，服从工作安排，学习新技术能力强，有良好的技术文档编写及表达能力及沟通协调能力； 　　9. 善于学习，具有独立解决问题的能力，认真负责，责任心强，能主动承担工作； 　　10. 良好的沟通能力、团队合作，具有很好的编写文档能力

表 1-2　数据库开发工程师的招聘信息

招聘职位：数据库开发工程师
招聘单位：×××××有限公司
岗位要求： 　　1. 3 年及以上 SQL Server 2000/2005/2008 数据库后台开发经验； 　　2. 对数据库系统的构架和开发具有较为全面和深入的理解； 　　3. 熟悉 SQL Server 2000/2005/2008 数据库体系结构与性能优化； 　　4. 熟悉数据库原理及架构，熟悉 BI 工具 DTS、SSIS 和 SSRS，能承担对应的设计开发工作； 　　5. 熟悉数据库日常管理维护，精通 T-SQL、存储过程、SQL 优化、SSIS 或 DTS；

续表

6.4 年以上程序开发经验，2 年以上数据库设计、优化工作经验，精通 Oracle、SQL Server 等关系数据库，熟悉数据结构设计；

7. 具有团队协作精神，较强的逻辑分析能力、沟通表达能力，善于学习，勇于探索新领域；

8. 良好的沟通和团队合作能力

表 1-3　数据库设计师的招聘信息

招聘职位：数据库设计师
招聘单位：×××××有限公司
岗位要求： 　　1. 熟悉数据库例如 MySQL、PostgreSQL、Oracle、Sybase 的应用与开发； 　　2. 具有开源或商用数据库软件相关的开发、设计经验（主导或者负责关键模块设计）和交付经验；或具备大型数据库的部署、设计以及客户需求沟通经验；或熟悉分布式系统、分布式数据库的架构和设计方法； 　　3. 熟悉 Linux 操作系统、TCP/IP 协议，熟悉 C/C++、Java、Python 等语言； 　　4. 熟悉 B/S 结构，有基于大型数据库的开发经验； 　　5. 善于与人沟通，热情开朗，有上进心，可承受压力，有责任心，有较强的自学能力、表达能力、独立工作能力； 　　6. 熟悉数据库，精通 SQL、存储过程编写，熟悉 Sybase 或 Oracle 等数据库开发； 　　7. 有较强的创新意识、自我管理意识、团队合作精神和责任感

表 1-4　软件开发工程师的招聘信息

招聘职位：软件开发工程师
招聘单位：×××××有限公司
岗位要求： 　　1. 熟悉 C/C++、Java、VB、VC++、VC♯.NET 等编程语言及相关网络协议； 　　2. 熟悉上位机程序编写、网络编程、精通数据库管理、面对对象的分析和设计方法、关系型数据库结构设计与编程、设计模式； 　　3. 熟悉 SQL Server、Oracle、MySQL、Access、Excel 两项以上，并有存储过程、触发器等开发经验； 　　4. 熟悉 PD、Rose、Visio、BpWin、ErWin 一项以上； 　　5. 计算机专业基础知识扎实（专业知识为：软件开发流程、数据库原理、面向对象原理、计算机原理等）； 　　6. 参与需求分析，业务功能的分解、设计，有一定的项目规划和管理能力； 　　7. 能承受工作压力，工作认真、踏实，责任心强； 　　8. 具有团队合作精神，善于与他人沟通与合作

表 1-5　Java 软件开发工程师的招聘信息

招聘职位：Java 软件开发工程师
招聘单位：×××××有限公司
岗位要求： 　　1. 精通 Web 编程，2 年以上使用 Java 语言进行 Web 开发的经验，熟悉 HTML，JavaScript；精通 JSP、Servlet、Java Bean、JMS、EJB、JDBC 开发，熟悉 J2EE 规范，熟悉各种常用设计模式； 　　2. 熟悉 SQL Server、Oracle 数据库，能熟练编写 SQL 语法； 　　3. 熟悉 Java 主流应用服务器，如 WebLogic、WebSphere、Tomcat 等； 　　4. 熟悉 JSF、Spring、Hibernate、Ajax 等开发框架；熟悉 Tomcat、WebSphere 等应用服务器部署与集群配置； 　　5. 具有 SSH 框架开发经验； 　　6. 有良好的软件工程知识和质量意识； 　　7. 熟悉 Ext、Flex 的使用方法； 　　8. 对技术有强烈的兴趣，喜欢钻研，具有良好的学习能力； 　　9. 具备较强的沟通能力，能够和用户进行有效沟通； 　　10. 具备较强的团队精神，能够在压力下协同工作

表 1-6　网站程序员的招聘信息

招聘职位：网站程序员
招聘单位：×××××有限公司
岗位要求： 　　1. 有大中型互联网项目开发经验，能独立完成网站开发工作； 　　2. 熟悉 JavaScript、Dreamweaver(CSS)，有一定美工基础； 　　3. 熟悉 SQL Server 2005/2008、MySQL 数据库； 　　4. 熟练掌握 JavaScript 、HTML、XML、CSS 、AJAX、DIV＋CSS； 　　5. 具备独立开发及架构网站的能力； 　　6. 熟练掌握 SOA、Rest 架构；熟悉搜索引擎优化(SEO)； 　　7. 主动性及自我规范能力强，团队精神良好，能吃苦耐劳，承受压力，能按时完成任务

表 1-7　网站开发工程师的招聘信息

招聘职位：网站开发开程师
招聘单位：×××××有限公司
岗位要求： 　　1. 精通网站美工和 HTML＋CSS 开发，熟悉 Java 程序开发； 　　2. 精通 PHP 和 ASP 网站开发设计，熟练各种环境下的 Web 服务配置； 　　3. 熟悉 SEO 和数据库优化； 　　4. 熟悉主流数据库系统 SQL Server、Oracle、MySQL 等，有一定的大型网站开发经验； 　　5. 能独立完成中型网站的开发工作，具有较强的网站策划、电子商务开发、网站的推广优化管理能力； 　　6. 精通 ASP. NET(C♯)和 ASP；熟练 Windows 网站服务器配置和安全管理；具有中大型项目开发经验； 　　7. 注重性能和安全性

表 1-8 ASP.NET 程序员的招聘信息

招聘职位：ASP.NET 程序员
招聘单位：×××××有限公司
岗位要求： 1. 熟练掌握 Windows 平台下的 Web 开发技术； 2. 熟悉 ADO.NET、ASP.NET、Web Service 等相关技术； 3. 熟练掌握 .NET Framework 构架，精通 C♯； 4. 熟练使用 Visual Studio.NET 开发工具； 5. 熟练掌握面向对象的程序设计及实现、多层应用系统结构的开发； 6. 熟悉数据库开发，并可熟练使用 Oracle、SQL Server 2000/2005/2008 等常用数据库； 7. 具备良好的代码规范及开发能力、撰写技术文档能力； 8. 具备较好的团队协作精神

针对以上数据库管理员 DBA、数据库开发工程师、数据库设计工程师、软件开发工程师、Java 软件开发工程师、网站程序员、网站开发工程师、ASP.NET 程序员等岗位需求的调研，基本上了解了用人单位对这些岗位的知识、能力和素质的要求。

(1)在软件开发、网站开发等方面，必须掌握以下知识或具备以下技能：

①熟悉或精通 Java、VC、C♯等开发工具的一种或几种；

②熟悉 ASP、JSP、PHP 和 ASP.NET 等网络编程技术的一种或几种；

③熟悉 Windows 平台下的程序开发，了解 Linux、VxWorks、Solaris 开发平台；

④熟悉使用 ADO.NET 实现数据库访问操作；

⑤熟悉 JavaScript、Dreamweaver(CSS)、Web Service 等相关技术。

(2)在数据库应用系统开发、数据库维护及管理等方面，必须熟练掌握以下知识或具备的以下技能：

①熟悉或精通 SQL Server、Oracle、MySQL 等主流数据库管理系统的一种或几种；

②熟悉 SEO 和数据库优化；

③了解 SQLite、PostgreSQL、Berkeley DB 等嵌入式数据库管理系统；

④精通 T-SQL 或 PL/SQL、存储过程和触发器、SQL 优化及数据库管理，能够快速解决数据库故障；

⑤熟悉数据库后台管理和 SQL 编程。

(3)应具备以下基本素质和工作态度：

①主动性及自我规范能力强，团队精神良好，能吃苦耐劳，承受压力，能按时完成任务；

②较强的敬业精神、创新精神、开拓意识及自我规范能力；

③有责任意识，工作认真细致，服从工作安排，学习新技术能力强，良好的技术文档编写和表达能力以及沟通协调能力；

④强烈的客户服务意识、较强的理解能力，能够在压力下独立完成工作。

▶ 1.2 课程设置和课程定位分析

数据库技术是信息系统的一个核心技术，是一种计算机辅助管理数据的方法。它研究如何组织和存储数据，如何高效地获取和处理数据。即数据库技术研究和管理的对象是数据，数据库技术所涉及的具体内容主要包括：通过对数据的统一组织和管理，按照指定的结构建立相应的数据库和数据仓库；利用数据库管理系统和数据挖掘系统设计出能够实现对数据库中的数据进行添加、修改、删除、处理、分析、理解、报表和打印等多种功能的数据管理和数据挖掘应用系统；利用应用管理系统最终实现对数据的处理、分析和理解。

在软件开发、网站开发时经常会用到 Microsoft SQL Server、Oracle、MySQL、DB2 等数据库管理系统，这也是企业招聘时要求掌握或了解的，其中的 Microsoft SQL Server、Oracle、MySQL 使用较多，需求量相对较大。在岗位需求分析调研前，从网上的招聘信息中筛选出的 7350 多个数据库人才进行了统计，其分析结果如图 1-1 所示。

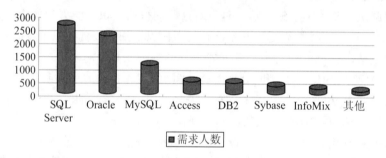

图 1-1　数据库人才需人统计

数据库开发技术是软件技术、计算机应用技术、计算机网络技术、信息管理技术等 IT 专业的必修课，是这些专业课程体系中的"大动脉"，是一门理论与实践相结合的课程。

随着计算机网络技术和面向对象的可视化程序设计技术的快速发展，面向网络的程序设计技术很快发展起来，从而引起数据库技术的飞速发展。通过对市场需求的调查和毕业生参加工作后的信息反馈，目前用人单位主要是需要以下两个方面的信息技术人才：一是高质量的数据库管理及维护人员，目前主要的需求是能够对 SQL Server 数据库和 Oracle 数据库进行管理和维护；二是面向网络的程序设计人员，这就要求我们的毕业生在掌握 JSP 或 ASP. NET 等开发工具的同时，要熟练掌握一门数据库技术作为辅助。为满足数据库相关职业岗位的知识、技能和素质需求和高职院校学生的认知规律和专业技能形成规律的要求，特编写本课程，目的是使学生具备数据库的管理与日常维护工作的能力，能够熟练使用数据库技术来辅助其他软件进行网络编程，也为后继课程打下良好的基础。

Microsoft SQL Server 能提供超大型系统所需的数据库服务。有了 SQL Server 2008，组织内的用户和信息技术(IT)专家将从减少的应用程序停机时间、提高的可伸缩性及性能、更加紧密而灵活的安全控制中获益。SQL Server 2008 也包括了许多新的和改进的功能来帮助 IT 工作人员更有效率地工作。SQL Server 2008 包含几个在企业数据管理中关键的增强：易管理性、可用性、可伸缩性、安全性、易管理性。SQL Server 2008 使部署、管理和优化企业数据以及分析应用程序变得更简单、更容易。作为一个企业数据管理平台，它提供单一管理控制台，使数据管理员能够在任何地方监视、管理和调谐企业中所有的数据库和相关的服务。它还提供了一个可以使用 SQL 管理对象轻松编程的可扩展的管理基础结构，使得用户可以定制和扩展他们的管理环境，同时使独立软件供应商（Independent Software Vendors，ISV）也能够创建附加的工具和功能来更好地扩展打开即得的能力。

本书是一本为高职院校数据库相关课程教学量身定做的教材，选用 SQL Server 2008 版本，主要介绍数据库系统的基本知识、数据库设计需求分析、概念设计和逻辑设计的方法，其后分别利用一个完整项目，分任务介绍管理数据库、表、索引、视图；并详细介绍检索数据、游标、触发器和存储过程在具体的数据库实例中的应用。本教材的教学目的和教学重点如表 1-9 所示。

表 1-9　《SQL Server 数据库项目化教程》课程的教学目的和教学重点

教学目的	教学重点
1. 熟练掌握数据库的体系结构	1. 管理数据库
2. 熟练掌握数据库概念模型的设计	2. 管理数据表
3. 熟练掌握数据库关系模型的设计	3. 创建索引
4. 熟练掌握数据库的范式	4. 创建视图
5. 熟练掌握管理数据库、表、索引、视图	5. 基本的数据操作
6. 熟练掌握数据库中数据的检索	6. 检索数据
7. 熟练掌握数据库的高级应用	7. 数据库安全管理
8. 熟练掌握数据的安全管理	8. 数据库的备份与还原
9. 熟练掌握利用 SQL Server 为数据库后台进行应用系统开发的方法	

《SQL Server 数据库项目化教程》课程的前导课有《程序设计基础》，直接后续课程有《Windows From 应用程序设计》和《Web 应用程序设计》等，相关后继课程有《Sping4 MVC》《开源数据库 MongoDB 应用》《微信 H5 开发》《React 客户端开发》等软件开发类课程。

▶ 1.3　教学案例数据库说明

本书以职业岗位需求分析和课程定位为主导，以总项目"学生选课管理系统数据库设计"为主线，7 个子项目、41 个任务，将知识项目化、任务化，融"教、学、练"为一体，以任务情境为任务驱动，以任务实现为知识导向，以课堂实训搭建知识体系，使学习者能快速掌握数据库的知识，灵活应用所学的知识解决实际问题。

通过学生选课管理数据库为例完成课堂实践学习任务，通过教务管理系统、人事管理系统数据库的扩展和提升学习，完成学习者能力提升和实践操作应用水平的提高，其操作技能训练体系如表 1-10 所示。

SQL Server 数据库项目化教程

表 1-10　技能训练体系

技能实践	示例数据库	对应的数据应用应用系统	主要的数据表
课堂示范	xsxk	学生选课管理系统	学生信息、课程信息、学生成绩信息
课堂实践	xsxk	学生选课管理系统	学生信息、课程信息、学生成绩信息
课扩展	jwgl	教务管理系统	班级信息、成绩、教师信息、课程表、课程信息、选课表、学生信息
课堂提升	rsgl	人事管理系统	部门信息、调动信息、调薪记录、奖惩记录、新员工信息、员工信息
课堂综合实训	studentxk	简易学生选课系统	系部信息表、班级信息表、学生信息表、课程信息表、学生成绩表
课外综合实训	tsgl	图书商城管理系统	用户表、图书表、图书类别表、订单表、系统管理员表

1.3.1　学生选课数据库说明

学生选课系统是学校不可缺少的部分，它的内容对于学校的决策者和管理者来说都至关重要，所以学生选课管理系统应该能够为用户提供充足的信息和快捷的查询手段。其主要功能就是学生端的选课和教师端的管理。

本书学生选课系统包括系部表（Department 表）、班级表（Class 表）、学生表（Student 表）、课程表（Course 表）、教学秘书表（Teacher 表）、学生选课表（StuCou 表）。各个表间的联系：

（1）Class 表和 Department 表之间通过 DepartNo（系部编号）进行连接，表示班级的系部编号来源于系部表。

（2）Teacher 表和 Department 表之间通过 DepartNo（系部编号）进行连接，表示教学秘书的系部编号来源于系部表。

（3）Course 表和 Department 表之间通过 DepartNo（系部编号）进行连接，表示课程的系部编号来源于系部表。

（4）Student 表与 Class 表之间通过 ClassNo（班级编号）进行连接，表示学生的班级编号来源于班级表。

（5）StuCou 表与 Student 表通过 StuNo（学号）进行连接，表示选课表中的学号来源于学生表。

（6）StuCou 表与 Course 表通过 CouNo（课程编号）进行连接，表示选课表中的课程编号来源于课程表。

主要数据表结构设计如表 1-11 至表 1-16 所示。

表 1-11　Department 表结构

字段名	类型	是否为空	是否为主键	备注
DepartNo	char(2)	否	是	系部编号
DepartName	char(20)	否	否	系部名称

表 1-12　Class 表结构

字段名	类型	是否为空	是否为主键	备注
ClassNo	char(8)	否	是	班级编号
DepartNo	char(2)	否	否	系部编号
ClassName	char(20)	否	否	班级名称

表 1-13　Student 表结构

字段名	类型	是否为空	是否为主键	备注
StuNo	char(8)	否	是	学号
ClassNo	char(8)	否	否	班级编号
StuName	char(10)	否	否	学生姓名
Pwd	char(8)	否	否	密码

表 1-14　Course 表结构

字段名	类型	是否为空	是否为主键	备注
CouNo	char(3)	否	是	课程编号
CouName	char(30)	否	否	课程名称
Kind	char(8)	否	否	课程类型
Credit	decimal(5，0)	否	否	学分
Teacher	char(20)	否	否	开课教师
departNo	char(2)	否	否	系部编号
SchoolTime	char(10)	否	否	上课时间
LimitNum	decimal(5，0)	否	否	限选人数
WillNum	decimal(5，0)	否	否	报名人数
chooseNum	decimal(5，0)	否	否	被选中上该课程的人数

表 1-15　Teacher 表结构

字段名	类型	是否为空	是否为主键	备注
TeaNo	char(8)	否	是	教师编号
DepartNo	char(2)	否	否	系部编号
TeaName	char(10)	否	否	教师姓名
Pwd	char(8)	否	否	密码

表 1-16　StuCou 表结构

字段名	类型	是否为空	是否为主键	备注
StuNo	char(8)	否	是	学号
CouNo	char(3)	否	是	课程编号

字段名	类型	是否为空	是否为主键	备注
WillOrder	smallint(6)	否	否	志愿号
State	char(2)	否	否	选课状态
RandomNum	char(50)	是	否	随机数

1.3.2 教务管理系统数据库说明

教务系统管理平台充分利用互联网络 B/S 管理系统模式，以网络为平台，为各个学校教务系统的管理提供一个平台，帮助学校管理教务系统，用一个账号解决学校教务教学管理，并且学校可以自由选择需要的教务管理系统，灵活地定制符合自己实际情况的教务系统。

本书用于教学演示的数据库包括班级信息表、教师信息表、学生信息表、课程信息表、课程表、选课表、成绩表等，各表的表结构如表 1-17 至表 1-23 所示。

表 1-17 班级信息表结构

字段名	类型	是否为空	是否为主键
班级编号	varchar(14)	否	是
年级	varchar(4)	否	否
班级名称	varchar(30)	否	否
班级简介	varchar(16)	是	否
人数	numeric(3，0)	是	否
班主任	varchar(8)	是	否

表 1-18 教师信息表结构

字段名	类型	是否为空	是否为主键
教师编号	int	否	是
教师姓名	nchar(10)	否	否
年龄	int	否	否
地址	nchar(10)	是	否
电话	nchar(15)	是	否
工龄	int	是	否

表 1-19 学生信息表结构

字段名	类型	是否为空	是否为主键
学号	varchar(14)	否	是
姓名	varchar(8)	否	否
班级编号	varchar(14)	否	否
性别	varchar(2)	是	否

续表

字段名	类型	是否为空	是否为主键
年级	int	是	否
政治面貌	varchar(10)	是	否
民族	varchar(6)	是	否
籍贯	varchar(20)	是	否
学籍	varchar(10)	是	否

表 1-20　课程信息表结构

字段名	类型	是否为空	是否为主键
课程编号	int	否	是
课程名称	char(40)	否	否
课程简称	char(40)	否	否
班级编号	varchar(14)	否	否
本学期课程	char(2)	否	否
教师编号	int	否	否
开课系别	char(30)	是	否
学分	int	是	否

表 1-21　课程表结构

字段名	类型	是否为空	是否为主键
编号	int	否	是
课序号	varchar(14)	否	否
课程编号	int	否	否
上课时间天	int	否	否
上课时间节	int	否	否
上课地点	varchar(20)	否	否

表 1-22　选课表结构

字段名	类型	是否为空	是否为主键
编号	int	否	是
学号	varchar(14)	否	否
课序号	int	否	否

表 1-23　成绩表结构

字段名	类型	是否为空	是否为主键
编号	int	否	是
学号	varchar(14)	否	否
课程编号	int	否	否
成绩	int	否	否
考试次数	int	是	否
是否补修	varchar(2)	是	否
是否重考	varchar(2)	是	否
是否已确定成绩	varchar(2)	是	否

1.3.3　人事管理系统数据库说明

人事管理系统,属于 ERP 的一部分。它单指汇集成功企业先进的人力资源管理理念、人力资源管理实践、人力资源信息化系统建设的经验,以信息技术实现对企业人力资源信息的高度集成化管理,为中国企业使用的人力资源管理解决方案。核心价值在于将人力资源工作者从繁重的日常琐碎事务中解放出来,将更多地精力用于企业的人力资源职能管理和管理决策,保持企业的持续高效运营。集中记录、监测和分析所有劳动力的技能和资格,提供决策分析。提高企业整体的科技含量与管理效率,加快企业的信息化建设。

用于教学演示的人事管理系统的数据库,包括员工信息、部门信息、调动信息、调薪记录、奖惩记录和新员工信息等信息表,其功能主要是公司的 HR(Human Resource,人力资源从业者)对公司员工的相关信息进行管理。而普通用户可以操作的内容包括包括:登录系统,根据自己员工编号查询自己的奖惩、考评等基础信息,修改自己系统的密码。普通管理员可以操作的内容包括:创建员工信息,增加和修改员工的考评、奖惩、培训信息,查询属于本部门的员工的基本信息。

超级管理员的操作内容包括:管理企业内员工的基本信息,插入更新企业内的员工奖惩信息、调薪信息、部门调动信息、员工离职信息等。根据系统的需求分析和功能需求,该系统由 6 张数据表组成,各个表的结构如表 1-24 至表 1-29 所示。

表 1-24　员工信息表结构

字段名	类型	是否为空	是否为主键
员工编号	int	否	是
员工姓名	nvarchar(10)	否	否
所在部门编号	int	否	否
所任职位	nvarchar(20)	否	否
性别	nvarchar(5)	是	否
籍贯	nvarchar(30)	是	否
婚姻状况	nvarchar(5)	是	否

字段名	类型	是否为空	是否为主键
政治面貌	nvarchar(10)	是	否
文化程度	nvarchar(10)	是	否
专业	nvarchar(30)	是	否
联系电话	varchar(50)	是	否
入职时间	datetime	是	否
离职时间	datetime	是	否
在职状态	nvarch(10)	是	否
照片	image	是	否

表 1-25　部门信息表结构

字段名	类型	是否为空	是否为主键
部门编号	int	否	是
部门名称	nvarchar(20)	否	否
员工人数	int	是	否

表 1-26　调动信息表结构

字段名	类型	是否为空	是否为主键
ID	int	否	是
员工编号	int	否	否
调动日期	datetime	否	否
调动原因	nvarchar(50)	否	否
调前部门编号	int	是	否
调前职位	nvarchar(10)	是	否
调后部门编号	int	是	否
调后职位	nvarchar(10)	是	否

表 1-27　调薪记录表结构

字段名	类型	是否为空	是否为主键
ID	int	否	是
员工编号	int	否	否
调薪日期	datetime	是	否
调薪原因	nvarchar(50)	是	否
调前薪资	int	是	否
调后薪资	int	是	否

表 1-28　奖惩记录表结构

字段名	类型	是否为空	是否为主键
ID	int	否	是
员工编号	int	否	否
奖惩日期	datetime	是	否
奖惩类别	nvarchar(10)	是	否
奖惩原因	nvarchar(50)	是	否
奖惩分数	nvarchar(5)	是	否

表 1-29　新员工信息表结构

字段名	类型	是否为空	是否为主键
员工编号	int	否	是
员工姓名	varchar(50)	否	否
所在部门编号	int	是	否
入职时间	datetime	是	否

1.3.4　图书管理系统数据库说明

图书管理系统，是一个由人、计算机等组成的能进行管理信息的收集、传递、加工、保存、维护和使用的系统。利用信息控制企业的行为，帮助企业实现其规划目标。面对大量的读者信息、书籍信息以及两者相互作用产生的借书信息、还书信息，需要对读者资源、书籍资源、借书信息、还书信息进行管理，及时了解各个环节中信息的变更，有利于提高管理效率。

系统功能分析是在系统开发的总体任务的基础上完成。

1. 图书馆管理信息系统需要完成的主要功能

(1)管理员登录，修改密码；

(2)图书信息的输入，包括图书编号、图书名称、作者姓名、出版社名称、图书页数、入库日期等；

(3)读者基本信息的输入，包括读者编号、读者姓名、读者类型、读者性别、电话号码、办证日期等；

(4)图书信息的查询、修改、添加、删除；

(5)读者基本信息的查询、修改、添加、删除；

(6)借书信息的输入，包括读者编号、书籍编号、借书日期等(可根据实际需要增加或减少)；

(7)借书信息的查询；

(8)还书信息的输入，包括读者编号、书籍编号、还书日期等(可根据实际需要增加或减少)；

(9)还书信息的查询。

系统功能结构如表 1-30 所示。

表 1-30 　简易图书管理功能结构

用户	功能模块
管理员	查询信息
	管理图书
	管理读者
	修改密码
读者	查询信息
	借阅图书
	归还图书

2. 管理员需要完成的主要功能

(1)查询信息：查询图书信息(ID 查询、查询所有)、管理员信息、图书借阅信息、图书归还信息；

(2)管理图书：添加图书、删除图书、修改图书信息；

(3)管理读者：添加读者、删除读者、修改读者信息；

(4)修改密码：可以修改自己的登录密码。

3. 读者需要完成的主要功能

(1)查询信息：查询图书信息，查询个人借阅信息；

(2)借阅图书；

(3)归还图书。

整个系统所包括的信息有图书信息、读者信息、图书借阅信息、图书归还信息。可将这些信息抽象为下列系统所需要的数据项和数据结构：

(1)图书信息(编号、图书名称、作者、页数、价格、出版社、入库时间)。

(2)读者信息(编号、姓名、性别、读者类型、年龄、登记日期、电话)。

(3)管理员信息(编号、用户名、密码)。

(4)图书借阅信息(图书编号、读者 ID、借书时间)。

(5)图书归还信息(图书编号、读者 ID、归还时间)。

其各个表的表结构如表 1-31 至表 1-35 所示。

表 1-31 　图书信息表 book

字段名称	数据类型	字段长度	是否为空	说明
bookid	varchar	20	No	图书编号
bookname	varchar	50	No	图书名称
author	varchar	50	No	作者
price	float	默认	Yes	图书价格
publish	varchar	50	Yes	出版社
intime	datetime	默认	No	图书入库时间
page	int	10	Yes	图书页码

表 1-32　读者信息表 reader

字段名称	数据类型	字段长度	是否为空	说明
id	varchar	20	No	读者编号
name	varchar	50	No	姓名
sex	varchar	4	Yes	性别
age	int	4	Yes	年龄
readertype	varchar	10	Yes	读者类型
tel	varchar	20	No	电话
intime	datetime	默认	No	登记时间

表 1-33　管理员信息表 manager

字段名称	数据类型	字段长度	是否为空	说明
id	int	10	No	编号
name	varchar	50	No	名称
password	varchar	20	No	密码

表 1-34　图书借阅信息表 borrow

字段名称	数据类型	字段长度	是否为空	说明
bookid	varchar	20	No	图书编号
readerid	varchar	20	No	借阅人 ID
bortime	datetime	默认	No	借阅时间

表 1-35　图书归还信息表 return

字段名称	数据类型	字段长度	是否为空	说明
bookid	varchar	20	No	图书编号
readerid	varchar	20	No	还书人 ID
retime	datetime	默认	No	归还时间

▶ 1.4　项目设计与教学安排

本书以"学生选课管理系统设计"的真实案例作为总项目,每个项目划分为若干个任务,涵盖了从数据库的设计、建立数据库、管理数据库、数据增加、修改、删除和查询等基础知识,到存储过程、触发器、事务、锁、游标等高级应用,详细的项目设计与教学安排分布情况如表 1-36 所示,知识学习导航如图 1-2 所示。

表 1-36 　课程教学内容设计

序号	项目	任务	课时	知识技能要点
1	子项目 1 　学生选课管理系统数据库设计环境安装、配置与管理	任务 1 　安装 SQL Server 2008	2	安装数据库的步骤
2		任务 2 　使用配置管理器配置 SQL Server 服务	2	配置数据库服务器的方法
3		任务 3 　使用配置管理器配置服务器端网络协议	2	配置服务器端网络协议的方法
4		任务 4 　使用配置管理器配置客户端网络协议	2	配置客户器端网络协议的方法
5		任务 5 　隐藏数据库引擎实例	2	隐藏数据库引擎实例的方法
6		任务 6 　连接、断开和停止数据库服务器	2	数据库服务器的连接、断开和暂停
7		任务 7 　添加服务器组与服务器	2	数据服务器组的添加
8	子项目 2 　学生选课管理系统数据库建模及规范化设计	任务 1 　概念模型设计	2	实体与概念模型的概念 绘制数据库 E-R 图
9		任务 2 　关系模型设计	2	关系模型的模式 关系模型转换为 E-R 图的转换原则
10		任务 3 　数据规范化设计	2	范式的基本概述 1NF、2NF、3NF 的定义 应用范式规范数据库设计
11	子项目 3 　学生选课管理系统数据库	任务 1 　创建数据库	2	数据类型 利用 T-SQL 语句创建指定数据库 利用 SSMS 可视化工具创建数据库
12		任务 2 　修改数据库	2	利用 T-SQL 语句修改数据库 利用 SSMS 可视化工具修改数据库
13		任务 3 　删除数据库	2	利用 T-SQL 语句删除指定数据库 利用 SSMS 可视化工具删除数据库
14		任务 4 　查看数据库	2	利用 SSMS 查看指定数据库
15		任务 5 　分离数据库	2	利用 SSMS 分离指定数据库
16		任务 6 　附加数据库	2	利用 SSMS 附加指定数据库

序号	项目	任务	课时	知识技能要点
17		任务1 创建数据表	2	利用 create table 命令创建数据表
18		任务2 修改数据库表	2	利用 alter table 命令修改数据表
19		任务3 删除数据表	2	利用 drop 命令删除数据表
20		任务4 插入数据	2	insert into 语句的应用
21		任务5 更新数据	2	应用 update 语句修指定表中的数据
22		任务6 删除数据	2	应用 delete from 命令删除指定表中的数据
23	子项目4 学生选课管理系统数据库中数据表的创建与管理	任务7 检索数据	2	单表单条件数据检索的语法结构 单表多条件数据检索的语法结构 多表单条件数据检索的语法结构 多表多条件数据检索的语法结构
24		任务8 索引的创建与管理	2	利用 create index 语句创建表中指定字段的聚集或非聚集索引 修改或删除数据库已经创建的索引
25		任务9 视图的创建与管理	2	利用 create view 语句创建表中指定条件的视图 修改或删除数据库已经创建的视图
26		任务1 Transact-SQL 语言应用	2	常量的声明与应用 变量的声明与应用
27	子项目5 学生选课管理系统数据库高级对象操作和管理	任务2 存储过程的创建与管理	2	存储过程的创建和调用
28		任务3 触发器的创建与管理	2	触发器的创建与应用
29		任务4 事务的创建与管理	2	事务的概述 事务创建的语法结构 事务的应用

续表

序号	项目	任务	课时	知识技能要点
30		任务5　锁的创建与管理	2	锁的概念 锁创建的语法结构 锁的应用
31		任务6　游标的创建与管理	2	游标的概述 游标创建语法结构 游标的应用
32		任务1　数据库的备份	2	数据库备份设备 数据库备份概述 数据库备份类型 数据库备份的语法结构
33	子项目6　维护学生选课管理系统数据库	任务2　数据库的还原	2	数据库还原设备 数据库还原概述 数据库还原类型 数据库还原的语法结构
34		任务3　数据的导出	2	数据导出的形式 数据导出的方法
35		任务4　数据的导入	2	数据还原的形式 数据还原的方法
36	子项目7　学生选课管理系统数据库的全安管理	任务1　创建登录账户	2	为 Windows 授权用户创建登录名 为 SQL Server 授权用户创建登录名 服务器登录账号和用户账号管理 许可权限管理
37		任务2　管理角色	2	服务器角色 数据库角色 用户自定义角色
38	总项目设计　基于 ASP. NET 的学生选课管理系统设计与实现	任务1　简易学生选课管理子系统的数据库设计	4	数据库设计流程
39		任务2　初识系统的 Web 应用程序平台和开发工具	4	Visual Studio 2012 软件简介 建立 ODBC 数据源 实现数据库服务器与 .NET 服务器的连接

序号	项目	任务	课时	知识技能要点
40		任务3 简易学生选课管理子系统后台功能模块设计与实现	6	insert into 语句应用 update 语句应用 delete 语句应用
41		任务4 简易学生选课管理子系统前台功能模块设计与实现	8	select 子句应用 where 子句应用 单表单条件语句检索 单表多条件语句检索 多表单条件语句检索 多表多条件语句检索
合计			96	

扩展实践

1. 访问浙江人才网（http://www.zjrc.com），对数据库及其相关职业岗位人才需求情况进行调研。

2. 访问杭州人才网（http://www.hzrc.com），对数据库及其相关职业岗位人才需求情况进行调研。

3. 访问杭州智联招聘信息网（http://www.zhaopin.com/hangzhou），对数据库及其相关职业岗位人才需求情况进行调研。

4. 访问前程无忧网（杭州）（http://www.51job.com/hangzhou），对数据库及其相关职业岗位人才需求情况进行调研。

5. 访问其他类似的大型人才招聘网站，对数据库及其相关职业岗位人才需求情况进行调研。

6. 通过网络调研、对公司面对面交流调研、问卷调查等方式，撰写一份数据库及其相关人才需求调研报告，分析该职业岗位及岗位能力要求，字数在 3000 左右。

互联网＋教学资源

1. 更多课程资源访问（http://www.jpzysql.com），下载教学视频。

2. 扫描二维码，查看手机端教学资源（http://m.jpzysql.com），有效实现在线教学互动。

课程手机资源

3. 扫描二维码，关注课程微信公众平台，查看更多数据表操作教学资源及相关视频。

课程微信公众平台资源

4. 云端在线课堂＋教材融合，访问教学平台(http://www.itbegin.com)。

第 2 章　数据库应用系统概述

章首语

　　亲爱的同学，今天我们又见面了，一起和大家分享一个关于数据的小故事：搜狗热词里的商机。

　　王建锋是某综合类网站的编辑，基于访问量的考核是他每天都要面对的事情。但在每年的评比中，他都号称是 PV 王。原来他的秘密就是只做热点新闻。王建锋养成了看百度搜索风云榜和搜狗热搜榜的习惯，所以，他会优先挑选热搜榜上的新闻事件来编辑整理。

　　点评：搜狗拥有输入法，搜索引擎，那些在输入法和搜索引擎上反复出现的热词，就是搜狗热搜榜的来源。通过对海量词汇的对比，找出哪些是网民关注的。这就是大数据的应用。

总项目：学生选课管理系统数据库设计

　　项目概述：为了加强学生选课管理规范化，减轻教学管理人员的工作量，同时更好地利用网络和信息化手段做到对学生选课工作更及时和更规范，系统设计开发了基于 B/S 模式的简易学生在线选课系统，重点掌握数据库应用系统开发的系统规划、需求分析、概念模型设计、逻辑设计及物理设计阶段的操作。学生端实现学生信息查询、课程信息查询、学生选课信息查询、选课成绩查询和浏览等功能；教师端实现学生信息、课程信息和成绩信息的添加、修改和删除等操作。让我们一起和汤小米同学，开启认识数据库应用系统之旅吧！

【知识目标】

1. 数据库应用系统的结构模式。
2. 数据库访问技术。
3. 数据库的相关概念。
4. 数据库的基本操作。

【能力目标】

1. 认识数据库应用系统的组成、开发过程及特点。
2. 明确与数据库技术相关的职业技术岗位。
3. 对数据库应用系统有一定的感性认识。
4. 对数据访问技术有初步的认识和操作体验。

【重点难点】

数据库访问技术。

【知识框架】

本章知识内容为数据库应用系统开发流程中需求分析、概念模型设计和逻辑模型设计，学习内容知识框架如图 2-1 所示。

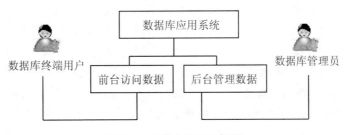

图 2-1　本章内容知识框架

▶ 2.1　数据库的基本概念和术语

1. 数据

数据(Data)，是描述现实世界事物的符号记录，是用物理符号记录的可以鉴别的信息。物理符号有多种表现形式，包括：数字、文字、图形、图像、声音及其他特殊符号。数据的各种表现形式，都可以经过数字化后存入计算机。

2. 数据库

数据库(Database，DB)，是按照数据结构来组织、存储和管理数据的仓库。在工作中，常常需要把某些相关的数据放进这样的"仓库"，并根据管理的需要进行相应的处理。例如，企业或事业单位的人事部门常常要把本单位职工的基本情况(职工号、姓名、年龄、性别、籍贯、工资、简历等)存放在表中，这张表就可以看成一个数据库。有了这个数据"仓库"就可以根据需要查询某职工的基本情况、查询工资在某个范围内的职工人数等。这些工作如果都能在计算机上自动进行，那人事管理就可以达到极高的水平。此外，在财务管理、仓库管理、生产管理中也需要建立众多的这种"数据库"，使其可以利用计算机实现财务、仓库、生产的自动化管理。

3. 数据库系统

数据库系统(Database System，DBS)，通常由软件、硬件、数据库和数据管理员组成。其软件主要包括操作系统、各种宿主语言、实用程序以及数据库管理系统。硬件是构成计算机系统的各种物理设备，包括存储所需的外部设备。硬件的配置应满足整个数据库系统的需要。数据库由数据库管理系统统一管理，数据的插入、修改和检索均要通过数据库管理系统进行。数据管理员负责创建、监控和维护整个数据库，使数据能被任何有权使用的人有效使用。数据库管理员一般是由业务水平较高、资历较深的人员担任。

数据库系统是为适应数据处理的需要而发展起来的一种较为理想的数据处理的核心机构，它的出现使得普通用户能够方便地将日常数据存入计算机并在需要的时候快速访问它们，从而使计算机走出科研机构进入各行各业、进入家庭，为计算机的高速处理能力和大容量存储器提供了实现数据管理自动化的条件。

4. 数据库管理系统

数据库管理系统(Database Management System，DBMS)，是一种操纵和管理数据库的大型软件，用于建立、使用和维护数据库，常见的有 MS SQL、Sybase、DB2、Oracle、MySQL、Access、VF、FoxPro 等。它对数据库进行统一的管理和控制，以保证数据库的安全性和完整性。用户通过 DBMS 访问数据库中的数据，数据库管理员也通过 DBMS 进行数据库的维护工作。它可使多个应用程序和用户用不同的方法在同时或不同时刻去建立、修改和询问数据库。DBMS 提供数据定义语言 DDL(Data Definition Language)与数据操作语言 DML(Data Manipulation Language)，供用户定义数据库的模式结构与权限约束，实现对数据的追加、删除等操作。其应用框架结构如图 2-2 所示。

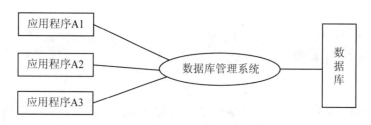

图 2-2　数据库管理系统应用框架

数据库管理系统是数据库系统的核心，是管理数据库的软件。数据库管理系统就是实现把用户意义下抽象的逻辑数据处理，转换成为计算机中具体的物理数据处理的软件。有了数据库管理系统，用户就可以在抽象意义下处理数据，而不必顾及这些数据在计算机中的布局和物理位置。

5. 数据库应用系统

数据库应用系统(Database Application System，DBAS)是在数据库管理系统支持下建立的计算机应用系统。它实际上是一个具体的数据库系统，所以数据库系统和数据库应用系统经常不加细分。

数据库应用系统是由数据库系统、应用程序系统、用户组成的，具体包括数据库、数据库管理系统、数据库管理员、硬件平台、软件平台、应用软件、应用界面。数据库应用系统的 7 个部分以一定的逻辑层次结构方式组成一个有机的整体，它们的结构关系是：应用系统、应用开发工具软件、数据库管理系统、操作系统、硬件。例如，以数据库为基础的财务管理系统、人事管理系统、图书管理系统等。无论是面向内部业务和管理的管理信息系统，还是面向外部，提供信息服务的开放式信息系统，从实现技术角度而言，都是以数据库为基础和核心的计算机应用系统。

▶ 2.2　数据库应用系统的主要结构模式与组成

2.2.1　C/S(客户机/服务器)结构模式

Client/Server 结构(C/S 结构)是大家熟知的客户机和服务器结构。它是软件系统体系结构，通过它可以充分利用两端硬件环境的优势，将任务合理分配到 Client 端和 Server 端来实现，降低了系统的通信开销。目前大多数应用软件系统都是 Client/Server 形式的两层结构，由于现在的软件应用系统正在向分布式的 Web 应用发展，Web 和 Client/Server 应用都可以进行同样的业务处理，应用不同的模块共享逻辑组件。因此，内部的和外部的用户都可以访问新的和现有的应用系统，通过现有应用系统中的逻辑可以扩展出新的应用系统。这也就是目前应用系统的发展方向。在 C/S 结构中有传统的两层结构和新型的三层结构之分。

1. C/S 两层结构

C/S 两层结构处理流程可表示为：两层网络计算机模式＝多 Client＋单/多 Data Server＋动态计算。其应用软件模型表示方式见表 2-1。

表 2-1　C/S 两层结构的应用软件模型

界面	应用逻辑	SQL 语言	数据库服务器
客户机			服务器

在这种模式中，服务器只负责各种数据的处理和维护，为各个客户机应用程序管理数据；客户机包含文档处理软件、决策支持工具、数据查询等应用逻辑程序，通过网络使用 SQL 语言发送、请求和分析从服务器接收的数据。这是一种"胖客户机"(Fat Client)、"瘦服务器"(Thin Server)的网络结构模式。目前众多的基于 Intranet/Internet 网络"农业专家软件"均属此结构。

C/S 架构软件(即客户机/服务器模式)分为客户机和服务器两层：第一层是在客户机系统上结合了业务逻辑，第二层是通过网络结合了数据库服务器。简单地说，第一层是用户表示层，第二层是数据库层，需要程序员自己写客户端。C/S 两层结构客户端/服务器端程序的工作原理如图 2-3 所示。

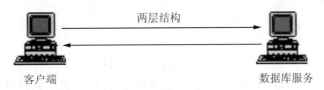

客户端　　　　　　　　　　　　数据库服务

图 2-3　C/S 两层结构客户端/服务器端程序的工作原理

传统的 C/S 体系结构虽然采用的是开放模式，但这只是系统开发一级的开放性，在特定的应用中，无论是 Client 端还是 Server 端都还需要特定的软件支持。由于没能提供用户真正期望的开放环境，C/S 结构的软件需要针对不同的操作系统开发不同版本的软件，加之产品的更新换代十分快，已经很难适应百台计算机以上局域网用户同时使用，而且代价高、效率低、可靠性有所降低、缺乏灵活性、资源浪费严重以及维护费用较高等缺点日益明显，网络计算模式逐渐从两层模式扩展到多层模式，并且结合动态计算，解决了这一问题。

2. C/S 三层结构

目前最流行的多层模式是三层结构，其处理流程可表示为：三层网络计算模式＝多浏览器＋单 Web 服务器＋多数据服务器＋动态计算。其应用软件模型表示方式见表

2-2。

表 2-2　C/S 三层结构的应用软件模型

用户界面	自定协议	应用逻辑	SQL 语言	数据库
客户机		应用服务器		数据为服务器

在三层结构中，应用逻辑程序已从客户机上分离出来，不但作为一个应用服务器，而且又成为一个浏览的 Web 服务器。这是一种"瘦客户机"（Thin Client）网络结构模式，客户端只存在界面显示程序，只需在服务器端随机增加应用服务，即可满足系统的需要。可以用较少的资源建立起具有很强伸缩性的系统，这也是当前 Internet 上最先进的技术之一。由于系统的 C/S 结构将应用的三部分（表示部分、应用逻辑部分、数据访问部分）明确进行分割，使其在逻辑上各自独立，并且单独加以实现，分别称之为客户、应用服务器、数据库服务器。C/S 三层结构客户端/服务器端程序的工作原理如图 2-4 所示。

图 2-4　C/S 三层结构客户端/服务器端程序的工作原理

C/S 三层模式的主要优点为：

（1）良好的灵活性和可扩展性。对于环境和应用条件经常变动的情况，只要对应用层实施相应的改变，就能够达到目的。

（2）可共享性。单个应用服务器可以为处于不同平台的客户应用程序提供服务，在很大程度上节省了开发时间和资金投入。

（3）较好的安全性。在这种结构中，客户应用程序不能直接访问数据，应用服务器不仅可控制哪些数据被改变和被访问，而且还可控制数据的改变和访问方式。

（4）增强了企业对象的重复可用性。"企业对象"是指封装了企业逻辑程序代码，能够执行特定功能的对象。随着组件技术的发展，这种可重用的组件模式越来越为软件开发所接受。

（5）三层模式成为真正意义上的"瘦客户端"，从而具备了很高的稳定性、延展性和执行校率。

（6）三层模式可以将服务集中在一起管理，统一服务于客户端，从而具备了良好的容错能力和负载平衡能力。

2.2.2　B/S（浏览器/服务器）结构模式

B/S（Browser/Server，浏览器/服务器）结构模式，是 Web 兴起后的一种网络结构模式，Web 浏览器是客户端最主要的应用软件。这种模式统一了客户端，将系统功能实现的核心部分集中到服务器上，简化了系统的开发、维护和使用。客户机上只要安装一个浏览器（Browser），如 Netscape Navigator 或 Internet Explorer，服务器安装

SQL Server、Oracle、MySQL 等数据库。浏览器通过 Web Server 同数据库进行数据交互。B/S 结构模式示意图如图 2-5 所示。

图 2-5　B/S 结构模式示意图

在图 2-5 所示的 B/S 模式中，客户端运行浏览器软件。浏览器以超文本形式向 Web 服务器提出访问数据库的要求，Web 服务器接受客户端请求后，将这个请求转化为 SQL 语法，并交给数据库服务器，数据库服务器得到请求后，验证其合法性，并进行数据处理，然后将处理后的结果返回给 Web 服务器，Web 服务器再一次将得到的所有结果进行转化，变成 HTML 文档形式，转发给客户端浏览器以友好的 Web 页面形式显示出来。B/S 结构工作原理如图 2-6 所示。

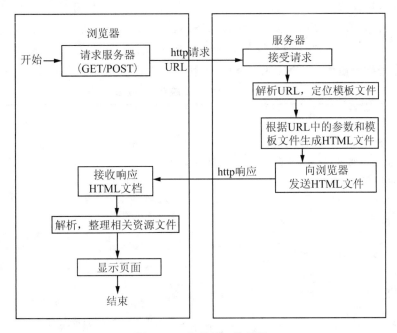

图 2-6　B/S 结构工作原理

由于 C/S 结构存在的种种问题，因此又在它原有的基础上提出了一种具有三层模式（3－Tier）的应用系统结构浏览器/服务器（Browser/Server）结构。B/S 结构是伴随着互联网的兴起，对 C/S 结构的一种改进。从本质上说，B/S 结构也是一种 C/S 结构，它可看作是一种由传统的二层模式 C/S 结构发展而来的三层模式 C/S 结构在 Web 上应用的特例。

B/S 结构主要是利用了不断成熟的 Web 浏览器技术，结合浏览器的多种脚本语言和 Active X 技术，用通用浏览器实现原来需要复杂专用软件才能实现的强大功能，同时节约了开发成本。

B/S 最大的优点就是可以在任何地方进行操作而不用安装任何专门的软件，只要有一台能上网的计算机就能使用，客户端零安装、零维护。系统的扩展非常容易。

B/S 结构的使用越来越多，特别是由需求推动了 AJAX 技术的发展，它的程序也能在客户端计算机上进行部分处理，从而大大地减轻了服务器的负担；并增加了交互性，能进行局部实时刷新。

2.2.3 系统开发应用模式选择方法

C/S 和 B/S 都可以进行同样的业务处理，但是 B/S 随着 Internet 技术的兴起，是对 C/S 结构的一种改进或者扩展的结构。相对于 C/S，B/S 具有如下优势：

(1)分布性：可以随时进行查询、浏览等业务。

(2)业务扩展方便：增加网页，即可增加服务器功能。

(3)维护简单方便：改变网页，即可实现所有用户同步更新。

(4)开发简单，共享性强，成本低，数据可以持久存储在云端而不必担心数据的丢失。

从系统应用模式的发展可以看出，对于应用系统性能的提升都是以不同的代价换取的。对于数据库应用系统结构方案的选择，必须基于系统的实际情况来进行选择。对于系统架构的选择，应根据系统的功能需求、安全性能要求、开发成本、开发周期等综合因素来确定最优的方案。C/S 和 B/S 优缺点对比分析如表 2-3 所示。

表 2-3　C/S 和 B/S 优缺点对比分析

架构	优点	缺点
C/S	1.C/S 架构的界面和操作可以很丰富。 2. 安全性能可以很容易保证，实现多层认证也不难。 3. 由于只有一层交互，因此响应速度较快	1. 适用面窄，通常用于局域网中。 2. 用户群固定。由于程序需要安装才可使用，因此不适合面向一些不可知的用户。 3. 维护成本高，发生一次升级，则所有客户端的程序都需要改变
B/S	1. 客户端无须安装，有 Web 浏览器即可。 2.B/S 架构可以直接放在广域网上，通过一定的权限控制实现多客户访问的目的，交互性较强。 3.B/S 架构无须升级多个客户端，升级服务器即可	1. 在跨浏览器上，B/S 架构不尽如人意。 2.B/S 架构的表现要达到 C/S 程序的程度需要花费不少精力。 3. 在速度和安全性上需要花费巨大的设计成本，这是 B/S 架构的最大问题。 4. 客户端服务器端的交互是请求—响应模式，通常需要刷新页面，这并不是客户乐意去做的

现在软件开发的整体架构主要分为 C/S 架构与 B/S 架构，选择哪种架构不仅对于软件开发公司很重要，也对应用企业很重要。可以从以下几个方面分析 C/S 和 B/S 模式在应用中的不同。

(1)硬件环境不同：C/S 一般建立在专用的网络上，小范围的网络环境，局域网之间再通过专门服务器提供连接和数据交换服务；B/S 一般建立在广域网之上的，不必是专门的网络硬件环境，如电话上网，有比 C/S 更强的适应范围，一般只要有操作系统和浏览器就行。

(2)对安全要求不同：C/S 一般面向相对固定的用户群，对信息安全的控制能力很强。例如高度机密的信息系统适宜采用 C/S 结构，可以通过 B/S 发布部分可公开信息；B/S 建立在广域网之上，对安全的控制能力相对弱，面向是不可知的用户群。

（3）对程序架构不同：C/S 程序可以更加注重流程，可以对权限多层次校验，对系统运行速度可以较少考虑；B/S 对安全以及访问速度的多重考虑，建立在需要更加优化的基础之上，比 C/S 有更高的要求。B/S 结构的程序架构是发展的趋势，例如 MS 的．Net 系列的 BizTalk 2000、Exchange 2000 等，全面支持网络的构件搭建。SUN 和 IBM 推出的 JavaBean 构件技术等，使 B/S 更加成熟。

（4）软件重用不同：C/S 程序需要整体性考虑，构件的重用性不如 B/S 好。

（5）系统维护不同：系统维护在软件生存周期中开销大，但相当重要。C/S 程序必须整体考察，处理出现的问题难度大，且系统升级难；B/S 构件组成方面可以实现构件个别的更换，实现系统的无缝升级，使系统维护开销减到最小，用户自己从网上下载安装就可以实现升级。

（6）处理问题不同：C/S 程序面向固定的用户群，并且在相同区域，安全性能要求高，与操作系统相关。B/S 建立在广域网上，面向不同的用户群，分散地域，这是 C/S 无法做到的，与操作系统平台关系最小。

（7）用户接口不同：C/S 多是建立在 Windows 平台上，表现方法有限，对程序员普遍要求较高；B/S 多是建立在浏览器上，有更加丰富和生动的表现方式与用户交流，并且大部分难度较低，降低了开发成本。

（8）信息流不同：C/S 程序一般是典型的中央集权的机械式处理，交互性相对较低；B/S 信息流向可变化，更像交易中心。

总体而言，B/S 对于用户要求低，但客户端功能较低；C/S 可以开发功能丰富的客户程序，但对客户端环境和用户要求相对较高。

▶ 2.3　数据库应用系统创建过程

数据库应用系统的开发是一项软件工程。一般可分为：系统规划、需求分析、概念模型设计、逻辑设计、物理设计、程序编制及调试、运行及维护。

这些阶段的划分目前尚无统一的标准，各阶段间相互连接，而且常常需要回溯修正。在数据库应用系统的开发过程中，每个阶段的工作成果就是写出相应的文档。每个阶段都是在上一阶段工作成果的基础上继续进行，整个开发工程是有依据、有组织、有计划、有条不紊地展开工作的。

2.3.1　系统规划

规划的主要任务就是作必要性及可行性分析。在收集整理有关资料的基础上，要确定将建立的数据库应用系统与周边的关系，要对应用系统定位，其规模的大小、所处的地位、应起的作用均须作全面的分析和论证。

（1）明确应用系统的基本功能，划分数据库支持的范围。分析数据来源、数据采集的方式和范围，研究数据结构的特点，估算数据量的大小，确立数据处理的基本要求和业务的规范标准。规划人力资源调配。对参与研制和以后维护系统运作的管理人员、技术人员的技术业务水平提出要求，对最终用户、操作员的素质做出评估。

（2）拟订设备配置方案。论证计算机、网络和其他设备在时间、空间两方面的处理能力，要有足够的内外存容量，系统的响应速度、网络传输和输入输出能力应满足应用需求并留有余量。要选择合适的 OS、DBMS 和其他软件。设备配置方案要在使用要求、系统性能、购置成本和维护代价各方面综合权衡。

（3）对系统的开发、运行、维护的成本作出估算。预测系统效益的期望值。拟订开发进度计划，还要对现行工作模式如何向新系统过渡作出具体安排。规划阶段的工作成果是写出详尽的可行性分析报告和数据库应用系统规划书。内容应包括：系统的定位及其功能、数据资源及数据处理能力、人力资源调配、设备配置方案、开发成本估算、开发进度计划等。可行性分析报告和数据库应用系统规划书经审定立项后，应作为后续开发工作的总纲。

2.3.2　需求分析

需求分析就是确定所要开发的应用系统的目标，收集和分析用户对数据库的要求，了解用户需要什么样的数据库，做什么样的数据库。对用户需求分析的描述是数据库概念设计的基础。

需求分析主要是考虑"做什么"的问题，而不是考虑"怎么做"的问题。

需求分析的结果是产生用户和设计者都能接受需求说明书。需求分析简单地说就是分析用户的要求。需求分析是设计数据库的起点，需求分析的结果是否准确地反映了用户的实际要求，将直接影响到后面各个阶段的设计，并影响到设计结果是否合理和实用。

1. 需求分析的主要工作

（1）问题识别（problem recognition）。

（2）评价和综合（evaluation and synthesis）。

（3）建模（modeling）。

（4）规格说明（specification）。

（5）评审（review）。

需求分析的任务是通过详细调查现实中需要处理的对象（组织、部门、企业等），充分了解原系统（手工系统或计算机系统）工作概况，明确用户的各种需求，然后在此基础上确定新系统的功能。新系统必须充分考虑今后可能的扩充和改变，不能仅仅按当前应用需求来设计数据库。

调查的重点是"数据"和"处理"，通过调查、分析，获得用户对数据库的如下要求：

（1）信息要求。指用户需要从数据库中获得信息的内容与性质。由信息要求可以导出数据要求，即在数据库中需要存储哪些数据。

（2）处理要求。指用户要完成什么处理功能，对处理的响应时间有什么要求，处理方式是批处理还是联机处理。

（3）安全性与完整性要求。确定用户的最终需求是一件很困难的事，这是因为一方面用户缺少计算机知识，开始时无法确定计算机究竟能为自己做什么，不能做什么，因此往往不能准确地表达自己的需求，所提出的需求往往不断的变化。另一方面设计人员缺少用户的专业知识，不易理解用户的真正需求，甚至误解用户的需求。因此设计人员必须不断深入地与用户交流，才能逐步确定用户的实际需求。

2. 软件需求规格说明

进行需求分析首先是调查清楚用户的实际要求，与用户达成共识，然后分析与表达这些需求。对用户需求进行分析与表达后，必须提交给用户，征得用户的认可。

软件需求规格说明是在对用户需求分析的基础上，把用户的需求规范化、形式化而写成的。目的是为软件开发提出总体要求，作为用户和开发人员之间相互了解和共同开发的基础。

3. 软件需求分析方法和工具

调查了解了用户的需求以后，还需要进一步分析和表达用户的需求。在众多的分析方法中结构化分析(Structured Analysis，SA)方法是一种简单实用的方法。SA 方法从最上层的系统组织机构入手，采用自顶向下、逐层分解的方式分析系统。SA 方法把任何一个系统都抽象为如图 2-7 所示的形式。

图 2-7　数据库应用系统高层抽象

在需求分析阶段，通常用系统逻辑模型描述系统必须具备的功能。系统逻辑模型常用的工具主要是：数据流图、数据字典。

图 2-7 给出的只是最高层次抽象的系统概貌，要反映更详细的内容，可将处理功能分解为若干子功能，每个子功能还可以继续分解，直到把系统工作过程表示清楚为止。在处理功能逐步分解的同时，所用的数据也逐级分解，形成若干层次的数据流图。

数据流图表达了数据和处理过程的关系。在 SA 方法中，处理过程的处理逻辑常常借助判定表或判定树来描述。系统中的数据则借助数据字典(Data Dictionary，DD)来描述。

(1)数据流图

数据流图(Data Flow Diagram，DFD)是从"数据"和"对数据的加工"两方面表达数据处理系统工作过程的一种图形表示法，具有直观、易于被用户和软件人员双方理解的特点。DFD 有四种基本的流图符号，其含义如表 2-4 所示。

表 2-4　DFD 图中四种基本的图形符号

图形符号	含义
箭头—→	数据流
圆或椭圆 ⬭	加工或处理

续表

图形符号	含义
双杠 ———	文件或数据库（数据存储）
方框 □	数据流的源点或终点

数据流图有两种形式的数据流模型。

①上下文图。它确定一个全局的系统边界。上下文图中所标识的外部实体表示数据流的源端或目的端。因此，外部实体就是候选对象。上下文图中的数据流代表了该系统的输入和输出。因此任何一种对象集合都必须阐明这些上下文图中的数据流是如何被接收、处理及生成的。

了解了用户的应用要求，可以使用信息流程图分析应用系统中的信息流。例如，学生选课系统简单的上下文信息流图如图 2-8 所示。

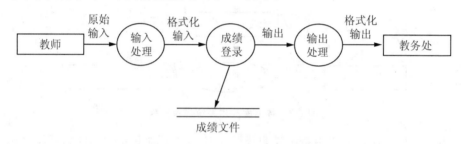

图 2-8　上下文信息流图

②分层的数据流图集合。表示系统的功能分解为一些基本单元，最后对应于对象的处理方法或服务。分层的数据流图采用自顶向下的逐步细化的结构化方法表示。

分层的数据流图是由顶级的数据流图开始，可作为由顶向下逐步细化时描述对象的工具。顶层（0 层）DFD 的每一个加工都可以进一步细化为第 1 层、第 2 层……的 DFD，直到最底层的每一个加工已表示一个最基本的处理动作为止。

对一个加工进行细化分解，一次可分解成 2 个或 3 个加工，可能需要的层次过多；分解的过多又难以让人理解。根据心理学的研究成果，人们能有效地同时处理问题的个数不超过 7 个。因此，一个加工每次分解细化出的子加工个数一般不要超过 7 个。

在 DFD 中并没有表示数据处理的过程逻辑（procedural logic），如是否要循环处理或根据不同的条件进行处理等。

图 2-9 给出分层数据流图示例，顶层的处理过程分为第 1 层的两个处理过程 P1 和 P2，第 1 层的两个处理过程 P1 和 P2 又可以划分产生第 2 层的四个处理功能，分别为 P11、P12、P21 和 P22。还可以逐层细分，直至最基本的处理过程。

（2）数据字典

数据字典（Data Dictionary，DD）是各类数据描述的集合。因为 DFD 只表示出系统由哪几部分组成和各部分之间的关系，并没有说明各个成分（数据流、加工等）的含义。因此，仅有 DFD 还不足以描述用户的需求，必须通过数据字典详细描述各类数据实体对象。

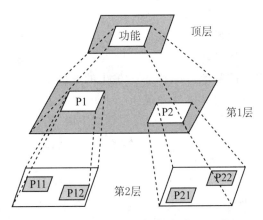

图 2-9　分层数据流图

数据字典通常包括数据项、数据结构、数据流、数据存储和处理过程五个部分。其中数据项是数据的最小组成单位，若干个数据项可以组成一个数据结构，数据字典通过对数据项和数据结构的定义来描述数据流、数据存储的逻辑内容。

①数据项。数据项是不可再分的数据单位。对数据项的描述通常包括以下内容：

数据项描述＝{数据项名，数据项含义说明，别名，数据类型，长度，取值范围，取值含义，与其他数据项的逻辑关系，数据项之间的联系}

其中，"取值范围""与其他数据项的逻辑关系"(如该数据项等于另几个数据项的和及该数据项值等于另一数据项的值等)定义了数据的完整性约束条件，是设计数据检验功能的依据。

可以用关系规范化理论为指导，用数据依赖的概念分析和表示数据项之间的联系。即按实际语义，写出每个数据项之间的数据依赖，它们是数据库逻辑设计阶段数据模型优化的依据。

②数据结构。数据结构反映了数据之间的组合关系。一个数据结构可以由若干个数据项组成，也可以由若干个数据结构组成，或由若干个数据项和数据结构混合组成。对数据结构的描述通常包括以下内容：

数据结构描述＝{数据结构名，含义说明，组成：{数据项或数据结构}}

③数据流。数据流是数据结构在系统内传输的路径。对数据流的描述通常包括以下内容：

数据流描述＝{数据流名，说明，数据流来源，数据流去向，组成：{数据结构}，平均流量，高峰期流量}

其中，"数据流来源"是说明该数据流来自哪个过程。"数据流去向"是说明该数据流将到那个过程去。"平均流量"是指在单位时间(每天、每周、每月等)里的传输次数。"高峰期流量"是指在高峰时期的数据流量。

④数据存储。数据存储是数据结构停留或保存的地方，也是数据流的来源和去向之一。它可以是手工文档或手工凭单，也可以是计算机文档。对数据存储的描述通常包括以下内容：

数据存储描述＝{数据存储名，说明，编号，输入的数据流，输出的数据流，组

成：{数据结构}，数据量，存取频度，存取方式}

其中，"存取频度"值为每小时或每天或每周存取几次、每次存取多少数据等信息。"存取方式"包括是批处理还是联机处理、是检索还是更新、是顺序检索还是随机检索等。另外，"输入的数据流"要指出其来源，"输出的数据流"要指出其去向。

⑤处理过程。处理过程的具体处理逻辑一般用判定表或判定书来描述。数据字典中只需要描述处理过程的说明性信息，通常包括以下内容：

处理过程描述={处理过程名，说明，输入：{数据流}，输出：{数据流}，处理：{简要说明}}

其中，"简要说明"中主要说明该处理过程的功能及处理要求。功能是指该处理过程用来做什么(而不是怎么做)，处理要求包括处理频度要求，如单位时间内处理多少事务、多少数据量、响应时间要求等。这些处理要求是后面物理设计的输入及性能评价的标准。

可见，数据字典是关于数据库中数据的描述，即元数据，而不是数据本身。

数据字典是在需求分析阶段建立，在数据库设计过程中不断修改、充实、完善的。

明确地把需求收集和分析作为数据库设计的第一阶段是十分重要的。这一阶段收集到的基础数据(用数据字典来表达)和一组 DFD 是下一步进行概念设计的基础。

需要强调的是：需求分析阶段的一个重要而困难的任务是收集将来应用所涉及的数据，设计人员应充分考虑到可能的扩充和改变，使设计易于更改，系统易于扩充，这是第一点。必须强调用户的参与，这是数据库应用系统设计的特点。数据库应用系统和广泛的用户有密切的联系，许多人要使用数据库。数据库的设计和建立又可能对更多人的工作环境产生重要影响。因此用户的参与是数据库设计不可分割的一部分。在数据分析阶段，任何调查研究没有用户的积极参加是寸步难行的。设计人员应该和用户取得共同的语言，帮助不熟悉计算机的用户建立数据库环境下的共同概念，并对设计工作的最后结果承担共同的责任。

4. 数据流和数据字典描述示例

了解了用户的应用要求，可以使用信息流程图分析应用系统中的信息流。下面的例子是实现一个计算机综合教务管理系统，完成班级信息管理、学生信息管理、课程信息管理和学生选课管理等功能。

本系统的用户分为超级用户和普通用户两类，超级用户负责系统维护，包括对班级信息，学生个人信息，课程信息的录入、修改、查询、删除等。普通用户即选课学生则只具有为自己选课的权限。下面给出部分数据流图和数据字典作为示例。

(1)学生选课系统简单的上下文信息流图(图 2-10)

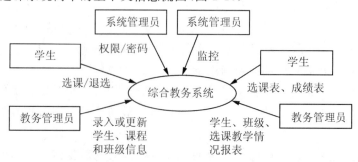

图 2-10　上下文信息流图

(2)学生选课第一层次数据流图

下面是学生选课申请的数据流图，作为第一层数据流图，如图 2-11 所示。

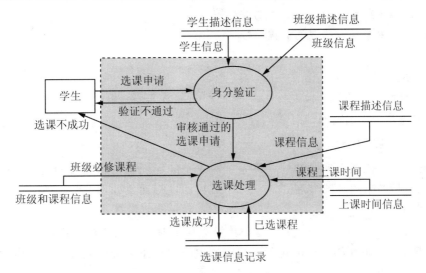

图 2-11　学生选课申请流程图

(3)数据字典中数据项和数据流的描述

数据项名：学生编号

说明：标识每个学生身份

类型：CHAR

长度：8

别名：学号

取值范围：970000～979999

数据流名：选课申请

说明：由学生个人信息，欲选课程信息组成选课申请

来自过程：无

流至过程：身份验证

数据结构：学生个人信息

欲选课的课程信息数据结构：学生个人信息

说明：说明了学生的个人情况。

组成：账号　密码

数据存储：上课时间信息

说明：说明了每门课的上课时间，一门课可以有多个上课时间，同一时间可以有
多门课程在上课。

输出数据流：课程上课时间

数据描述：课程编号

上课时间

数量：每学期 200～300 个

存取方式：随机存取

处理过程：身份验证

说明：对学生输入的账号，密码进行验证，确定正确，得到相应的学生编号。

输入：学生账号　密码　选课的课程编号

输出：学生编号　选课的课程编号

程序提交说明：

- 对输入的学生个人信息，检查学号和密码是否正确。
- 对身份正确的学生检查要选修的课程是否允许。
- 检查是否正确返回信息。

2.3.3　概念模型设计

概念模型不依赖于具体的计算机系统，它是纯粹反映信息需求的概念结构。建模是在需求分析结果的基础上展开，常常要对数据进行抽象处理。常用的数据抽象方法是"聚集"和"概括"。

E-R(Entity Relationship)方法是设计概念模型时常用的方法。用设计好的 E-R 图(Entity Relationship Diagram)再附以相应的说明书可作为阶段成果。概念模型设计可分以下三步完成。

1. 设计局部概念模型

(1)确定局部概念模型的范围。

(2)定义实体。

(3)定义联系。

(4)确定属性。

(5)逐一画出所有的局部 E-R 图，并附以相应的说明文件。

2. 设计全局概念模型

(1)确定公共实体类型。

(2)合并局部 E-R 图。

(3)消除不一致因素。

(4)优化全局 E-R 图。

(5)画出全局 E-R 图，并附以相应的说明文件。

3. 概念模型的评审

概念模型的评审分两部分进行：第一部分是用户评审；第二部分是开发人员评审。

2.3.4　逻辑设计

逻辑设计阶段的主要目标是把概念模型转换为具体计算机上 DBMS 所支持的结构数据模型。逻辑设计的输入要素包括：概念模式、用户需求、约束条件、选用的 DBMS 的特性。逻辑设计的输出信息包括：DBMS 可处理的模式和子模式、应用程序设计指南、物理设计指南。

1. 设计模式与子模式

关系数据库的模式设计可分四步完成：

(1)建立初始关系模式。

(2)规范化处理。

(3)模式评价。

(4)修正模式。

经过多次的模式评价和模式修正，确定最终的模式和子模式，写出逻辑数据库结构说明书。

2. 编写应用程序设计指南

根据设计好的模式和应用需求，规划应用程序的架构，设计应用程序的草图，指定每个应用程序的数据存取功能和数据处理功能梗概，提供程序上的逻辑接口。

3. 编写物理设计指南

根据设计好的模式和应用需求，整理出物理设计阶段所需的一些重要数据和文档。例如，数据库的数据容量、各个关系(文件)的数据容量、应用处理频率、操作顺序、响应速度和程序访问路径建议等，这些数据和要求将直接用于物理数据库的设计。

2.3.5 物理设计

物理设计是对给定的逻辑数据模型配置一个最适合应用环境的物理结构。物理设计的输入要素包括模式和子模式、物理设计指南、硬件特性、OS 和 DBMS 的约束、运行要求等。物理设计的输出信息主要是物理数据库结构说明书。其内容包括物理数据库结构、存储记录格式、存储记录位置分配及访问方法等，物理设计的步骤如下：

1. 存储记录结构

设计综合分析数据存储要求和应用需求，设计存储记录格式。

2. 存储空间分配

存储空间分配有两个原则：

(1)存取频度高的数据尽量安排在快速、随机设备上，存取频度低的数据则安排在速度较慢的设备上。

(2)相互依赖性强的数据尽量存储在同一台设备上，且尽量安排在邻近的存储空间上。

从提高系统性能方面考虑，应将设计好的存储记录作为一个整体合理地分配物理存储区域。尽可能充分利用物理顺序特点，把不同类型的存储记录指派到不同的物理群中。

3. 访问方法的设计

一个访问方法包括存储结构和检索机构两部分。存储结构限定了访问存储记录时可以使用的访问路径；检索机构定义了每个应用实际使用的访问路径。

4. 物理设计的性能评价

(1)查询响应时间

从查询开始到有结果显示之间所经历的时间称为查询响应时间。查询响应时间可进一步细分为服务时间、等待时间和延迟时间。在物理设计过程中，要对系统的性能进行评价。性能评价包括时间、空间、效率、开销等各个方面。

①CPU 服务时间和 I/O 服务时间的长短取决于应用程序设计。

②CPU 队列等待时间和 I/O 队列等待时间的长短受计算机系统作业的影响。

③设计者可以有限度地控制分布式数据库系统的通信延迟时间。

（2）存储空间

存储空间存放程序和数据。程序包括运行的应用程序、DBMS子程序、OS子程序等。数据包括用户工作区、DBMS工作区、OS工作区、索引缓冲区、数据缓冲区等。存储空间分为主存空间和辅存空间。设计者只能有限度地控制主存空间，例如可指定缓冲区的分配等。但设计者能够有效地控制辅存空间。

（3）开销与效率

设计中还要考虑以下各种开销，开销增大，系统效率将下降。

①事务开销，指从事务开始到事务结束所耗用的时间。更新事务要修改索引、重写物理块、进行写校验等操作，增加了额外的开销。更新频度应列为设计的考虑因素。

②报告生成开销，指从数据输入到有结果输出这段时间。报告生成占用CPU及I/O的服务时间较长。设计中要进行筛选，除去不必要的报告生成。

③重组开销对数据库的重组也是一项大的开销。设计中应考虑数据量和处理频度这两个因数，做到避免或尽量减少重组数据库。

在物理设计阶段，设计、评价、修改这个过程可能要反复多次，最终才能得到较为完善的物理数据库结构说明书。

建立数据库时，DBA依据物理数据库结构说明书，使用DBMS提供的工具可以进行数据库配置。

在数据库运行时，DBA监察数据库的各项性能，根据依据物理数据库结构说明书的准则，及时进行修正和优化操作，保证数据库系统能够保持高效率地运行。

2.3.6 程序编制及调试

在逻辑数据库结构确定以后，应用程序设计的编制就可以和物理设计并行地展开。程序模块代码通常先在模拟的环境下通过初步调试，然后再进行联合调试。联合调试的工作主要有以下几点：

1. 建立数据库结构

根据逻辑设计和物理设计的结果，用DBMS提供的数据语言（DDL）编写出数据库的源模式，经编译得到目标模式，执行目标模式即可建立实际的数据库结构。

2. 调试运行

数据库结构建立后，装入试验数据，使数据库进入调试运行阶段。

3. 装入实际的初始数据

在数据库正式投入运行之前，还要做好以下几项工作：

（1）制定数据库重新组织的可行方案。

（2）制定故障恢复规范。

（3）制定系统的安全规范。

2.3.7 运行和维护

数据库正式投入运行后，运行维护阶段的主要工作是：

1. 维护数据库的安全性与完整性

按照制定的安全规范和故障恢复规范，在系统的安全出现问题时，及时调整授权和更改密码。及时发现系统运行时出现的错误，迅速修改，确保系统正常运行。把数据库的备份和转储作为日常的工作，一旦发生故障，立即使用数据库的最新备份予以恢复。

2. 监察系统的性能

运用 DBMS 提供的性能监察与分析工具，不断地监控着系统的运行情况。当数据库的存储空间或响应时间等性能下降时，立即进行分析研究找出原因，并及时采取措施改进。例如，可通修改某些参数、整理碎片、调整存储结构或重新组织数据库等方法，使数据库系统保持高效率地正常运作。

3. 扩充系统的功能

在维持原有系统功能和性能的基础上，适应环境和需求的变化，采纳用户的合理意见，对原有系统进行扩充，增加新的功能。

▶ 2.4　预览数据库应用系统

数据库是用于进行数据收集、加工利用、综合查询与信息传递的工具，数据库技术的研究目标是实现数据的高度共享，支持用户的日常业务处理和辅助决策，它包括信息的存储、组织、管理和访问技术。数据库可以广泛地应用于现实生活中的各个领域，几乎占应用软件的 80%。这里介绍一些数据库应用系统软件及其在各个方面的应用，使学生对数据库的原理和应用有一个初步的了解。

2.4.1　基于 WampServer 的学生选课管理系统

"学生网上选课系统"是建立在 B/S 结构的动态 Web 应用。其功能从用户角度上应该分两个层面：

(1)学生：通过客户端浏览器登录到系统，浏览课程、查询课程和查看课程的详细信息，并按志愿顺序预选自己想要选修的课程，也可显示自己已经预选的课程；

(2)教学秘书，通过客户端浏览器登录到系统，对课程进行管理，例如添加课程、修改课程、删除课程、浏览课程、查询课程和查看课程的详细信息等，除此之外，还需按照学校的规模和条件，以及学生集中选课的时间，选定服务器、相应的软硬件和网络设施，其设计界面如图 2-12 所示。

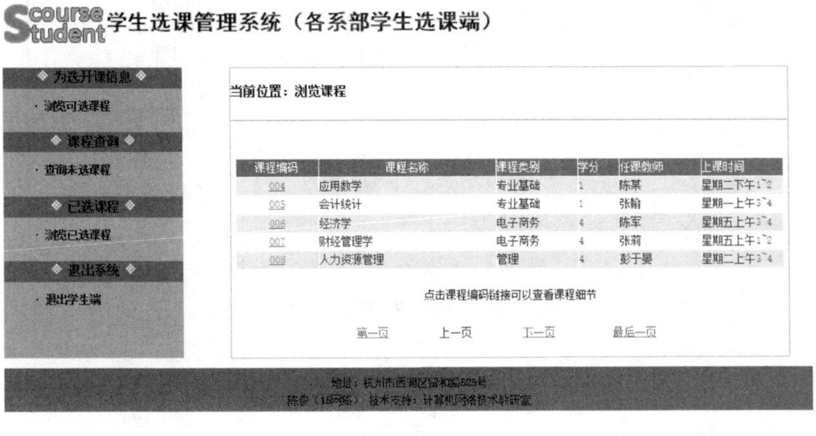

图 2-12　学生选课端主界面

本系统是建立在教务部门对系统的描述和需求上，针对系统的需求功能描述，学生/教师必须经过登录才能使用系统。在首页可以给登录用户提供一个含有验证码的登录功能，同时显示本系统被浏览的次数，还随机显示课程的详细信息，教务部门设定系统可以让学生按照志愿顺序预选课程。系统功能模块如表 2-5 所示。

表 2-5　学生选课系统功能模块

序号	功能模块类别	功能模块
1	前台模块	首页功能模块
		浏览学生信息功能模块
		浏览课堂信息功能模块
		浏览学生成绩功能模块
2	后台管理模块	登录功能模块
		学生管理模块（信息添加、修改、删除）
		课程管理模块（信息添加、修改、删除）
		成绩管理模块（信息添加、修改、删除）

本系统选择 PHP 技术来构建学生选课系统，采用 MySQL 数据库管理系统作为数据库服务器，客户端通过 IE 或其他 WWW 浏览器来使用系统所提供的所有功能，对于一个给定的应用环境，构造最优的数据库模式，建立数据库及其应用系统，使之能够有效地存储数据，满足各种用户的应用需求（信息要求和处理要求）。通过对学生网上选课系统的需求分析，要实现网上选课，则需要以下 6 张表来保存各方面的信息，其表间关系如图 2-13 所示。

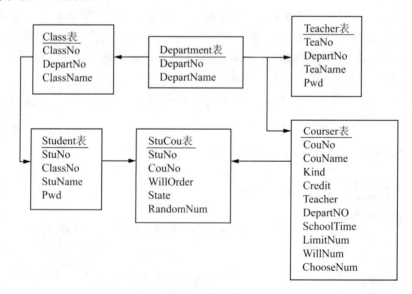

图 2-13　表间关系

2.4.2   基于 Web 的网站留言板系统

随着网络的应用越来越广泛，国内外不少的大中型企业都不约而同地意识到利用网络传递信息可以较大程度上提高办事效率。搭建一个企业与用户的在线交流平台显得尤为重要。"网站留言板系统"是网上的一种信息服务系统，是一种简洁而实用的在线交流平台，网站访问者可通过留言板与企业进行交流。该系统支持注册、留言、删除留言内容、回复留言等功能。通过留言板系统，令信息的发布可以面向群组和个人；来自不通部门、地区的人员可以一起讨论感兴趣的话题，而管理员可以管理和答复其他人的话题。ASP. NET 是微软公司的 ASP 和 . NET Framework 这两项核心技术的结合，功能强大、技术非常灵活，适合于编写动态 Web 页面。

本系统选择 ASP. NET 技术来构建论坛系统，采用 SQL Server 2008 数据库管理系统作为数据库服务器，客户端通过 IE 或其他 WWW 浏览器来使用系统所提供的所有功能。其中主要用到了 3 个数据表，分别为用户信息表（tb ＿ User）、留言表（tb ＿ LeavWord）和回复表（tb ＿ Reply）。留言板包括两种操作用户：管理员用户（管理员用户在前台页面通过验证后，可直接登录后台，并对留言内容进行管理）和普通用户（普通用户可对留言主题进行查看，并发表自己的意见）。

留言板程序的业务流程如图 2-14 所示。

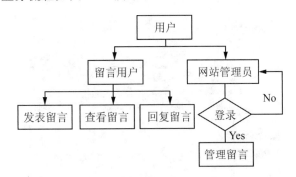

图 2-14   留言板业务流程图

网站留言板系统总计分为五个区块，可以进行查看主题、回复主题、发表留言、管理自己的留言等，提供新用户注册加入留言板，首先要进行行用户注册，有了自己的账户，才可以发表留言、回复主题、管理自己的留言，主界面设计效果如图 2-15 所示。

注册过的用户，登录系统后就可以发表留言、回复主题，超级管理员可以进行所有留言信息的管理。发表留言界面如图 2-16 所示。

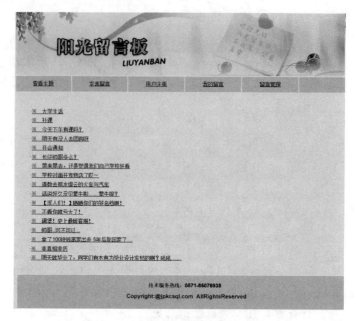

图 2-15 留言板首页

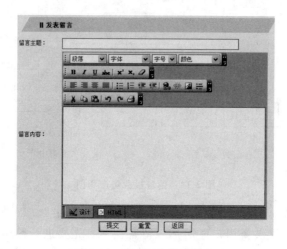

图 2-16 注册用户发表留言

2.4.3 书畅论坛社区

社区论坛是一个网络板块，指不同的人围绕同一主题引发的讨论，如天涯社区也是指固定的地理区域范围内的社会成员以居住环境为主体，行使社会功能、创造社会规范化，与行政村同一等级的行政区域。社区，最具活力的社区是互联网最具知名度的综合性社区，拥有庞大核心用户群体，社区主题涵盖女性、娱乐、汽车、体育、文化、生活、社会、时事、历史、文学、情感、旅游、星座等各项领域。

书畅论坛页面主要采用了页面框架，该页面框架采用分栏结构，主要分四个区域：页头、功能栏、内容显示区和页尾。论坛前台显示主要包括：首页今日热门推送、首页面的论坛板块、首页面的论坛类别显示等；需要实现的功能主要有：用户注册登录、版面浏览、帖子的添加和回复以及文章资讯浏览等，首页运行主界面如图 2-17 所示。

图 2-17　书畅论坛主界面

系统的数据库里面主要包含了系统用户信息表、论坛板块信息表、论坛主题信息表等，在书畅论坛中，可以设计以下几个板块：服务大区、讨论大区、互助大区、图书大区，论坛的前台页面是提供给访问者浏览的，而后台页面是专门提供给管理者的。对于论坛来说，建立后台管理系统可以方便管理员来添加、管理和删除论坛中的内容，包括文章、图片和评论等。后台版面管理模块主要包括常规设置、论坛管理、用户管理、帖子管理、其他操作等功能，其中前端用户登录的界面如图 2-18 所示。

图 2-18　书畅论坛用户登录界面

本系统选择 PHP 技术来构建论坛系统，采用 MySQL 数据库管理系统作为数据库服务器，客户端通过 IE 或其他 WWW 浏览器来使用系统所提供的所有功能。系统的数据库里面主要包含系统用户信息表、论坛板块信息表、论坛主题信息表等。

2.4.4　12306 互联网购票系统

12306(http://www.12306.cn)互联网购票系统是基于中国铁路客票发售和预订系统(以下简称客票系统)这一核心系统构建的。该客票系统于 1996 年 6 月被列为"九五"国家科技攻关计划，1998 年又列为"九五"国家科技攻关计划重中之重项目。在铁道部的领导下，由中国铁道科学研究院牵头组织，由全国数十家高校和科研机构的上百名科研工作者联合攻关，采用核心技术自主研发、通用软硬平台开放的技术路线，历时两年研发成功。提供用户注册、列车时刻表查询、余票查询、票价查询、购票(含网上支付)、订单查询、改签、退票等服务。

目前该客票系统已覆盖全国所有客运车站,支撑车站售票窗口、代售点、自动售票机、电话订票和互联网售票等售票渠道,其中车站售票窗口和代售点 23000 余个,自动售票机 1600 余台,电话订票接入线数 10.8 万,互联网注册用户 1400 余万,日均售票量近 500 万张,高峰期售票量达 700 万张,年售票量超过 18 亿张,是目前世界上规模最大的实时交易系统之一。

通过该客票系统,旅客可以按照网上提供的购票、余票查询、旅客列车时刻表查询、票价查询、客票代售点查询、客运营业站站点和行包服务等系统功能,查询各种所需要的信息,这里以"车票预订"模块为列,其查询方式及效果如图 2-19 所示。

图 2-19   12306 客票系统车票预订查询

以上预览的数据库应用系统的实例,仅仅只代表了数据库应用的部分方面。事实上,关于数据库的应用领域举不胜举,如图书管理信息系统,后台功能包括图书信息增加、图书信息更新和图书信息删除;前台功能包括学生借阅图书、还书、图书查询等。还有超市 POS 系统,前台功能包括前台交易开单、收款、退货,会员卡,折扣和优惠等;下载后台资料和将清款的业务数据上传后台;完成前台交易中的扫描条码或输入商品编码、收款、打印收据、弹出钱箱等一系列操作,并且多个前台 POS 可连接到同一个后台系统,这里就不再累述了。

扩展实践

1. 如何理解信息与数据的关系?

2. 数据库系统与数据库管理系统的区别是什么?

3. 根据教学素材提供的"家庭财务管理系统",让学生摸拟真实的环境,进行简单的数据处理。

4. 根据教学素材提供的"学生选课管理系统"数据库,使学生掌握在 .NET 环境中连接数据库的方法。

5. 对于数据库的应用领域，写一份调研报告。

 互联网＋教学资源

1. 更多课程资源访问(http://www.jpzysql.com)，下载教学视频。

2. 扫描二维码，查看手机端教学资源(http://m.jpzysql.com)，有效实现在线教学互动。

课程手机资源

3. 扫描二维码，关注课程微信公众平台，查看更多数据表操作教学资源及相关视频。

课程微信公众平台资源

4. 云端在线课堂＋教材融合，访问教学平台(http://www.itbegin.com)。

第 3 章　SQL Server 2008 的安装、配置与管理

章 首 语

　　人类独有的弱点、错觉、错误都是十分必要的，因为这些特性的另一头牵着的是人类的创造力、直觉和天赋。偶尔也会带来屈辱或固执的同样混乱的大脑运作，也能带来成功，或在偶然间促成我们的伟大。这提示我们应该乐于接受类似的不准确，因为不准确正是我们之所以为人的特征之一，就好像我们学习处理混乱数据一样，因为这些数据服务的是更加广大的目标。毕竟混乱构成了世界的本质，也构成了人脑的本质，而无论是世界的混乱还是人脑的混乱，学会接受和应用它们才能得益。那么，就让我们一起推开神奇的数据库大门，在"互联网＋"时代，为自己筑基。

子项目 1：学生选课管理系统数据库设计环境安装、配置与管理

　　项目概述：信息技术是现代经济的支柱，而网络技术和数据库技术又是信息技术最主要的核心。以 Internet/Intranet/Extranet 为标志的计算机网络技术遍及全球，信息量急速膨胀，传播速度越早越快，这些都是以 SQL Server 为代表的成熟的数据库技术为基础的。

　　汤小米是一名大二的学生，这个学期她选修了一门数据库原理与应用的课程，因为在这之前，她曾在一家公司做过两个月的实习生，接触过 SQL Server，为此对于这门课，她有浓厚的学习兴趣。为了更好地学习这门课程，让我们为汤小米同学提供完整的安装、配置与管理 SQL Server 2008 的操作方法，培养其学习和使用该软件的能力。

【知识目标】

1. SQL Server 2008 的功能。

2. SQL Server 2008 的安装方法、组件和管理配置。

3. SQL Server Management Studio 及其应用。

4. T-SQL 和 SSMS 查询编辑器的使用。

【能力目标】

1. 能在安装 SQL Server 2008 的同时进行系统的初步配置。

2. 能根据具体需要进行 SQL Server 2008 组件管理和配置。

3. 能够熟练的使用 SSMS 查询编辑器。

4. 通过安装和配置 SQL Server 2008，培养学习和使用各种软件的能力。

【重点难点】

SQL Server 2008 的安装、配置。

【知识框架】

本章知识内容为 SQL Server 2008 概述，学习内容知识框架如图 3-1 所示。

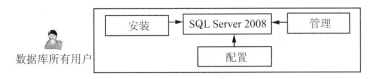

图 3-1　本章内容知识框架

任务 1　安装 SQL Server 2008

▶ 1.1　任务情境

帮助汤小米同学安装 SQL Server 2008 数据库管理系统软件。

▶ 1.2　任务实现

第 1 步：通过网络下载 SQL Server 2008 的镜像文件，采用安装虚拟光驱进入安装，如图 3-2 所示。

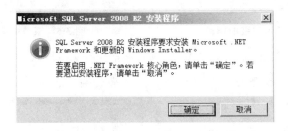

图 3-2　进入 SQL Server 2008 安装界面

第 2 步：单击"确定"按钮，进入 SQL Server 2008 的安装中心，选中"系统配置检查器"进入安装环节，如图 3-3 所示。

第 3 步：安装程序支持规则检测，此时必须更正所有的错误，程序才能继续安装，如图 3-4、图 3-5 所示。

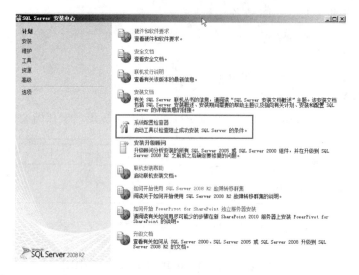

图 3-3　SQL Server 2008 的安装中心

图 3-4　检查适合安装的项目

图 3-5　系统配置检查成功项

第 4 步：完成安装程序支持规则检测后，指定可用版本、输入 SQL Server 2008 R2 安装密钥，确定继续安装，如图 3-6、图 3-7 所示。

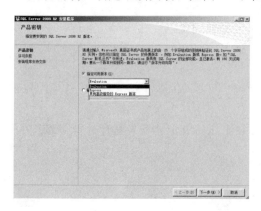

图 3-6　指定可用版本

图 3-7　输入当前产品密钥

第 5 步：接受许可条款，进入安装安装程序支持文件组件安装阶段，单击"下一步"按钮继续安装，如图 3-8、图 3-9 所示。

图 3-8　接受许可条款　　　　　　　　图 3-9　安装安装程序支持文件

第 6 步：安装程序支持规则通过后，进入设置角色和功能选择操作，具体选择或设置如图 3-10、图 3-11 所示。

图 3-10　设置角色　　　　　　　　　　图 3-11　功能选择

第 7 步：通过安装规则检测，单击"下一步"按钮，进入"实例配置"选项，检查磁盘空间使用情况，如图 3-12、图 3-13 所示。

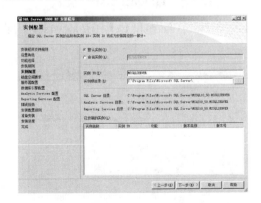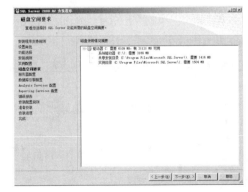

图 3-12　实例配置　　　　　　　　　　图 3-13　磁盘空间要求

第 8 步：单击"下一步"按钮，进入"服务器配置"项（此处需要事先设置操作系统登录的 Administrator 账户和密码），进入"账户设置"选项卡，身份验证模式选择"混合模式"，设置数据库登录账户名和密码，如图 3-14、图 3-15 所示。

图 3-14　sa 账户设置　　　　　　图 3-15　Administrator 账户设置

第 9 步：单击"下一步"按钮，进入"数据库引擎配置"项中"数据目录"选项卡和"FILESTREAM"选项卡的设置，如图 3-16、图 3-17 所示。

图 3-16　数据目录　　　　　　　图 3-17　"FILESTAEAM"选项卡

第 10 步：单击"下一步"按钮，进入 Analysis Services 配置和 Reporting Services 配置，其选择效果如图 3-18、图 3-19 所示。

 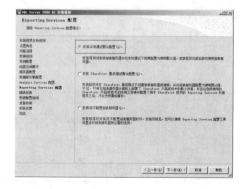

图 3-18　Analysis Services 配置　　　图 3-19　Reporting Services 配置

第 11 步：单击"下一步"按钮，进入"错误报告"选项，用户可根据需要进行选择，其效果如图 3-20 所示。在"安装配置规则"选项中，显示安装程序正在运行规则以确定是否要阻止安装过程，其运行效果如图 3-21 所示。

图 3-20　错误报告

图 3-21　安装配置规则

第 12 步：单击"下一步"按钮，进入全面安装环节，完成安装如图 3-22、图 3-23 所示。

图 3-22　准备安装

图 3-23　完成安装

特别提示：

适用于所有 SQL Server 2008 R2 安装的硬件和软件环境如表 3-1 所示。

表 3-1　系统安装的硬件和软件环境要求

组件	要求
框架 2	SQL Server 安装程序安装该产品所需的软件组件： . NET Framework 3.5 SP11 SQL Server Native Client SQL Server 安装程序支持文件
软件 2	SQL Server 安装程序要求使用 Microsoft Windows Installer 4.5 或更高版本 安装了所需的组件后，SQL Server 安装程序将验证要安装 SQL Server 2008 R2 的计算机是否也满足成功安装所需的所有其他要求

续表

组件	要求
网络软件	SQL Server 2008 R2 64 位版本的网络软件要求与 32 位版本的要求相同。 支持的操作系统都具有内置网络软件。独立的命名实例和默认实例支持以下网络协议： Shared memory Named Pipes TCP/IP VIA 注意：故障转移群集不支持 Shared memory 和 VIA
虚拟化	在以 Windows Server 2008 SP2 Standard、Enterprise 和 Datacenter 版本中的 Hyper-V 角色运行的虚拟机环境中支持 SQL Server 2008 R2。 除了父分区所需的资源以外，还必须为每个虚拟机(子分区)的 SQL Server 2008 R2 实例提供足够的处理器资源、内存和磁盘资源。 在 Windows Server 2008 SP2 上的 Hyper-V 角色中，最多可以为运行 Windows Server 2008 SP2 32 位或 64 位版本的虚拟机分配四个虚拟处理器。最多可以为运行 Windows Server 2003 32 位版本的虚拟计算机分配 2 个虚拟处理器。对于承载其他操作系统的虚拟计算机，最多可以为虚拟计算机分配一个虚拟处理器。 注意：建议在关闭虚拟机之前先关闭 SQL Server 2008 R2。 在 SQL Server 2008 R2 中支持来宾故障转移群集
Internet 软件	所有的 SQL Server 2008 R2 安装都需要使用 Microsoft Internet Explorer 6 SP1 或更高版本。Microsoft 管理控制台(MMC)、SQL Server Management Studio、Business Intelligence Development Studio、Reporting Services 的报表设计器组件和 HTML 帮助都需要 Internet Explorer 6 SP1 或更高版本
硬盘	磁盘空间要求将随所安装的 SQL Server 2008 R2 组件不同而发生变化
驱动器	从磁盘进行安装时需要相应的 CD 或 DVD 驱动器
显示器	SQL Server 2008 R2 图形工具需要使用 VGA 或更高分辨率：分辨率至少为 1024 像素×768 像素
其他设备	指针设备：需要 Microsoft 鼠标或兼容的指针设备

▶ 1.3 相关知识

　　SQL Server 系列软件是 Microsoft 公司推出的关系型数据库管理系统。SQL Server 2008 版本将结构化、半结构化和非结构化文档的数据直接存储到数据库中。对数据进行查询、搜索、同步、报告和分析等的操作。数据可以存储在各种设备上，从数据中心最大的服务器一直到桌面计算机和移动设备，它都可以控制数据而不用管数据存储在哪里。SQL Server 2008 允许使用 Microsoft.NET 和 Visual Studio 开发的自定义应用程序中使用数据，在面向服务的架构(SOA)和通过 Microsoft BizTalk Server 进行的业务流程中使用数据。信息工作人员可以通过日常使用的工具直接访问数据。

1.3.1　SQL Server 2008 特性

提供了主数据管理，对原有的数据库引擎相关功能进行了增强，比如硬件支持、地理空间数据、SSMS 等。在 BI 上进行了进一步的加强，能够与 Excel 2010、SharePoint 2010 等集成，使得 BI 功能更强大，更易用。

1. SSMS 增强

(1)在注册的服务器组中一次 SQL 查询可以针对多个服务器执行

首先是要在"已注册的服务器"中创建组，也可以使用系统默认的组，然后添加多个数据库到组中。接下来右击数据库组，选择"新建查询"选项，系统将打开一个多数据库查询的编辑器，选择多个服务器中公共的数据库，在其中输入 SQL 语句 F5 执行即可将多个服务器中的数据一次性都查询出来。运行效果如图 3-24 所示。

(2)可以为不同的服务器设置不同的状态栏颜色

在登录服务器的时候，选择"选项"按钮，然后可以在"连接属性"选项卡中设置"使用自定义颜色"，设置如图 3-25 所示，这个功能有什么用呢？在项目开发中经常需要连接到多台服务器中，开发环境数据库一种颜色、测试环境一种颜色，比较醒目不容易搞混。

图 3-24　多服务器执行

图 3-25　设置状态栏颜色

（3）活动和监视器

SSMS 2008 中直接使用"活动和监视器"功能来实现查看数据库实例的活动情况。实质上每 15 秒从动态管理视图中采集一次数据，然后展示出来。功能比较强大，进程、资源等待、IO 情况等都可以展示出来。在对象资源管理器中右击数据库实例，然后选择"活动和监视器"选项即可打开，如图 3-26 所示。在 SQL Server 2008 中对动态管理视图进行了修改，sys．dm＿os＿sys＿info 中去掉了 cpu＿ticks＿in＿ms 列，添加了两个新列，而这两个新列在活动和监视器中就要用到，由于 SQL Server 2008 没有对应的列，所以使用 SSMS 2008 可以连接 SQL Server 2008 服务器并打开活动和监视器。

图 3-26　活动和监控器

（4）提供了分区向导

在 SSMS 2008 中要对表进行分区那就需要手动创建分区方案、分区函数，然后应用到表。SSMS 2008 提供了分区向导，在要分区的表上面右击，然后选择"存储"下面的"创建分区"选项即可。接下来就按照向导的操作做就可以了。

（5）加强了对象资源管理器详细信息

SSMS 2008 中默认是没有开启对象资源管理器详细信息，使用快捷键 F7 可以开启。现在在详细信息页面可以提供更多的信息，例如可以直接列出每个数据库的大小，在表详细信息中可以列出每个表的行数等。通过右击详细信息的列头，可以选择要列出的内容。

（6）数据库对象搜索功能

搜索框在对象资源管理器详细信息上方，就和 LIKE 一样的用法，使用％表示多个字符进行模糊搜索。搜索的是数据库对象：表、视图、存储过程、函数、架构……全部可以搜索出来，而搜索范围由对象资源管理器中选择，如果选中的是整个实例，那就是整个数据库实例的搜索，选择某一个数据库那么就只搜索这个数据库。

（7）对表实行"选择前 n 行"和"编辑前 m 行"

在 SSMS 2008 中就是"编辑"和"打开表"，以前不能指定行数，对于数据量很大的表，操作非常不方便。现在可以直接选择前 n 行了，默认情况下是选择前 1000 行，编辑前 200 行。如果觉得这个数字不合适，可以在"工具"菜单的"选项"命令中进行修改，如图 3-27 所示。

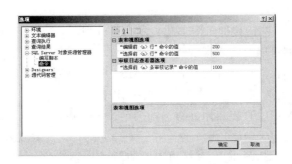

图 3-27　对表实行编辑行

（8）智能感知

这可是 SSMS 2008 的一大亮点，SSMS 终于可以像 VS 一样提供智能感知了。不过它现在的功能还不是很强，没有 SQL Prompt 强（SQL Prompt 是要收费的）。SSMS 中的智能感知提供了拼写检查、自动完成列出成员的功能，如图 3-28 所示就是智能感知对第一行拼写错误的警告。如果不想用 SSMS 2008 的话，可以在"工具"菜单"选项"中将其关闭。

图 3-28　SSMS 智能感知

（9）T-SQL 调试

现在可以直接在 SSMS 中调试 T-SQL 代码了。断点设置和 VS 的相同，VS 中用 F5 来启动调试，SQL 中是由 Alt＋F5 来启动调试。这个必须针对 SQL Server 2008 的服务器，如果连接的是 SQL Server 2005，仍然无法调试。

（10）查询结果表格提供连同标题一起复制的功能

在 SQL Server 2005 中查询的结果用表格显示，如果复制数据的话那么列名是不会被复制的，只能复制数据内容。现在 SSMS 2008 中提供了连同标题一起复制的功能，右击窗格结果，可以看到"连同标题一起复制"选项。

（11）直接以图形方式显示查询出来的执行计划

在 DMV 查询时，查询出的执行计划是 XML 格式，直接点开链接的话出现的是 XML 内容，然后要把 XML 内容保存成 . sqlplan 后缀的文件才能再用 SSMS 查看到图形。在 SSMS 2008 中，现在单击链接后出现的就是图形了。例如执行如下查询，查看缓存中的执行计划：

```
SELECT qp. query_plan,cp. *
```

FROM sys. dm_exec_cached_plans cp

CROSS APPLY sys. dm_exec_query_plan(cp. plan_handle)qp

执行后单击 XML 的链接即可图形化展示执行计划。

(12)从执行计划可以获得对应的查询脚本

获得了一个图形化的执行计划后，在 SSMS 中右击该执行计划，选择"编辑查询文本"，系统将自动新建选项卡，将查询脚本显示出来。

(13)在查询编辑器中直接启用针对当前会话的 Profiler

在 SQL Server 2005 中，Profiler 基本上是独立的，对于跟踪测试一个查询的执行情况比较麻烦，现在 SSMS 2008 直接可以在查询编辑器中启动 Profiler 了，右击查询机器，选择"SQL Server Profiler 中的跟踪查询"选项，系统将启动针对当前查询编辑器SPID 的 Profiler 跟踪。也就是说启动的 Profiler 中设置了过滤条件，只跟踪 SPID 为启动 Profiler 的查询编辑器的 SPID，其他用户在数据库上执行任务并不造成大量的干扰数据影响跟踪。

(14)提供了 Service Broker 模板

在 SSMS 2005 中新建 Service Broker 的相关内容完全靠 T-SQL 编写，没有模板。在 SSMS 2008 中有所改进，右击 Service Broker 或下面的结点，都有个"新建××"选项，选择该选项，系统将提供一个模板，但是还没有图形化的设置界面。

2. 策略管理

策略管理是 SQL Server 2008 中的一个新特性，用于管理数据库实例、数据库以及数据库对象的各种属性。策略管理在 SSMS 的对象资源管理器数据库实例中的"管理"结点下，策略管理中包含三个结点：策略、条件、方面。

(1)策略就是在条件为假的情况下要执行的操作，即评估模式。策略中的评估模式有 4 种：按需、按计划、更改时：仅记录和更改时：禁止。

(2)条件就是一个布尔表达式判断策略是否为真。

(3)方面就是策略要应用的对象，包括：服务器、表、触发器、视图、存储过程等方面对象都是系统定义好了的，不可更改。双击具体的某一个方面可以查看该方面的属性，在定义条件时即可对这些属性进行判断。

对于这 4 种模式，给出如下定义：

按需：当用户直接指定这种模式时，它可对策略进行评估。

按计划：这种自动模式使用 SQL Server 代理作业定期对策略进行评估。此模式记录违反策略的情况。

更改时：仅记录。当发生相关更改并违反日志策略时，这种自动模式使用事件通知对策略进行评估。

更改时：禁止。这种自动模式使用 DDL 触发器来防止违反策略。

其中"按需"是手动操作的，其他三个则可以自动完成。"按计划"是使用 SQL Server 代理来定时检查策略，"更改时：仅记录"和"更改时：禁止"是在更改时由 DDL 触发器触发。

假设现在要开发一个业务系统，其数据库为 TestDB1，使用 ADO. NET 调用存储过程来实现数据操作，现在项目中规定存储过程的命名规范：以"usp_"开头。这里可以使用策略管理来实现对该规范的检查或强制实行。具体操作过程如下：

①由于针对的对象是存储过程，所以在"方面"结点下右击"存储过程"，选择"新建条件"选项，系统将会弹出新建条件的窗口。

②输入"条件"的名称："存储过程命名规范"，然后字段列表中选择@Name，运算符为 LIKE，值为'usp[_]%'。也就是判断存储过程的名字 LIKE'usp[_]%'，也就是以"usp _"开头的 SQL 表达。这里字段和值都可以使用变量和函数，如果允许"USP _"、"Usp _"等开头的存储过程，则可以将字段运用小写函数，改写为"Lower(@Name)"，然后单击"确定"按钮，创建"条件"完成。

③右击"策略"结点，在右键菜单中选"新建策略"选项，系统将打开新建策略窗口，输入策略名"检查存储过程命名规范"，在检查条件的下拉列表中选择刚创建的条件"存储过程命名规范"，系统将根据选择的检查条件列出针对目标，默认情况下是对每个数据库的每个存储过程进行检查，由于这里只希望检查 TestDB1 数据库，所以需要新建数据库的条件。

④单击"新建条件"后将出现与第②步新建条件相同的窗口，只是这里新建的条件是数据库，即新建条件 TestDB1，如图 3-29 所示。

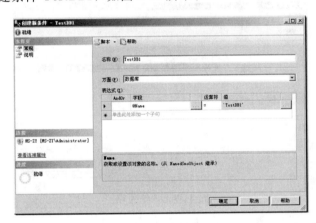

图 3-29　创建新条件

⑤单击"确定"按钮回到新建策略窗口，针对目标变成了对 TestDB1 数据库的每个存储过程。

这里若要强制实现这个策略，则选择评估模式为"更改时：禁止"并选中"已启用"复选框表示启用该策略。

⑥单击"说明"选择项，可以在其中选择策略的类别、在违反策略时给出的友好说明。最后单击"确定"按钮即可完成策略的创建工作。

⑦接下来就是测试该策略是否有效了，运行如下 SQL 语句创建一个存储过程 usp _GetDate：

```
USE TestDB1
GO
CREATE PROC usp_GetDate
AS
```

```
SELECT GETDATE()
GO
```

一切正常，存储过程被创建成功。那么再创建一个存储过程 db1 _ GetDate：

```
USE TestDB1
GO
CREATE PROC db1_GetDate
AS
SELECT GETDATE()
GO
```

如果策略被定义为"按需"评估模式，则用户可以在其中创建违反策略的存储过程。若要检查现有的数据库对象是否符合策略，只需要在对象资源管理器中右击数据库对象结点，然后选择右键菜单中的"策略"下的"评估"选项，如果要检查具体某个数据库对象的"方面"属性值的话，则选择右键菜单中的"方面"选项。选择"评估"选项后系统弹出评估策略窗口，其中列出了所有存储过程方面相关的策略，选择需要验证的策略，然后单击"评估"按钮即可查看当前数据库对象是否符合策略，操作如图 3-30 所示。

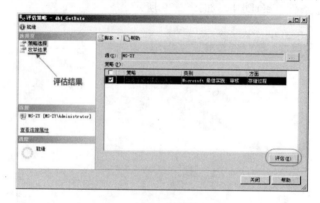

图 3-30　评估策略

1. 3. 2　SQL Server 2008 体系结构

SQL Server 的体系结构是指对 SQL Server 的组成部分和这些组成部分之间关系的描述。SQL Server 2008 系统由 4 个主要部分组成，这 4 个部分被称为 4 个服务，分别是数据库引擎、分析服务、报表服务和集成服务。这些服务之间相互依存，如图 3-31 所示是各服务之间关系。

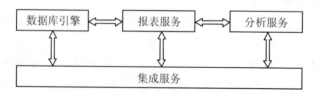

图 3-31　SQL Server 2008 系统服务关系示意图

1. 数据库引擎

数据库引擎是 Microsoft SQL Server 2008 的核心服务。它是存储和处理关系格式数据或 XML 文档数据的服务，完成数据的存储、处理和安全管理。例如创建数据库、创建表、创建视图、查询数据和访问数据库等操作，都是由数据库完成的。

通常，使用数据系统实际上就是使用数据库引擎。

2. 分析服务

分析服务（Analysis Services）的主要作用是通过服务器和客户端技术组合提供联机分析处理和数据挖掘功能。使用 Analysis Services，用户可以设计、创建、管理包含其他数据源的多维结构，通过多维结构进行多角度分析，可以使管理人员对业务结构有更全面的理解。

3. 报表服务

报表服务（Reporting Services）是一种基于服务器的解决方案。用于生成多种数据源和多维数据源提取内容的企业报表，以及集中管理安全性和订阅。

创建的报表可以通过基于 Web 的连接进行查看，也可以作为 Microsoft Windows 应用程序的一部分进行查看。

4. 集成服务

集成服务（Integration Services）是一个数据集成平台。负责完成有关数据的提取、转换和加载等操作。对于 Analysis Services 来说，数据库引擎是一个重要的数据源，而如何将数据源中的数据经适当的处理加载到 Analysis Services 中以便进行各种分析处理。这正是 Integration Services 所要解决的问题。重要的是，Integration Services 可以高效地处理各种各样的数据源，如 SQL Server、Oracle、Excel、XML、文本文档等。

随着学习的不断深入，我们也将会更深入地理解这 4 个服务以及各自的作用。SQL Server 2008 重点在企业数据管理、开发人员效率和商业智能 3 个重要方面改善了用户的数据基础架构。这个全面的、集成的、端到端的数据解决方案，为用户提供了一个安全、可靠和高效的平台用于企业数据管理和商业智能应用。通过全面的功能集和现有系统的集成性，以及对日常任务的自动化管理能力，SQL Server 2008 为不同规模的企业提供了一个完整的数据解决方案。如图 3-32 所示为 SQL Server 2008 数据平台。

图 3-32　SQL Server 2008 数据平台

①关系型数据库：安全、可靠、可伸缩、高可用的关系型数据库引擎，提升了性能，且支持结构化和非结构化（XML）数据。

②复制服务：数据复制可用于数据分发、处理移动数据应用、系统高可用性、企业报表解决方案的后备数据可伸缩存储与异构系统的集成等。

③通知服务：用于开发、部署可伸缩应用程序的先进的通知服务，能够向不同的连接和移动设备发布个性化的、及时的信息更新。

④集成服务：可以支持数据仓库和企业范围内数据集成的抽取、转换和装载。

⑤分析服务：联机分析处理(OLAP)功能可用于多维存储的大量、复杂的数据集的快速高级分析。

⑥报表服务：全面的报表解决方案，可创建、管理和发布传统的且可打印的报表和交互的、基于 Web 的报表。

⑦管理工具：SQL Server 包含的集成管理工具可用于高级数据库管理和调谐，它也和其他微软工具紧密集成在一起。

⑧开发工具：SQL Server 为数据库引擎、数据抽取、转换和装载、数据挖掘、OLAP 和报表提供了和 Microsoft Visual Studio 相集成的开发工具，以实现端到端的应用程序开发能力。

任务 2   使用配置管理器配置 SQL Server 服务

▶ 2.1   任务情境

SQL Server 配备管理器是 SQL Server 2008 提供的一种配置工具，它可用于管理与 SQL Server 相关联的服务，配置 SQL Server 使用的协议，以及从 SQL Server 客户机管理网络连接。现在我们使用 SQL Server 配置管理器，指导汤小米同学启动、停止、暂停、恢复和重新启动服务，以及更改服务使用的账户和查看或更改服务器属性。

▶ 2.2   任务实现

子任务 1   启动、停止、暂停、恢复和重新启动服务

第 1 步："开始"|"程序"|"Microsoft SQL Server 2008"|"配置工具"|"SQL Server 配置管理器"，打开"SQL Server 配置管理器"窗口，如图 3-33 所示。

图 3-33   "SQL Server 配置管理器"窗口

第 2 步：展开"SQL Server Configuration Manager"|"SQL Server 服务"|"SQL Server(MSSQLSERVER)"，右键单击需要进行操作的服务，在弹出的快捷菜单中选择相应的命令，即可完成 SQL Server 服务的启动、停止、暂停、恢复和重新启动等操

作，如图 3-34 所示。

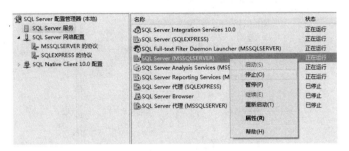

图 3-34　"SQL Server 2008 服务"快捷菜单项

子任务 2　配置启动模式

第 1 步："开始"｜"程序"｜"Microsoft SQL Server 2008"｜"配置工具"｜"SQL Server 配置管理器"，打开"SQL Server 配置管理器"窗口。

第 2 步：展开"SQL Server Configuration Manager"｜"SQL Server 服务"结点，在弹出的服务中，选中"SQL Server(MSSQLSERVER)"，右键单击弹出快捷菜单，选中"属性"命令，在弹出的 SQL Server 服务属性的窗口中选择"服务"选项卡，在该选项卡中的"启动模式"选项中进行设置，其中，启动模式可以设置为"自动""已禁用"或"手动"。操作界面如图 3-35 所示。

图 3-35　SQL Server 服务选项卡

子任务 3　定制 SQL Server 服务的登录权限

第 1 步："开始"｜"程序"｜"Microsoft SQL Server 2008"｜"配置工具"｜"SQL Server 配置管理器"窗口，如图 3-36 所示。

第 2 步：展开"SQL Server Configuration Manager"｜"SQL Server 服务"结点，在弹出的服务中，选中"SQL Server(MSSQLSERVER)"，右键单击弹出快捷菜单，选中"属性"命令，在弹出的 SQL Server 服务属性的窗口中选择"登录"选项卡，登录身份可选择"本账户"或"内置账户"，如图 3-37 所示。

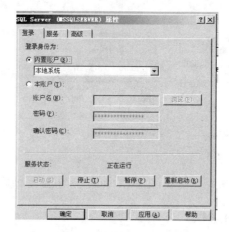

图 3-36 "SQL Server"登录选项卡

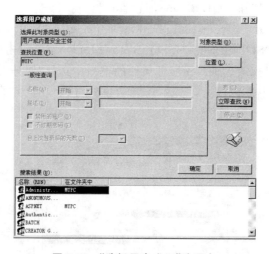

图 3-37 "选择用户或组"选项卡

特别提示:

如果选中"本账户",可单击"浏览"按钮来选择定制的系统用户。单击"浏览"按钮后,在"选择用户或组"对话框中,输入或单击"高级"按钮查找用户,如图 3-33 所示。用户确定后,同时输入密码,单击"确定"按钮完成账户登录权限更改。

任务 3　使用配置管理器配置服务器端网络协议

▶ 3.1 任务情境

如果用户需要重新配置服务器连接,以使 SQL Server 侦听特定的网络协议、端口或者管道,则可以使用 SQL Server 配置管理器。SQL Server 配置管理器可以配置服务器和客户端网络协议以及连接选项。现在我们指导汤小米同学在使用 SQL Server 数据库时如何使用不同的网络协议。

▶ 3.2   任务实现

子任务 1   利用 SQL Server 配置管理器启用要使用的协议

第 1 步："开始"｜"程序"｜"Microsoft SQL Server 2008"｜"配置工具"｜"SQL Server 配置管理器"窗口。

第 2 步：在"SQL Server 配置管理器"窗口中，展开"SQL Server 网络配置"结点，在控件台窗格中，选中"MSSQLSERVER 的协议"，如图 3-38 所示。

图 3-38   SQL Server 网络配置

第 3 步：双击需要更改的协议，选中右击弹出的快捷菜单中选择"启用"或者"禁用"选项，即可完成对协议的配置的操作，如图 3-39 所示。

图 3-39   协议配置选项卡

子任务 2   为数据库引擎分配 TCP/IP 端口

第 1 步："开始"｜"程序"｜"Microsoft SQL Server 2008"｜"配置工具"｜"SQL Server 配置管理器"窗口。

第 2 步：在"SQL Server 配置管理器"窗口中，展开"SQL Server 网络配置"结点，在控件台窗格中，选中"MSSQLSERVER 的协议"，如图 3-38 所示。

第 3 步：在细节窗格中，右击"TCP/IP"协议，在快捷菜单中选择"属性"命令，弹出"TCP/IP 属性"对话框，打开"IP 地址"选项卡。

第 4 步：在"IP 地址"选项卡上显示的若干 IP 地址，格式为 IP1、IP2、IP3……IP13、IPALL。这些 IP 地址中，有一个是用作本地主机的 IP 地址(127.0.0.1)，其他 IP 地址是计算机上各个 IP 地址，如图 3-40 所示。

第 5 步：单击"确定"可完成数据库引擎分配 TCP/IP 端口号的操作。

图 3-40 TCP/IP 属性"的"IP 地址"选项卡

特别提示:

如果"TCP 动态端口"选项框中包含 0,则表示数据库引擎正在侦听动态端口,请删除 0。在"TCP 端口"框中,输入希望此 IP 地址侦听的端口号。SQL Server 数据库引擎默认的端口号为 1433。在配置完 SQL Server 协议后,使之侦听特定端口号,可以通过下列 3 种方法,使用客户端应用程序连接到特定端口。

(1)运行服务器上的 SQL Server Browser 服务,按名称连接到数据库引擎实例。

(2)在客户端上创建一个别名,制定端口号。

(3)对客户端进行编程,以便使用自定义连接字符串进行连接。

任务 4 使用配置管理器配置客户端网络协议

▶ 4.1 任务情境

SQL Server 2008 数据库可一次通过多种协议为请求服务。客户端用单个协议连接到 SQL Server。如果客户端程序不知道 SQL Server 在侦听哪个协议,可以配置客户端按顺序尝试多个协议。现在我们帮助汤小米同学使用配置管理器配置客户端网络协议,并根据需要管理客户端网络协议,如启用或者禁用、设置协议的优先级等,以提供更加可靠的性能。

▶ 4.2 任务实现

子任务 1 启用或禁用客户端协议

第 1 步:"开始"|"程序"|"Microsoft SQL Server 2008"|"配置工具"|"SQL Server 配置管理器"窗口。

第 2 步:在"SQL Server 配置管理器"窗口中,展开"SQL Native Client10.0 配置"结点,在控制台窗格中,选中"客户端协议",如图 3-41 所示。

图 3-41　"SQL Native Client 10.0 配置"视图

第 3 步：右击"客户端协议"，在弹出的快捷菜单中选择"属性"命令，打开"客户端协议属性"对话框，如图 3-42 所示。

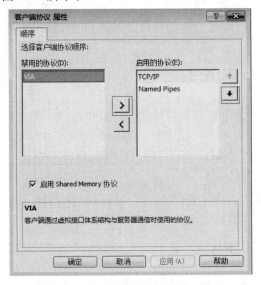

图 3-42　"客户端协议属性"对话框

第 4 步：单击"禁用的协议"框中的协议，单击">"按钮来启用协议。如本例中启用了"TCP/IP"和"Named Pipes"协议。同样，可以通过单击"启用的协议"框中的协议，再单击"<"按钮来禁用协议。

第 5 步：在"启用的协议"框中，单击"↑"或"↓"按钮更改连接到 SQL Server 时尝试使用的协议的顺序。"启用的协议"框中最上面的协议是默认协议。

第 6 步：单击"确定"按钮，完成配置客户端的网络协议。

子任务 2　创建别名

第 1 步："开始"｜"程序"｜"Microsoft SQL Server 2008"｜"配置工具"｜"SQL Server 配置管理器"窗口。

第 2 步：在"SQL Server 配置管理器"窗口中，选中"SQL Native Client10.0 配置"结点，如图 3-43 所示。

第 3 步：在控制台窗格中，右击"别名"结点，在弹出的快捷菜单中选择"新建别名"命令，如图 3-42 所示，打开"别名—新建"对话框，如图 3-44 所示。

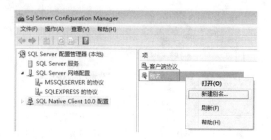

图 3-43 "别名—新建"选项卡

图 3-44 "别名"快捷菜单

第 4 步：在"别名"文本框中，输入别名。当客户端应用程序进行连接时，它们使用该名称。

第 5 步：在"服务器"文本框中，输入服务器的名称或 IP 地址。对于命名实例，追加实例名称。

第 6 步：在"协议"文本框中，选择用于该别名的协议，默认为 TCP/IP 协议。选择其他协议，将可选属性框的标题更改为"端口号""管道名称""VIA 参数"或"连接字符串"等。

第 7 步：单击"确定"按钮，完成别名的建立。

任务 5   隐藏数据库引擎实例

▶ 5.1   任务情境

SQL Server 使用 SQL Server 浏览器服务来枚举本机上的数据库引擎实例。这使客户端应用程序可以浏览服务器，并帮助客户端区别同一台计算机上的多个数据库引擎实例。汤小米同学希望运行 SQL Server 浏览器服务来显示指定的数据库引擎，但同时隐藏其他实例。

▶ 5.2　任务实现

第 1 步："开始"｜"程序"｜"Microsoft SQL Server 2008"｜"配置工具"｜"SQL Server 配置管理器",打开"SQL Server 配置管理器"窗口。

第 2 步："SQL Server 配置管理器"窗口中,展开"SQL Server 网络配置"选项。

第 3 步：在控制台窗格中,右击"＜实例名＞的协议",本例中选择"MSSQLSERVER 的协议"。选择"属性"命令,打开"MSSQLSERVER 的协议属性"对话框。

第 4 步：在"标志"选项卡的"隐藏实例"下拉列表框中,选择"是"选项,如图 3-45 所示。

第 5 步：单击"确定"按钮关闭对话框。对于新的客户连接,更改会立即生效。

图 3-45　MSSQLSERVER 的协议属性—标志选项卡设置

▶ 5.3　相关知识

所谓"SQL Server 实例",实际上就是 SQL 服务器引擎,每个 SQL Server 数据库引擎实例各有一套不为其他实例共享的系统及用户数据库。在一台计算机上,可以安装多个 SQL Server,每个 SQL Server 就可以理解为一个实例。实例又分为"默认实例"和"命名实例",如果在一台计算机上安装第一个 SQL Server,命名设置保持默认的话,那这个实例就是默认实例。一台计算机上最多只有一个默认实例,也可以没有默认实例,默认实例名与计算机名相同。

计算机名是可以修改的,但修改后对默认实例无影响,即默认实例随计算机名的改变而改变。所以说,默认实例的名称是与计算机名相同,而不是称为"local",但一般情况下,如果要访问本机上的默认 SQL 服务器实例,使用计算机名、(local)、localhost、127.0.0.1……本机 IP 地址,都可以达到相同的目的。但如果要访问非本机的 SQL 服务器,那就必须使用计算机/实例名的办法。

SQL Server 数据库项目化教程

任务 6 连接、断开和停止数据库服务器

▶ 6.1 任务情境

通过对前 5 个任务的学习，汤小米同学已经基本掌握并对学习数据库产生了浓厚的兴趣。这一天，汤小米去请教老师一个问题的时候，看到老师开发的机房收费系统已经接近尾声，之前完成的学生管理系统早就已经顺利完成，也实现了打包发布和多台计算机同时连接服务器，那时老师是用 SQL Server 2008 版解决远程连接的。可是如何连接到 SQL Server 2008 服务器并对其管理，又成了汤小米同学新的学习问题。现在就让我们一起来帮帮她，使她掌握如何使用 SQL Server 2008 数据库中的组件 SQL Server Management Studio 来连接和断开 SQL Server 2008 服务器。

▶ 6.2 任务实现

第 1 步："开始"|"程序"|"Microsoft SQL Server 2008"|"SQL Server Management Studio"，打开"SQL Server Management Studio"窗口，启动数据库服务器，如图 3-46 所示。

图 3-46 启动 SQL Server 2008 服务器

第 2 步：右键单击"对象资源管理器"窗格中的服务器名称，在弹出的快捷菜单中，选择"属性"命令，即打开"服务器属性"对话框，如图 3-47 所示。

图 3-47 "服务器属性"对话框

第 3 步：在本地服务器在"对象资源管理器"窗格中，右键单击"对象资源管理器"窗格中的服务器名称，在弹出的快捷菜单中，可对数据库服务器连接、断开连接、停止、暂停和重新启动操作，如图 3-48 所示。

图 3-48　数据库服务器配置

任务 7　添加服务器组与服务器

▶ 7.1　任务情境

为了更方便地管理、配置和使用 Microsoft SQL Server 2008 系统，在安装之后会使用 Microsoft SQL Server Management Studio 工具注册服务器。对于学习热情度较高的汤小米同学来说，这无疑给她提出了新的难题，现在就让我们一起来帮助她吧。

▶ 7.2　任务实现

子任务 1　注册服务器组

第 1 步：启动 SQL Server Management Studio 管理工具，打开"SQL Server Management Studio"窗口。

第 2 步：选择"视图"菜单｜"已注册的服务器"，打开"已注册的服务器"窗格。

第 3 步：在"已注册的服务器"窗格中，右键单击"数据库引擎"｜"新建"｜"服务器组"，如图 3-49 所示。

图 3-49　选择"服务器组"命令

第 4 步：在弹出的"新建服务器组"对话框中，输入所创建的新的服务器组名，选择新服务器组的位置，单击"保存"，即可以通过在已注册的服务器中添加服务器组，对数据库实例有效地进行分类管理，如图 3-50 所示。

图 3-50 "新建服务器组"对话框

子任务 2 注册服务器

第 1 步：启动 SQL Server Management Studio 管理工具，打开"SQL Server Management Studio"窗口。

第 2 步：选择"视图"菜单｜"已注册的服务器"，打开"已注册的服务器"窗格。

第 3 步：在"已注册的服务器"窗格中，右键单击"数据库引擎"｜"新建"｜"服务器注册"，如图 3-51 所示。

图 3-51 新建服务器注册

第 4 步：选择"服务器注册"，在"身份验证"下拉列表中选择"SQL Server 身份验证"，输入登录名和密码，在"已注册的服务器名称"文本框中选择安装时的服务器，如图 3-52 所示。

第 5 步：选中"新建注册服务器"窗口的"连接属性"选项，弹出如图 3-53 所示的对话框，从"连接到数据库"下拉列表框中指定当前用户将要连接到的数据库名称。其中"默认值"选项表示连接到 Microsoft SQL Serve 系统中当前用户默认使用的数据库；浏览服务器选项表示可以从当前服务器中选择一个数据库。选择浏览服务器选项时，弹出"查找服务器上的数据库"对话框，指定当前用户连接服务器时默认的数据库，如图 3-54 所示。

第 6 步：单击"确定"按钮返回至"连接属性"选项卡，再设置网络协议、网络数据包大小、连接超时值、执行超时值以及启用加密连接复选框。设置完后，单击"测试"

按钮，"保存"即可完成服务器注册，如图 3-55 所示。

图 3-52 "常规"选项卡

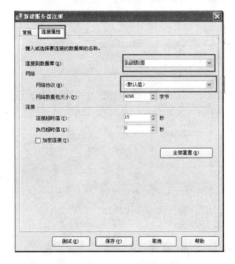

图 3-53 "连接属性"选项卡

图 3-54 "查找服务器上的数据库"对话框

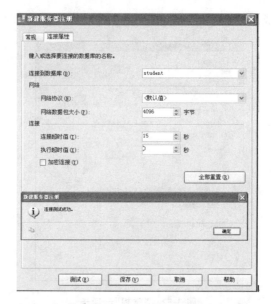

图 3-55 "新建服务器注册"连接测试成功信息框

第 7 步：在"对象资源管理器"窗格中，从"连接"下拉列表中选择"数据库引擎"选项，在弹出的"连接到服务器"对话框，设置"服务器名称"为新注册的服务器名称，以 SQL Server 身份验证登录，连接到新注册的服务器上，如图 3-56 所示。

图 3-56 连接到注册服务器

▶ 7.3 相关知识

一般情况下，连接到服务器，首先要在 SQL Server Management Studio 工具中对服务器进行注册。注册类型包括数据库引擎、Analysis Services、Reporting Services、Integration Services 以及 SQL Server Compact Edition。SQL Server Management Studio 记录并存储服务器连接信息，以供将来连接时使用。

注册时一般要求用户指定的信息包括：服务器的类型；服务器的名称；登录到服务器时使用的身份验证的类型；指定用户名称和密码；注册了服务器后要将该服务器

加入到其中的组的名称；已注册的服务器名称，默认值是服务器名称，但可以用直观的名称代替它。同时还可以为正在注册的服务器选择连接属性，这些属性主要的选项包括：服务器默认情况下连接到的数据库；连接到服务器时所使用的网络协议；要使用的默认网络数据包大小；连接超时；执行超时；断开空闲的连接之前等待的时间。

特别提示：

可以通过以下方法在 SQL Server Management Studio 中注册服务器。

(1)在安装 Management Studio 之后首次启动它时，将自动注册 SQL Server 的本地实例。

(2)随时启动自动注册过程来还原本地服务器实例的注册。

(3)使用 SQL Server Management Studio 的"已注册的服务器"工具注册服务器。

扩展实践

1. 注册服务器。

为了更方便地管理、配置和使用 Microsoft SQL Server 2008 系统，在安装之后会使用 Microsoft SQL Server Management Studio 工具注册器。本例实训以安装的服务器进行注册。

2. 隐藏 SQL Server 2008 实例。

SQL Server 2008 使用 SQL Server Browser 服务来枚举安装在计算机上的数据库引擎实例。这使客户端应用程序可以浏览服务器，并帮助客户端区别同一台计算机上的多个数据库引擎实例。用户可能希望运行 SQL Server Browser 服务来显示某些数据库引擎实例，但有时出于安全性的考虑也会需要隐藏其他实例，例如，不希望客户可以枚举所有数据库引擎，这时可以使用 SQL Server 配置管理器以隐藏数据库引擎实例。

3. 启动、停止、暂停和重新启动 SQL Server 服务。

利用 SQL Server Configuration Manager，选择一种服务，并通过单击上面的按钮来启动、暂停、停止和重新启动该服务。

互联网+教学资源

1. 更多课程资源访问(http://www.jpzysql.com)，下载教学视频。

2. 扫描二维码，查看手机端教学资源(http://m.jpzysql.com)，有效实现在线教学互动。

课程手机资源

3. 扫描二维码，关注课程微信公众平台，查看更多数据表操作教学资源及相关视频。

课程微信公众平台资源

4. 云端在线课堂＋教材融合，访问教学平台(http://www.itbegin.com)。

第 4 章　数据概念模型及关系模型设计

章首语

　　在日常沟通中，我们可能会说出并听到许多故事或趣闻，这些故事或趣闻涉及的论题范围很大，有些就是周末发生在我们自己身边的事情，或是与我们的工作项目有关的经历。这些故事或趣闻有助于加强我们和周围人们的关系，增进我们的愉悦情绪，而且对我们有教育作用。我们能够把由语言表达出来的东西形象化。有时，当故事结束时，给我们留下的是以前未曾想到的信息或认识。在解释数据建模概念时，趣闻是极其有效的。原因是：①它们建立起持久的形象。②它们引人入胜、使人愉悦。③它们增进人们之间的关系。④它们减缓压力。

　　成功编造并讲述一个数据建模方面的趣闻有三个简单的步骤：①定义一个论题。要在心中保证，你讲述的这个趣闻有一个特定的目标或论题，也就是说，这个故事是为了解释一个数据建模的概念或术语。②选择你的故事。我们可以选择的故事类型多种多样。我们要考虑选择一个有趣并有益，而且能够明白无误地传达主题意图的简短的故事。③演练你的故事。一旦找到了合适的故事，你要好好演练一番，直到你自信能够在两分钟的时间内充分表达你的论题。要避免拖拖拉拉地讲述故事。

　　下面，让我们一起走进数据建模的世界，了解最初的数据模型。

子项目 2：学生选课管理系统数据库建模及规范化设计

　　项目概述：学生学籍管理系统包括班级、学生、课程、教师等实体，含有学生选课管理子模块、学生档案管理子模块、学生成绩管理子模块、课程管理子模块、教师授课管理子模块、教师档案管理子模块等，其中学生选课管理子模块中包含"学生"和"课程"两个实体，在"学生"和"课程"之间，学生通过"选课"与"课程"发生联系，因此把"选修"确定为联系类型，并且"学生"和"课程"之间是 m∶n 联系。

【知识目标】

1. 数据库发展过程中的 3 个模型。

2. 实体与概念模型的概念。

3. 实体与关系模型的概念。

4. 1NF、2NF、3NF。

【能力目标】

1. 明确与数据库技术相关的职业技术岗位。

2. 能根据项目需求分析进行数据库的概念模型设计。

3. 能根据项目需求分析将概念模型转换为关系模型。

4. 能分析关系模型并将其规范化。

5. 通过项目需求分析，培养和客户沟通的能力。

【重点难点】

1. 概念模型、关系模型。

2. 关系规范化。

【知识框架】

本章知识内容为数据库应用系统开发流程中需求分析、概念模型设计和逻辑模型设计，学习内容知识框架如图 4-1 所示。

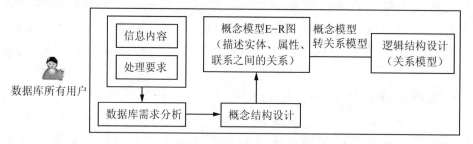

图 4-1　本章内容知识框架

任务 1　概念模型设计

▶ 1.1　任务情境

为"学生选课管理系统"设计一个 E-R 模型。

▶ 1.2　任务实现

（1）确定实体。本主题有两个实体类型：学生（简称 s），课程（简称 c）。

（2）确定联系。实体学生与实体课程之间有联系，且为 m：n 联系（多对多联系），命名为选课（简称 sc）。

（3）确定实体和联系的属性。实体学生 s 的属性有：学号 sno，班级 class，姓名 sname，性别 ssex，出生日期 birthday，地址 address，电话 tel，邮箱 email，其中实体标识符为 sno（实体的主码）；实体课程 c 的属性有：课程编号 cno，课程名称 cname，学分 credit，其中实体标识符为 cno(实体的主码)；联系选课 sc 的属性是某学生选修某课程的成绩 score。

(4)利用 E-R 图绘制方法画出"学生选课管理系统"E-R 图，如图 4-2 所示。

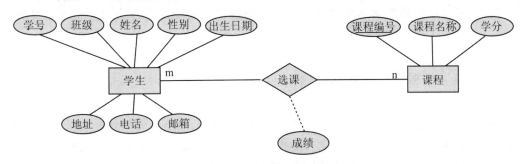

图 4-2　"学生选课管理系统"E-R 图

特别提示：

(1)联系中的属性是实体间发生联系时产生的属性，也包括联系两端实体的主码，但不应该包括实体的属性、实体的标识符。

(2)属性中的实体的标识符(或主码)要用下划线将其标注。例如，实体学生中的主码(学号)用下划线标注；实体课程中的主码(课程编号)用下划线标注。

▶ 1.3　相关知识

1.3.1　数据库设计的要求和步骤

1. 数据库设计的要求

数据库设计的目的是建立一个合适的数据模型，这个数据模型应当是：

(1)满足用户要求：既能合理地组织用户需要的所有数据，又能支持用户对数据的所有处理功能。

(2)满足某个数据库管理系统的要求：能够在数据库管理系统(如 SQL Server)中实现。

(3)具有较高的范式：数据完整性好、效益好，便于理解和维护，没有数据冲突。

2. 数据库设计步骤

在数据管理中，数据描述涉及不同的范畴。从事物的描述到计算机中的具体表示，数据描述实际上经历了 3 个阶段：概念模型设计中的数据描述、逻辑模型设计中的数据描述和物理模型设计的数据描述。

(1)概念模型设计。这是数据库设计的第一个阶段，在数据库应用系统的分析阶段，我们已经得到了系统的数据流程图和数据字典，现在就是要结合数据规范化的理论，用一种数据模型将用户的数据需求明确地表示出来。

(2)逻辑模型设计。这是数据库设计的第二个阶段，这个阶段就是要根据自己已经建立的概念数据模型，以及所采用的某个数据库管理系统软件的数据模型特性，按照一定的转换规则，把概念模型转换为这个数据库管理系统所能够接受的逻辑数据模型。

(3)物理模型设计。这是数据库设计的最后阶段，为一个确定的逻辑数据模型选择一个最适合应用要求的物理结构的过程，就叫作数据库的物理结构设计。数据库在物理设备上存储结构和存取方法称为数据库的物理数据模型。作为一般用户，在数据库设计时不需要过多地考虑物理结构，所选定的数据库管理系统总会自动地加以处理。用户只需要选择合适的数据库管理系统，以及用该数据库管理系统提供的语句命令实现数据库。

1.3.2 数据模型的基本概念

1. 模型的概念

对现实世界事物特征的模拟和抽象就是这个事物的模型。人们对现实世界事物的研究，总是通过对它的模型的研究来实现的。特别是计算机不能直接处理现实世界中的具体事物，所以人们必须先把具体事物转换为抽象的模型，然后再将其转换为计算机可以处理的数据，从而以模拟的方式实现对现实世界事物的处理。所以说数据库中数据模型是抽象的表示和处理现实世界中的数据的工具，模型应当满足的要求：真实地反映现实世界、容易被人理解、便于在计算机上实现等。能够真实地反映现实世界是根本要求，但既要人容易理解，同时又要计算机便于理解实现，就不那么容易了。因此信息采用逐步抽象的方法，把数据模型划分为两类，以人的观点模拟现实世界的模型叫作概念模型(或称信息模型)，以计算机系统的观点模拟现实世界的模型叫作数据模型，其结构如图4-3所示。

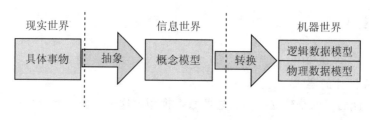

图 4-3　数据模型结构

2. 概念模型

概念模型是对客观事物及其联系的抽象，用于信息世界的建模，是数据库设计人员进行数据库设计的有力工具，也是数据库设计人员和用户之间进行交流的语言。建立概念模型涉及下面几个术语：

①实体(Entity)：客观存在并可以相互区别的事物。实体可以是人，也可以是物；可以是实际的事物，也可以是事物与事物之间的联系。例如：学生。

②属性(Attribute)：实体所具有的某一特性，一个实体可以由若干个属性来刻画，属性的具体取值称为属性值。例如：学号、姓名、性别。

③关键字(Key)：如果某个属性或属性组合的值能够唯一地标识出实体中的每一个实体，那么就可以选作关键字，也称为主码。例如：实体学生中的学号。

④域(Domain)：每个属性都有一个可取值的集合，称为该属性的域。例如：性别的域为(男，女)。

⑤联系(Relationship)：现实世界的事物之间总是存在某种联系，这种联系必然要在信息世界中加以反映。一般存在两种类型的联系：实体内部联系和实体之间的联系。

两个实体之间的联系可以分为三类：一对一、一对多、多对多，结构如图 4-4 所示。

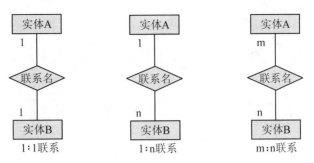

图 4-4　两个实体之间的三类联系

A、B 两个实体集，若 A 中的每个实体至多和 B 中的一个实体有联系。反过来，B 中的每个实体至多和 A 中的一个实体有联系，则称 A 对 B 或 B 对 A 是 1∶1 联系；A、B 两个实体集，如果 A 中的每个实体可以和 B 中的几个实体有联系，而 B 中的每个实体至多和 A 中的一个实体有联系，则称 A 对 B 是 1∶n 的联系；A、B 两个实体集，若 A 中的每个实体可以和 B 中的多个实体有联系，反过来，B 中的每个实体也可以和 A 中的多个实体有联系，则称 A 对 B 或 B 对 A 是 m∶n 联系。

【**课堂实例 4-1**】国家与国家元首之间，对于一个国家只能有一位国家元首，而一个人也只能成为一个国家的元首，所以，国家和国家元首之间是一对一（1∶1）的联系。

【**课堂实例 4-2**】公司与员工之间（约定一名员工只能在一家公司上班），对于一个公司可以聘用多名员工，而一个员工只能在一家公司工作，所以，公司和员工之间是一对多（1∶n）的联系。

【**课堂实例 4-3**】商店里的顾客和商品之间，由于每位顾客都可以选中多种不同的商品，而每种商品有可能被多位顾客所选中，所以，顾客和商品之间是多对多（m∶n）联系。

3. 概念模型设计

概念模型的表示方法很多，其中最著名的 E-R 方法（实体－联系方法），用 E-R 图来描述现实世界的概念模型。E-R 图的主要成分是实体、联系和属性，具体表示如表 4-1 所示。

表 4-1　E-R 图中四种基本的图形符号

图形符号	含义
▭	表示实体，框中填写实体名
◇	表示实体间联系，框中填写联系名
◯	表示实体或联系的属性，框中填写联系名
—	连接以上三种图形，构成具体概念模型

【**课堂实例 4-4**】课堂实例 4-1、课堂实例 4-2、课堂实例 4-3 的 E-R 模型分别如图 4-5 所示。

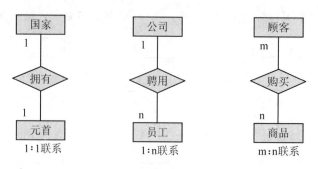

图 4-5 E-R 简图

【课堂实例 4-5】在一个实体集内部也存在着一对一、一对多和多对多的联系。比如在职工实体中，每个职工的属性与姓名（假定没有同名同姓）属性之间存在着一对一联系；职工实体中，职务是科长的实体与职务是科员的实体之间存着一对多的联系；每个职工可以胜任多个工种，而每个工种又可以为多个职工所掌握，所以它们之间又存在着多对多的联系，这些对应关系如图 4-6 所示。

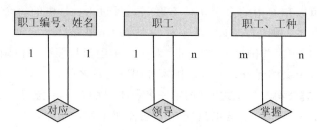

图 4-6 实体集内部联系的 E-R 简图

【课堂实例 4-6】某图书管理系统中，涉及的实体有：

图书：图书编号、书名、作者、出版社、定价、库存量。

读者：借书证号、姓名、性别。

这些实体间的联系如下：读者可以根据自己的需要借阅图书。每个读者可以同时借阅多本图书，图书数量可以有多本，可以借给不同的读者。请画出图书、读者的 E-R 图，如图 4-7 所示。

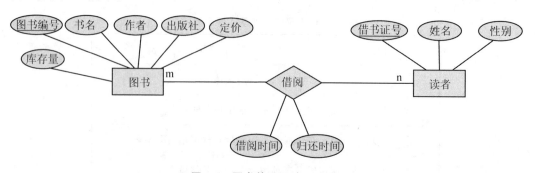

图 4-7 图书管理系统 E-R 图

任务 2　关系模型设计

▶ 2.1　任务情境

将本章任务 1 的"学生选课管理系统"的 E-R 模型转换为关系模型。

▶ 2.2　任务实现

(1)首先转换两个实体为关系。

学生关系模式 s(<u>sno</u>，class，sname，ssex，birthday，address，tel，email)

课程关系模式 c(<u>cno</u>，cname，credit)

(2)再转换一个联系为关系。

选课关系模式 sc(<u>sno</u>，<u>cno</u>，score)

(3)最后将具有相同码的关系合并，得出新的关系模型如表 4-2 所示。

表 4-2　"学生选课管理系统"关系模型

学生关系模式	s(<u>sno</u>，class，sname，ssex，birthday，address，tel，email)
课程关系模式	c(<u>cno</u>，cname，credit)
选课关系模式	sc(<u>sno</u>，<u>cno</u>，score)

特别提示：

E-R 图转换为关系模型的原则：

(1)一个实体转换为一个关系，实体的属性就是关系的属性，实体的码就是关系的码。

(2)一个联系也转换为一个关系，联系的属性及联系所连接的实体的码都转换为关系的属性。但是关系的码会根据联系的类型变化，如果是：

1∶1 联系，两端实体的码都成为关系的候选码。

1∶n 联系，n 端实体的码成为关系的码。

m∶n 联系，两端实体码的组合成为关系的码。

(3)具有相同码的关系可以合并。

▶ 2.3　相关知识

2.3.1　数据模型的种类

目前，数据库领域中，最常用的数据模型有：层次模型、网状模型和关系模型。其中，层次模型和网状模型统称为非关系模型。非关系模型的数据库系统在 20 世纪 70 年代非常流行，到了 80 年代，关系模型的数据库系统以其独特的优点逐渐占据了主导地位，成为数据库系统的主流。

1. 层次模型（hierarchical model）

层次模型是数据库中最早出现的数据模型，层次数据库系统采用层次模型作为数据的组织方式。用树形（层次）结构表示实体类型以及实体间的联系是层次模型的主要特征。树的结点是记录类型，根结点只有一个，根结点以外的结点只有一个双亲结点，每一个结点可以有多个孩子结点。

层次模型的另一个最基本的特点是，任何一个给定的记录值（也称为实体）只有按照其路径查看时，才能显出它的全部意义。没有一个子记录值能够脱离双亲记录值而独立存在。

层次数据库系统的典型代表是 IBM 公司的数据库管理系统（Information Management Systems，IMS），这是 1968 年 IBM 公司推出的第一个大型的商用数据库管理系统，曾经得到广泛的应用。1969 年 IBM 公司推出的 IMS 系统是最典型的层次模型系统，70 年代曾在商业上被广泛应用。目前，仍有某些特定用户在使用。

2. 网状模型（network model）

在现实世界中事物之间的联系更多的是非层次关系的，用层次模型表示非树形结构是很不直接的，网状模型则可以克服这一弊端。

用网状结构表示实体类型及实体之间联系的数据模型称为网状模型。在网状模型中，一个子结点可以有多个父结点，在两个结点之间可以有一种或多种联系。记录之间联系是通过指针实现的，因此，数据的联系十分密切。网状模型的数据结构在物理上易于实现，效率较高，但是编写应用程序较复杂，程序员必须熟悉数据库的逻辑结构。

3. 关系模型（relational model）

关系模型是目前最常用的一种数据模型。关系数据库系统采用关系模型作为数据的组织方式。1970 年美国 IBM 公司 San Jose 研究室的研究员 E. F. Codd 首次提出了数据库系统的关系模型，开创了数据库关系方法和关系数据理论的研究，为关系数据库技术奠定了理论基础，由于 E. F. Codd 的杰出工作，他于 1981 年获得 ACM 图灵奖。

20 世纪 80 年代以来，计算机厂商推出的数据库管理系统几乎都支持关系模型，非关系模型系统的产品也大都加上了接口。数据库领域当前的研究工作也都是以关系方法为基础。

在现实世界中，人们经常用表格形式表示数据信息。但是日常生活中使用的表格往往比较复杂，在关系模型中基本数据结构被限制为二维表格。因此，在关系模型中，数据在用户观点下的逻辑结构就是一张二维表。每一张二维表称为一个关系（relation）。

关系模型比较简单，容易为初学者接受。关系在用户看来是一个表格，记录是表中的行，属性是表中的列。

关系模型是数学化的模型，可把表格看成一个集合，因此集合论、数理逻辑等知识可引入到关系模型中来。关系模型已得到广泛应用。本书以后章节的讨论均是基于关系模型的。

2.3.2 关系模型

1. 关系及关系约束

关系模型与以往的模型不同，它是建立在严格的数据概念基础之上的。在用户的观点下，关系模型中数据的逻辑结构是一张二维表，它由行和列组成。关系数据库系统由许多不同的有关系构成，其中每个关系就是一个实体，可以用一张二维表表示。例如一张"学生"数据表就是一个关系，它的表示如表 4-3 所示。

表 4-3　"学生"信息表

系别	专业	学号	姓名	性别	年龄
会计系	会计	020301	刘梅秀	女	19
计信系	计算机网络技术	030204	叶超	男	20
商务系	电子商务	040102	王凡	男	20
管理系	人力资源管理	050302	赵静静	女	19

常见的术语如下：

①关系：一个关系就是一张二维表，每个关系有一个关系名，例如："学生"信息表就是一个关系。

②元组：表中的一行就是一个元组，例如："学生"信息表中有 4 个元组，它的表示如表 4-4 所示。

表 4-4　"学生"信息表中元组

会计系	会计	020301	刘梅秀	女	19
计信系	计算机网络技术	030204	叶超	男	20
商务系	电子商务	040102	王凡	男	20
管理系	人力资源管理	050302	赵静静	女	19

③属性：表中的列称为属性，每一列有一个属性名。例如："学生"表中有 6 列，即：系别、专业、学号、姓名、性别、年龄。

④域：属性的取值范围。例如：年龄的取值范围(18，25)。

⑤分量：元组中的一个属性值。例如："学生"表中第一条元组中的会计系。

⑥目或度：关系的属性个数。例如："学生"表中的目或度是 5。

⑦候选码：属性或属性的组合，其值能够唯一地标识一个元组。例如：假设"学生"表中姓名不重复，则关系中学号和姓名都可以作为关系的候选码。

⑧主码：在一个关系中可能有多个候选码，从中选择一个作为主码。例如："学生"表中的"学号"。

⑨主属性：包含在任何候选码中的属性称为主属性。

⑩非码属性：不包含在任何候选码中的属性称为非码属性。

⑪外码：如果一个关系中的属性或属性组并非该关系的主码，但它们是另一个关系的主码，则称其为该关系的外码。

⑫全码：关系模型的所有属性组是这个关系模式的候选码，称为全码。

2. 关系模式

关系的描述称为关系模式，关系模式可以简记为：

$$R(A1,A2,A3,A4,\cdots,An)$$

其中，R 为关系名，A1，A2，A3，A4，…，An 为属性名，通常在关系模式的主码上加下划线。

【课堂实例 4-7】一个小型固定资产管理信息系统需要管理某单位的全部固定资产，假定用户要求该系统具有的功能是：

(1)设备的录入、修改、删除、调出、报废与折旧等反映资产增减变化的情况。

(2)正确计算设备资产总额(原值、净值)、设备折旧总额(月折旧、累计折旧)。

(3)分类管理各种设备，按月输出报表。

(4)可以随时按多种方式查询设备信息。

(5)具有多级用户口令识别功能，保证系统安全可靠。

(6)可随时备份资产信息，并进行用户管理。

要求：分析并绘制系统的 E-R 图，并将 E-R 图转换成关系模型。

第 1 步：根据用户需求分析可以得到固定资产实体，属性有：设备号(主码)、设备名、规格型号、数量、原值等。其局部 E-R 图如图 4-8 所示。

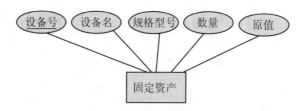

图 4-8　固定资产实体及属性局部 E-R 图

第 2 步：根据用户需求分析可以得到外部单位实体，属性有：单位号(主码)、单位名、类型、地址、电话等。其局部 E-R 图如图 4-9 所示。

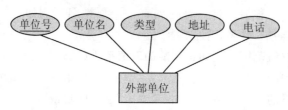

图 4-9　外部单位实体及属性局部 E-R 图

第 3 步：根据用户需求分析可以得到计提折旧实体，属性有：设备号(主码)、折旧日期(主码)、净值等。其局部 E-R 图如图 4-10 所示。

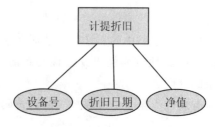

图 4-10　计提折旧实体及属性局部 E-R 图

第 4 步：根据用户需求分析可以得到部门实体，属性有：部门号(主码)、部门名、部门电话等。其局部 E-R 图如图 4-11 所示。

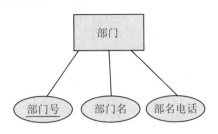

图 4-11　部门实体及属性局部 E-R 图

第 5 步：根据需求分析，在实体"外部单位"中一个单位可以租用或借用"固定资产"中多个不同的设备；相反，实体"固定资产"中的同一个设备资产也可以被实体"外部单位"中的不同客户所使用。这两个实体之间具有多对多(m∶n)的联系。

第 6 步：根据需求分析，"固定资产"实体每月折旧后都会产生与每个设备一一对应的"计提折旧"实体，所以这两个实体之间的联系是一种一对一(1∶1)的联系。

第 7 步：根据需求分析，每个部门都管理着"固定资产"实体中多个设备资产，而每个设备只可能归一个单位所有，所以"部门"实体与"固定资产"实体之间存在着一对多(1∶n)的联系。其综合的 E-R 图如图 4-12 所示。

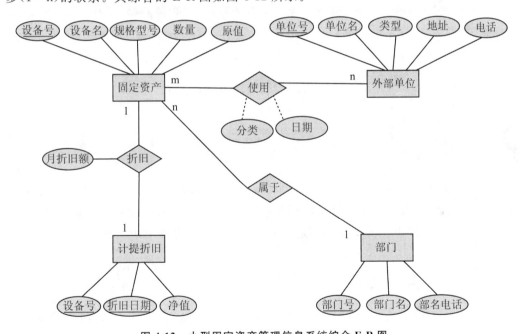

图 4-12　小型固定资产管理信息系统综合 E-R 图

第 8 步：根据 E-R 模型向关系模型转换原则，图 4-12 的 E-R 图将转换为下面关系。

- 首先转换四个实体为四个关系：
    部门(部门号，部门名，部门电话……)
    固定资产(设备号，设备名，规格型号，数量，原值……)
    计提折旧(设备号，折旧日期，净值……)

外部单位(<u>单位号</u>, 单位名, 类型, 地址, 电话……)

- 每个关系的码分别是用下划线标识的属性, 再转换三个联系为关系:
  使用(<u>单位号</u>, <u>设备号</u>, 分类, 日期)
  属于(<u>设备号</u>, 部门号)
  折旧(<u>设备号</u>, <u>折旧日期</u>, 月折旧额)

- 合并关系: "固定资产"与"属于"合并, "计提折旧"与"折旧"合并, 最后得到五个关系如下:
  部门(<u>部门号</u>, 部门名, 部门电话……)
  固定资产(<u>设备号</u>, 设备名, 规格型号, 数量, 原值, 部门号……)
  计提折旧(<u>设备号</u>, <u>折旧日期</u>, 月折旧额, 净值……)
  外部单位(<u>单位号</u>, 单位名, 类型, 地址, 电话……)
  使用(<u>单位号</u>, <u>设备号</u>, 分类, 日期)

特别提示:

(1)属性下面画横线的表示是主码。

(2)属性下面画波浪线的表示是外码("部门号"在"固定资产属于"中不是主码, 但它是"部门"这个关系中的主码, 所以, 它在"固定资产属于"这个关系中是外码)。

(3)"使用"关系中的主码是"单位号、设备号"组合, 但单独的"单位号"是外码(单位号在"外部单位"关系中是主码), "设备号"是外码("设备号"是"计提折旧"关系中的主码)。

任务3　数据库规范化设计

▶ 3.1　任务情境

对于关系模型 R(sno, cno, score, tno, ttel)的属性分别表示学生学号、选修课程的编号、成绩、任课教师编号和教师电话, 约定"一门课程只能由一个教师带", 试判断 R 是否属于 2NF 范式。如果不是, 请将该关系规范化至 3NF 范式。

▶ 3.2　任务实现

(1)由"一门课程只能由一个教师带"可知, 候选码为(sno, cno), 即为关系的主属性。

(2)对非主属性 tno、ttel 有 cno→(tno, ttel), 则(sno, cno)→(tno, ttel)为局部依赖(非主属性 tno、ttel 局部依赖于主属性(sno, cno)), 因此, 关系 R 不属于 2NF。

(3)消除有关系 R 中的局部依赖, 所以, 将关系 R 分解为: R1(<u>sno</u>, <u>cno</u>, score)和 R2(<u>cno</u>, tno, ttel), 消除了局部依赖(sno, cno)、(tno, ttel), 且 R1 和 R2 都属于 2NF。

(4)消除 R2 中的传递依赖, tno 依赖于 cno, 而 ttel 依赖于 tno, 所以, ttel 传递依赖于 cno，于是将 R2 分解为 R21(cno，tno)，R22(tno，ttel)，且 R21 和 R22 都属于 3NF。

（5）最终，将非 2NF 范式的 R(sno，cno，score，tno，ttel)分解为 3NF 范式：

R1(sno，cno，score)

R21(cno，tno)

R22(tno，ttel)

▶ 3.3　相关知识

数据库设计问题可以简单地描述为：如果把一组数据存储以数据库，该如何设计一个合适的逻辑结构，即构造几个关系，每个关系包括哪些属性，这个问题的重要是显而易见的。关系实际上就是关系模式在某一时刻的状态或内容。也就是说，关系模式是型，关系是它的值。关系模式是静态的、稳定的，而关系是动态的、随时间不断变化的，因为关系操作在不断地更新着数据库中的数据。但在实际当中，常常把关系模式和关系统称为关系。关系数据的设计理论对数据库逻辑结构的设计有重要的指导作用，主要包括数据依赖、范式和模式设计方法。其中，数据依赖研究数据之间的联系，而范式是关系模式的标准。

数据库规范化目的是使数据库结构更合理，消除存储异常，使数据冗余尽量小，便于插入、删除和更新。

关系模式进行规范化的原则：遵从概念单一化"一事一地"原则，即一个关系模式描述一个实体或实体间的一种联系。规范的实质就是概念的单一化。

关系模式进行规范化的方法：将关系模式投影分解成两个或两个以上的关系模式。

要求：分解后的关系模式集合应当与原关系模式"等价"，即经过自然连接可以恢复原关系而不丢失信息，并保持属性间合理的联系。

注意：一个关系模式结分解可以得到不同关系模式集合，也就是说分解方法不是唯一的。最小冗余的要求必须以分解后的数据库能够表达原来数据库所有信息为前提来实现。其根本目标是节省存储空间，避免数据不一致性，提高对关系的操作效率，同时满足应用需求。实际上，并不一定要求全部模式都达到 BCNF。有时故意保留部分冗余可能更方便数据查询。尤其对于那些更新频度不高，查询频度极高的数据库系统更是如此。

3.3.1　函数依赖与关系规范化

1. 函数依赖

函数依赖是用于说明一个关系中属性间的联系，包括完全函数依赖、部分函数依赖和传递函数依赖三种。设关系 R 中，X、Y 是 R 的两个属性。若对于每个 X 值都有一个 Y 值与之相对应，则称 Y 函数依赖于 X，也称属性 X 唯一确定属性 Y，记作 X→Y，X 称为决定因子。若 X→Y，Y→X，则记作 X←→Y，这种依赖称为函数依赖（FD）。

【课堂实例 4-8】"学生选课"关系模式 R，如果规定每个学生只能有一个姓名，每个课程号只能对应一门课程，则有以下 FD：

    sno→sname   cno→cname

【课堂实例 4-9】设车间考核职工完成生产定额关系为 W：

    W（日期，工号，姓名，工种，定额，超额，车间，车间主任）

分析：因每个职工，每个月超额情况不同，而定额一般很少变动，因此，为了识别不同职工以及同一职工不同月份超额情况，决定了主关键字是"日期与工号"两者组合，其依赖关系表示为：

2. 范式

范式来自英文 Normal From，简称 NF。要想设计一个好的关系，必须使关系满足一定约束条件，此约束条件已经形成了规范，分成几个等级，一级比一级要求严格。满足最低要求的关系称它属于第一范式的，在此基础上又满足了某种条件，达到第二范式标准，则称它属于第二范式的关系，如此等等，直到第五范式。一般情况下，1NF 和 2NF 的关系存在许多缺点，实际的关系数据库一般使用 3NF 以上的关系。

3. 范式的判定条件与规范化

第一范式：1NF，在任何一个关系数据库中，第一范式（1NF）是对关系模式的基本要求，不满足第一范式（1NF）的数据库就不是关系数据库。如果一个关系的所有属性都是不可再分的数据项，则称该关系属于第一范式。

例如，对于表 4-3 中的"学生"信息表，不能将学生信息都放在一列中显示，也不能将其中的两列或多列在一列中显示；"学生"信息表的每一行只表示一个学生的信息，一个学生的信息在表中只出现一次。简而言之，第一范式就是无重复的列。

第二范式：2NF，若某一关系属于 1NF，且它的每一非主属性都完全依赖于主键，则称该关系属于第二范式关系。分析课堂实例 4-9 中的 W 关系里，只有超额是属性完全依赖于主键（日期，工号），其余非主属性都是不完全依赖于主属性，所以该关系满足 2NF。

第三范式：3NF，若某一关系 R 属于 2NF，且它的每一非主属性都不传递依赖于关键字，则称该关系属于第三范式。例如课堂实例 4-9 中的 W 关系里，定额依赖于工种，工种依赖于工号，则定额传递依赖于工号；再者车间依赖于工号，车间主任依赖于车间，则车间主任传递依赖于工号。

【课堂实例 4-10】表 4-5 中 W 关系存在什么问题？是否满足 2NF？

表 4-5　W 关系若干样值

日期	工号	姓名	工种	定额	超额	车间	车间主任
2017 年 5 月	101	丁一	车工	80	22%	金工	李明
2017 年 5 月	102	王二	车工	80	17%	金工	李明
2017 年 5 月	103	张三	钳工	75	14%	工具	赵杰
2017 年 5 月	104	李四	铣工	70	19%	金工	李明

日期	工号	姓名	工种	定额	超额	车间	车间主任
2017 年 6 月	101	丁一	车工	80	20%	金工	李明
2017 年 6 月	102	王二	车工	80	25%	金工	李明
2017 年 6 月	103	张三	钳工	75	16%	工具	赵杰
2017 年 6 月	104	李四	铣工	70	26%	金工	李明

从表 4-5 中，不难发现其中存在：数据冗余大、修改麻烦、插入异常和删除异常等问题，其主要原因是因为 W 关系不够规范，即对 W 的限制太少，造成其中存放的信息太杂乱。W 关系中属性间存在有完全依赖、部分依赖、传递依赖三种不同的依赖情况。

【课堂实例 4-11】将课堂实例 4-9 中的 W 关系规范到 3NF。

操作步骤：

第 1 步：将 W 关系规范到 2NF。

分析：消除 W 中非主属性对主键的部分依赖成分，使之满足 2NF。即只需进行关系投影运算即可，但分解后不应丢失原来信息，这意味着经连接运算后仍能恢复原关系所有信息，这种操作称为关系的无损分解。即 W 分解：W1+W2。

其中：W1（日期，工号，超额）

W2（工号，姓名，工种，定额，车间，车间主任）

分解后的 W 关系信息如表 4-6 和表 4-7 所示。

表 4-6　W1 关系若干样值

日期	工号	超额
2017 年 5 月	101	22%
2017 年 5 月	102	17%
2017 年 5 月	103	14%
2017 年 5 月	104	19%
2017 年 6 月	101	20%
2017 年 6 月	102	25%
2017 年 6 月	103	16%
2017 年 6 月	104	26%

表 4-7　W2 关系若干样值

工号	姓名	工种	定额	车间	车间主任
101	丁一	车工	80	金工	李明
102	王二	车工	80	金工	李明
103	张三	钳工	75	工具	赵杰
104	李四	铣工	70	金工	李明

第 2 步：W2 关系继续分解，消除其中的传递依赖于关键字的非主属性部分。即

W2 分解：W21＋W22＋W23。

其中：W21(工号，姓名，工种，车间)

W22(工种，定额)

W23(车间，车间主任)

分解后的 W 关系信息如表 4-8 至表 4-10 所示。

表 4-8　W21 关系若干样值

工号	姓名	工种	车间
101	丁一	车工	金工
102	王二	车工	金工
103	张三	钳工	工具
104	李四	铣工	金工

表 4-9　W22 关系若干样值

工种	定额
车工	80
钳工	75
铣工	70

表 4-10　W23 关系若干样值

车间	车间主任
金工	李明
工具	赵杰

3.3.2　分解关系的基本原则

(1)分解必须是无损的(即分解后不应丢失信息)。

(2)分解后的关系要相互独立(避免对一个关系的修改波及另一个关系)。

其规范化过程如图 4-13 所示。

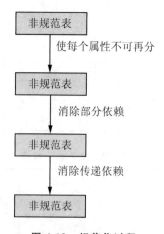

图 4-13　规范化过程

3.3.3　对关系规范化时应考虑的问题

(1)确定关系的各个属性中，哪些是主属性，哪些是非主属性。

（2）确定所有的候选关键字。

（3）选定主键。

（4）找出属性间的函数依赖。

（5）必要时，可采用图示法直接在关键模式上表示函数依赖关系。

（6）根据应用特点，确定规范化到第几范式。

（7）分解必须是无损的，不得丢失信息。分解后的关系，力求相互独立，即对一个关系内容的修改不要影响到分解出来的别的关系。

特别提示：

不是范式越高越好。当我们的应用着重于查询而很少涉及插入、更新和删除操作，那么宁愿采用较低范式以获得较好的响应速度。因为范式越高，关系所表达的信息越单纯，查询数据就得做连接运算，而这开销是很大的。

 课堂实训 1：数据库概念模型和关系模型设计（扫封面二维码查看）

扩展实践

1. 学校里的班主任和班级之间（约定一个教师只能担任一个班级的班主任）的联系。

2. 学校里的班主任和学生之间的联系。

3. 学校里的教师和学生之间的联系。

4. 教学管理涉及的实体有：教师：教师工号、姓名、年龄、职称；学生：学号、姓名、年龄、性别；课程：课程号、课程名、学时数。这些实体间的联系如下：一个教师只讲授一门课程，一门课程可由多个教师讲解，一个学生学习多门课程，每门课程有多个学生学习。请画出教师、学生、课程的 E-R 图。

5. 将本章扩展实践第 4 题的 E-R 图转换成关系模型。

6. 假定一个图书馆的数据库包括以下的信息：

借阅者信息：读者号、姓名、地址、性别、年龄和所在系；

书的信息：书号、书名、作者、出版社；

对每本被借出的书有借出日期、应还日期。

完成如下设计：

（1）设计该图书管理系统的 E-R 图。

（2）将该 E-R 图转换为关系模型结构。

（3）指出转换结果中每个关系模式的主码。

7. 假定一个购物商场有一个商店（商店号、商店名），商店里有一名经理（经理号、经理名）和多名职工（职工号、职工名），一名经理只能负责一个商店，一名职工也只能在一个商店工作，一个商店有多名顾客（顾客号、顾客名），一名顾客可以到不同的商店进行购物。每购物一次都会产生一个消费日期和消费金额。完成如下设计：

（1）设计该购物管理系统的 E-R 图。

（2）将该 E-R 图转换为关系模型结构。

（3）指出转换结果中每个关系模式的主码。

8. 设有图书借阅关系 BR。

BR(借书证号，读者姓名，单位，电话，书号，书名，出版社，出版社地址，借阅日期)

要求：对 BR 进行规范化到 3NF。

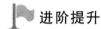 **进阶提升**

1. 设某商业公司数据库中有三个实体集，一是"公司"实体集，属性有公司编号、公司名、地址等；二是"仓库"实体集，属性有仓库编号、仓库名、地址等；三是"职工"实体集，属性有职工编号、姓名、性别等。每个公司有若干个仓库，每个仓库只能属于1个公司，每个仓库可聘用若干职工，每个职工只能在一个仓库工作，仓库聘用职工有聘期和工资。

(1)画出 E-R 图，并注明属性和联系类型。

(2)E-R 图转换成关系模型，并注明主码和外码。

2. 某研究所有多名科研人员，每一个科研人员只属于一个研究所，研究所有多个科研项目，每个科研项目有多名科研人员参加，每个科研人员可以参加多个科研项目。科研人员参加项目要统计工作量。"研究所"有属性：编号、名称、地址，"科研人员"有属性：职工号、姓名、性别、年龄、职称。"科研项目"有属性：项目号、项目名、经费。

(1)画出 E-R 图，并注明属性和联系类型。

(2)E-R 图转换成关系模型，并注明主码和外码。

3. 现有学生报考系统，实体"考生"有属性：准考证号、姓名、性别、年龄，实体"课程"有属性：课程编号、名称、性质。一名考生可以报考多门课程，考生报考还有报考日期、成绩等信息。

(1)画出 E-R 图，并注明属性和联系类型。

(2)E-R 图转换成关系模型，并注明主码和外码。

4. 某厂销售管理系统，实体"产品"有属性：产品编号、产品名称、规格、单价，实体"顾客"有属性：顾客编号、姓名、地址。假设顾客每天最多采购一次，一次可以采购多种产品，顾客采购时还有采购日期、采购数量等信息。

(1)画出 E-R 图，并注明属性和联系类型。

(2)E-R 图转换成关系模型，并注明主码和外码。

5. 设有运动员和比赛项目两个实体，"运动员"有属性：运动员编号、姓名、性别、年龄、单位，"比赛项目"有属性：项目号、名称、最好成绩。一个运动员可以参加多个项目，一个项目由多名运动员参加，运动员参赛还包括比赛时间、比赛成绩等信息。

(1)画出 E-R 图，并注明属性和联系类型。

(2)E-R 图转换成关系模型，并注明主码和外码。

6. 某工厂生产若干产品，每种产品由不同的零件组成，有的零件用在不同的产品上。这些零件由不同的原材料制成。不同的零件所用的材料可以相同。这些零件按所属的不同产品分别放在仓库中，原材料按类型放在若干仓库中。"产品"有属性：产品编号、产品名称，"零件"有属性：零件编号、零件名称，"材料"有属性：材料编号、材料名称、材料类型，"仓库"有属性：仓库编号、仓库名称、仓库地点。

(1)用 E-R 图画出工厂产品、零件、材料、仓库的概念模型，并注明属性和联系类型。

(2)E-R 图转换成关系模型，并注明主码和外码。

7. 某电脑公司是一家专门销售计算机整机、外围设备和零部件的公司。该公司有 3 个部门：市场部、技术部和财务部。市场部有 18 位业务员，负责采购和销售业务；技术部有 14 位工程师，负责售后服务、保修等技术性的工作；财务部有 12 位工作人员、1 位会计和 1 位出纳，负责财务业务。公司需要将所有经营的计算机设备的客户、销售、维修(服务、保修)、职工等信息都存储在数据库中。

(1)根据公司的情况设计数据库的 E-R 图，并注联系类型。

(2)将 E-R 图转换成关系模型，并注明主码和外码。

8. 学校中有若干系，每个系有若干个班级和教研室，每个教研室有若干个教员，其中有的教授和副教授每人各带若干个研究生，每个班有若干学生，每个学生选修若干课程，每门课程可以有若干学生选修。

(1)根据公司的情况设计数据库的 E-R 图，并注联系类型。

(2)将 E-R 图转换成关系模型，并注明主码和外码。

🌐 互联网＋教学资源

1. 更多课程资源访问(http://www.jpzysql.com)，下载教学视频。

2. 扫描二维码，查看手机端教学资源(http://m.jpzysql.com)，有效实现在线教学互动。

课程手机资源

3. 扫描二维码，关注课程微信公众平台，查看更多数据表操作教学资源及相关视频。

课程微信公众平台资源

4. 云端在线课堂＋教材融合，访问教学平台(http://www.itbegin.com)。

第 5 章 管理 SQL Server 2008 数据库

章 首 语

十多年前，音乐元数据公司 Gracenote 收到来自苹果公司的神秘忠告，建议其购买更多的服务器。Gracenote 照做了，而后苹果推出 iTunes 和 iPod，Gracenote 从而成为了元数据的帝国。

在车内听的歌曲很可能反映你的真实喜好。Gracenote 采用智能手机和平板电脑内置的麦克风识别用户电视或音响中播放的歌曲，并可检测掌声或嘘声等反应，甚至还能检测用户是否调高了音量。这样，Gracenote 可以研究用户真正喜欢的歌曲、听歌的时间和地点。

Gracenote 拥有数百万首歌曲的音频和元数据，因而可以快速识别歌曲信息，并按音乐风格、歌手、地理位置等分类。

这就是在数据的神奇之处。不过，任何事情都有两面性，在大数据的光晕下，当渐行渐远无小数据时，我们也聊聊小数据之美，为的是"大小并行，不可偏废"。大有大的好，小有小的妙，如同一桌菜，哪道才是你的爱？思量三番再下筷哦。

子项目 3：学生选课管理系统数据库

项目概述：通过子项目 1 的学习，汤小米同学掌握了对 SQL Server 2008 数据库的安装、配置和管理的操作，并有了深入的实践；子任务 2 里汤小米同学学习并掌握了"学生选课管理系统"数据库概念模型和关系模型的设计，那么，接下来，就让我们一起和汤小米同学来学习如何通过 SQL Server 2008 的操作来完成"学生选课管理系统"数据库的物理设计吧！

【知识目标】

1. SQL Server 2008 数据库的基本概念。

2. SSMS 和 T-SQL 语句创建、查看、修改和删除数据库。

3. 数据库的简单分离和附加方法。

【能力目标】

1. 初步认识 SQL Server 2008 数据库对象。

2. 能应用 SSMS 和 T-SQL 创建数据库。

3. 能应用 SSMS 和 T-SQL 查看、修改和删除数据库。

4. 能应用 SSMS 进行分离和附加数据库。

5. 对数据库的物理空间科学设置，培养良好的软件职业素养。

【重点难点】

创建数据库、管理数据库。

【知识框架】

本章知识内容为如何在 SQL Server 2008 数据库服务器中创建用户所需的数据库，并对数据库进行管理与维护，学习内容知识框架如图 5-1 所示。

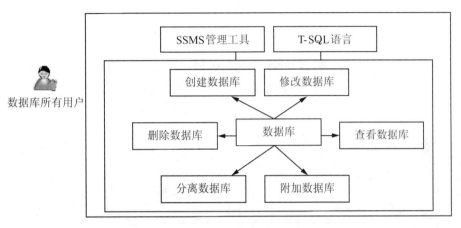

图 5-1　本章内容知识框架

任务 1　创建数据库

▶1.1　任务情境

让我们一起和汤小米同学利用 SQL Server 2008 数据库服务器创建"学生选课管理系统"中的数据库"xsxk"，要求在"D:\学生选课管理系统"文件夹中创建一个 xsxk 数据库，主文件名为 xsxk _ data. mdf，保存在"D:\学生选课管理系统 \ data"文件夹中；事务日志名为 data. ldf，保存在"D:\学生选课管理系统 \ log"文件夹中。

▶1.2　任务实现

方法 1：利用 SQL Server Management Studio(简称 SSMS)管理工具创建数据库

第 1 步：启动 SSMS，在"对象资源管理器"窗口中，右键单击"数据库"｜"新建数据库"，如图 5-2 所示。

第 2 步：在"新建数据库"对话框中，"数据库名称"处输入：xsxk，将主数据文件和日志文件分别保存在"D:\学生选课管理系统 \ data"和"D:\学生选课管理系统\log"文件夹中，如图 5-3 所示。

图 5-2 "新建数据库"快捷操作

图 5-3 "新建数据库"对话框

第 3 步：单击"确认"按钮，即完成了 xsxk 数据库的创建（如果在"对象资源管理器"|"数据库"中没有显示新创建的数据库，可右键单击"数据库"|"刷新"），如图 5-4所示。

图 5-4 成功创建 xsxk 数据库

方法 2：利用 T-SQL 创建数据库

第 1 步：打开 SSMS 窗口，并连接到服务器。

第 2 步：选择"文件"|"新建"|"数据库引擎查询"（或单击"新建查询"按钮），创建一个查询输入窗口。

第 3 步：在窗口内输入语句，创建 xsxk 数据库。

```
create database xsxk
on
(name=xsxk_data,
filename='d:\学生选课管理系统\data\xsxk_data.mdf')
log on
```

（name＝xsxk_log，

filename='d:\学生选课管理系统\data\xsxk_log. ldf')

第 4 步：选择"文件"｜"查询"｜"执行"（或单击"执行"按钮），在"消息"窗格中出现"命令已经成功完成"，则成功创建 xsxk 数据库。

▶ 1.3　相关知识

1.3.1　SQL Server 数据库类型

SQL Server 2008 是目前最常用的数据库管理系统之一。在 SQL Server 2008 中，数据存储在表中，数据库由若干相关表组成。

SQL Server 2008 中的数据库大致可分为两类：系统数据库（System Databases）和用户数据库（User Databases）。当 SQL Server 2008 安装完成后，系统会自动创建 master、model、msdb、resource 和 tempdb 5 个数据库。系统数据库主要用于记录系统级的数据和对象，各系统数据库的主要功能如下：

1. master 数据库

master 数据库是 SQL Server 2008 最重要的数据库，包含用户登录标识、系统配置信息、初始化等系统级信息，用于控制整个 SQL Server 2008 系统的运行，如果该数据库被损坏了，SQL Server 将无法正常工作。因此，要经常对 master 数据库进行备份，以便在发生问题时，对数据库进行恢复。

2. model 数据库

model 数据库为模板数据库，是用户数据库的模板。当新建用户数据库时，系统会自动将 model 数据库的内容复制到用户服务数据库，所以可以通过修改 model 数据库对所有新数据库建立一个自定义的配置。例如，如果在 model 数据库中新增加了一张表，则以后创建的所有用户数据库中都包含这张表。

在实际应用中，经常要通过一个用户数据库中的系统表来获取关于该数据库本身的某些信息。例如，通过检索系统表 sysobjects，很容易对某个数据库对象（表、视图或存储过程）是否存在进行检测。model 系统数据库是 tempdb 数据库的基础，由于每次启动提供 SQL Server 时，系统都会创建 tempdb 数据库，所以，model 数据库必须始终存在于 SQL Server 系统中。

3. msdb 数据库

msdb 数据库是提供"SQL Server 代理服务"调度警报、作业以及操作时使用。如果不使用这些 SQL Server 代理服务，就不会使用到该系统数据库。SQL Server 代理服务是 SQL Server 中的一个 Windows 服务，用于运行任何已创建的计划作业。作业是指 SQL Server 中定义的能自动运行的一系列操作。例如，如果希望在每个工作日下班后备份公司所有服务器，就可以通过配置 SQL Server 代理服务使数据库备份任务在周一到周五的 21：30 之后自动运行。

4. resource 数据库

resource 数据库是只读数据库，包含了 SQL Server 中所有系统对象，如 sys. object 对象。SQL Server 系统对象在物理上持续存在于 resource 数据库中。

5. tempdb 数据库

tempdb 数据库为临时数据库，用于存储用户建立的临时表、临时触发器、用户声明的全局变量和用户通过游标筛选出来的数据并为数据排序提供一个临时性工作空间等。它只是存在于 SQL Server 会话期间的一个临时性的数据库。一旦关闭 SQL Server，tempdb 数据库保存的内容将自动消失。重启 SQL Server 时，系统将重新创建新的、空的 tempdb 数据库。

1.3.2 数据库中的对象

1. 表

表(Table)用来存放数据，数据库中的数据实际上是存储在表中的。数据库中的表与我们日常生活中使用的表格类似，它也是由行(Row)和列(Column)组成的。列由同类的信息组成，每列又称为一个字段，每列的标题称为字段名。行包括了若干列信息项。一行数据称为一个或一条记录，它表达有一定意义的信息组合。一个数据库表由一条或多条记录组成，没有记录的表称为空表。每个表中通常都有一个主关键字，用于唯一地确定一条记录。

2. 视图

视图(View)实质是一张虚拟的表，用来存储在数据库中预先定义好的查询，虽然视图具有表的外观，可以像表一样进行访问，但它本身并不占据物理存储空间。视图是由查询数据库表产生的，它限制了用户能看到和修改的数据。由此可见，视图可以用来控制用户对数据的访问，并能简化数据的显示，即通过视图只显示那些需要的数据信息。

3. 索引

索引(Index)是一个指向表中数据表指针，其形式和书籍的目录类似。建立索引是为了提高检索表中数据的速度，但它是占用一定的物理空间。

4. 存储过程

存储过程(Stored Procedure)也称为函数或程序，它是存储在数据库中的一组相关的 SQL 语句，经过预编译后，随时可供用户调用执行。使用存储过程主要是为了减少网络流量，同时可以提高 SQL Server 编程的效率。

5. 触发器

触发器(Trigger)是一种特殊的存储过程，当对表执行了某种操作后，就会触发相应的触发器。触发器通常包括 INSERT、DELETE 和 UPDATE 三种。使用触发器通常是为了维护数据的完整性、信息的自动统计等功能。

6. 关系图

关系图以图形显示通过数据连接选择的表或表结构化对象。同时也显示它们之间的连接关系。在关系图中可以进行创建或修改表和表结构化对象之间的连接操作。

7. 用户

所谓用户就是有权限访问数据库的人，同时需要自己登录账号和密码。用户分为：管理员用户和普通用户两种角色。前者可对数据库进行修改删除，后者只能进行阅读、查看等操作。角色是指一组数据库用户的集合，和 Windows 中的用户组类似。数据库的用户组可以根据需要添加，用户如果被加入到某一角色，则将具有该角色的所有权限。

1.3.3　数据库文件和文件组

SQL Server 2008 的数据库由一系列的文件和文件组组成，数据库中的对象都是存储在特定的文件中。每个数据库文件至少要包含一个数据文件和一个日志文件，数据文件又可分为主数据文件和次要数据文件。

1. 数据库文件(Database File)

(1)主数据文件

主数据文件(Primary)包含数据库的启动信息，并指向数据库中的其他文件。用户数据和对象可存储在此文件中，也可以存储在辅助数据文件中。每个数据库都必须包含也只能包含一个主数据文件，默认文件扩展名为. mdf。文件名可以由用户在创建时定义，例如"学生选课管理系统"的主数据文件名定义为 xsxk _ data. mdf。

(2)次要数据文件

次要数据文件(Secondary)，也称辅助数据文件，也是用来存放数据。次要数据文件可用于将数据分散到多个磁盘上。另外，如果数据库超过了单个 Windows 文件的最大值，可以使用次要数据文件，这样数据库就能继续增长。一个数据库中，可以没有次要数据文件，也可以拥有多个次要数据文件。次要数据文件夹默认扩展名为. ndf。

(3)事务日志文件

事务日志文件(Transaction Log)用于保存恢复数据库的日志信息。每个数据库必须至少有一个事务日志文件，也可以拥有多个日志文件，它的默认文件扩展名是. ldf。例如"学生选课管理系统"的日志文件名定义为 xsxk _ log. ldf。

日志文件是维护数据完整性的重要工具，如果因为某种不可预料的原因使得数据库系统崩溃，那么数据库管理员仍然可以通过日志文件完成数据库的恢复与重建。

特别提示：

通常应将数据文件和事务日志文件分开放置，以保证数据库的安全性。

2. 文件组

文件组(File Group)是文件的组合。当一个数据库由多个文件组成时，使用文件组可以合理地组合、管理文件。当系统硬件上包含多个硬盘时，可以把特定的文件分配到不同的磁盘上，加快数据读写速度。

1.3.4　创建数据库的语法结构

创建数据库语句的基本语法格式如下：

```
create database 数据库名
[on  [primary]
{([name＝数据文件的逻辑名称,]
 filename='数据文件的物理名称',
[size＝数据文件的初始大小[MB(默认)|KB |GB],]
[maxsize＝{数据文件的最大容量[MB |KB   |GB]
|unlimited(不受限制)},]
[filegrowth＝数据文件的增长量[MB |KB |GB |%]])
```

```
      }[,…n ]
[filegroup 文件组名
{([name＝数据文件的逻辑名称,]
[filename＝'数据文件的物理名称',]
[size＝数据文件的初始大小[MB |KB |GB],]
[maxsize＝{数据文件的最大容量[MB |KB |GB]
  |unlimited },]
[filegrowth＝数据文件的增长量[MB |KB |GB |％]])
      }[,…n ]    ]
```

说明：

(1)"[]"中的内容表示可以省略，省略时系统取默认值。

(2)"{ }[，…n]"表示花括号中的内容可以重复书写 n 次，必须用逗号隔开。

(3)" |"表示相邻前后两项只能任取一项。

(4)一条语句可以分成多行书写，但多条语句不允许写在一行。例如：

```
log on
{([name＝事务日志文件的逻辑名称,]
[filename＝'事务日志文件的物理名称',]
[size＝事务日志文件的初始大小[MB |KB |GB   ],][maxsize＝{事务日志文件的最大容量
[MB |KB |GB]
|unlimited },]
[filegrowth＝事务日志文件的增长量[MB|KB|GB|％]])
}[,…n ]]
```

其中：

①on 表示需根据后面的参数创建该数据库。

②log on 子句用于根据后面的参数创建该数据库的事务日志文件。

③primary 指定后面定义的数据文件属于主文件组 Primary，也可加入用户创建的文件组。

④name＝'数据文件的逻辑名称'：是该文件在系统中使用的标识名称，相当于别名。

⑤filename＝'数据文件的物理名称'：指定文件的实际名称，包括路径和后缀。

⑥unlimited 表示在磁盘容量允许情况下不受限制。

⑦文件容量默认单位为 MB 字节，也可以使用 KB 单位。

【课堂实例 5-1】利用 T-SQL 语句在 D:\mydata 文件夹下创建一个数据库 mydb，该数据库的主数据文件的逻辑名称是 mydb _ data，文件大小为 10MB，最大尺寸为 50MB，增长增量为 5MB；该数据库的日志文件的逻辑名称是 mydb _ log，文件的大小为 5MB，最大尺寸为 25MB，增长增量为 2MB。

方法 1：利用 SSMS 创建 mydb 数据库

打开"新建数据库"对话框，根据实训要求设置，更改的数据文件的自动增长设置，如图 5-5 至图 5-7 所示。

图 5-5　"新建数据库"对话框

图 5-6　主数据文件自动增长设置　　　　图 5-7　事务日志文件自动增长设置

方法 2：利用 T-SQL 语句创建 mydb 数据库

在新建查询输入窗口中输入如下的代码：

```
/＊事先要在 D 盘上创建一个 mydata 的文件夹＊/
create database mydb
on(
name＝mydb_data,  /＊数据文件逻辑文件名＊/
filename＝'D:\mydata\mydb_data.mdf',  /＊数据文件物理文件名＊/
size＝10MB,/＊数据文件大小＊/
maxsize＝50MB,/＊数据文件最大尺寸＊/
filegrowth＝5MB)/＊数据文件增量＊/
log on(
name＝mydb_log,/＊事务日志文件逻辑文件名＊/
filename＝'D:\mydata\mydb_log.ldf',/＊事务日志文件物理文件名＊/
size＝5MB,  /＊事务日志文件大小＊/
maxsize＝25MB,/＊事务日志文件最大尺寸＊/
filegrowth＝2MB)/＊事务日志文件增量＊/
```

【课堂实例 5-2】利用 T-SQL 语句在 D:\mydata 文件夹下创建一个 archive 数据库，包含 3 个数据文件和 2 个事务日志文件。主数据文件的逻辑文件名为 arch1，实际文件名为 archdat1.mdf，2 个次数据文件的逻辑文件名分别为 arch2 和 arch3，实际文件名分别为 archdat2.ndf 和 archdat3.ndf。2 个事务日志文件的逻辑文件名分别为 archlog1 和 archlog2，实际文件名分别为 archklog1.ldf 和 archklog2。上述文件的初始容量均为 5MB，最大容量均为 50MB，递增量均为 1MB。

方法 1：利用 SSMS 创建 archive 数据库

打开"新建数据库"对话框，根据实训要求数据库参数设计如图 5-8 所示，文件的大小、最大尺寸和增量值都是一样的，更改数据文件的自动增长设置可参见课堂实例 5-1 的方法。

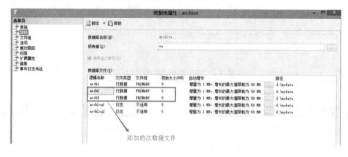

图 5-8 利用 SSMS 创建 archive 数据库

方法 2：利用 T-SQL 语句创建 archive 数据库

在新建查询输入窗口中输入如下的代码：

```
/*事先在 d 盘的根目录下创建 mydata 文件夹*/
create database archive
on(
name=arch1,
filename='d:\mydata\archdat1.mdf',
size=5MB,
maxsize=50MB,
filegrowth=1MB
),          /*主数据文件与次数据文件代码之间用逗号(,)隔开*/
(name=arch2,
filename='d:\mydata\archdat2.ndf',
size=5MB,
maxsize=50MB,
filegrowth=1MB
),/*次数据文件与次数据文件代码之间用逗号(,)隔开*/
(name=arch3,
filename='d:\mydata\archdat3.ndf',
size=5MB,
maxsize=50MB,
filegrowth=1MB
)
log on
(name=archlog1,
filename='d:\mydata\archklog1.ldf',
size=5MB,
maxsize=50MB,
```

```
filegrowth＝1MB
),/＊事务日志文件与事务日志文件代码之间用逗号(,)隔开＊/
(name＝archlog2,
filename='d:\mydata\archklog2.ldf',
size＝5MB,
maxsize＝50MB,
filegrowth＝1MB
)
```

任务 2　修改数据库

▶ 2.1　任务情境

修改数据库主要是针对创建的数据库在需求有变化时进行的操作，这些修改可分为数据库的名称、大小和属性 3 个方面。而小米在根据讲解创建"学生选课管理系统"数据库 xsxk 时，将数据库的名称错写了 sxxk，而现在要求将默认的数据文件初始大小改为 5MB，并添加辅助文件(次数据文件)xsxk ＿ dat1.ndf，大小默认，让我们一起来和小米进行实践操作吧。

▶ 2.2　任务实现

子任务 1　修改数据库名称

方法 1：利用 SSMS 管理工具修改数据库名称

第 1 步：启动 SSMS，在"对象资源管理器"窗口中，选中新创建的数据库 sxxk，右键单击弹出快捷菜单。

第 2 步：选择"重命名"，在提示状态下将 sxxk 的数据名称改为 xsxk 后，即完成操作，如图 5-9 所示。

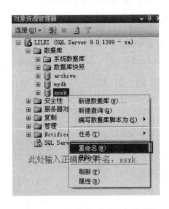

图 5-9　重命名数据库名称

方法 2：利用 T-SQL 语句修改数据库名称

在新建查询输入窗口中输入如下的代码：

(1)alter database sxxk modify name＝xsxk(利用 alter 语句)

(2)sp_renamedb'sxxk','xsxk'(利用系统存储过程)

2.3 相关知识

2.3.1 修改数据库的方法

一般情况下，不建议用户修改创建好的数据为名称。因为许多应用程序可能已经使用了该数据库的名称，在更改了数据库的名称之后，还需要修改相应的应用程序。具体的修改方法有很多种，如使用 alter database 语句、sp _ renamedb 存储过程和图形界面等。

1. alter database 语句

该语句修改数据名称时只更改了数据库的逻辑名称，对于该数据库的数据文件和日志文件没有任何影响，语法结构如下：

alter database databasename modify name＝newdatabaseName

例如，将"学生"数据库更名为 student，语句为：

alter database 学生 modify name＝student

2. sp _ renamedb 存储过程

执行 sp _ renamedb 存储过程也可以修改数据库的名称，语法结构如下：

sp_renamedb '原数据库名称','新数据库名称'

例如，将"学生"数据库更名为 student，语句为：

sp_renamedb '学生', 'student'

3. 图形界面

从"对象资源管理器"窗格中右击一个数据库名称结点，选择"重命名"命令后输入新的名称，即可直接改名。

2.3.2 修改数据库语句的基本语法格式

ALTER DATABASE 数据库名：

add file ＜文件格式＞[to filegroup 文件组]

| add log file ＜文件格式＞

|remove file 逻辑文件名

| add filegroup 文件组名

|remove filegroup 文件组名

|modify file ＜文件格式＞

|modify name new_dbname

|modify filegroup 文件组名

说明：

add file 为增加一个辅助数据文件(次数据库文件)[并加入指定文件组]；

＜文件格式＞为：

（name ＝数据文件的逻辑名称

［, filename ='数据文件的物理名称'］

［, size ＝数据文件的初始大小［MB |KB|GB]]

［, maxsize＝{数据文件的最大容量［MB |KB|GB]　|UNLIMITED }]

［, filegrowth＝数据文件的增长量［MB |KB |GB|％]])

子任务 2　修改数据库大小

方法 1：利用 SSMS 管理工具修改数据库大小

第 1 步：在"对象资源管理器"窗格中，右键单击选中 xsxk 数据库，弹出的快捷菜单中，选择"属性"，弹出"属性"对话框，如图 5-10 所示。

图 5-10　xsxk 数据库属性

第 2 步：在弹出的"数据库属性"对话框的"选择页"中选择"文件"页，设置如图 5-11 所示。

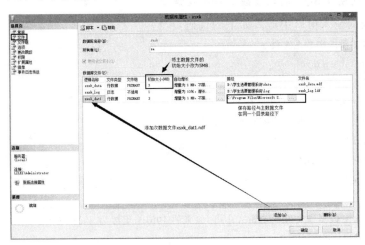

图 5-11　"数据库属性"对话框

方法 2：利用 T-SQL 语句修改数据库大小

在新建查询输入窗口中输入如下的代码：

```
alter database xsxk
modify file
(name＝xsxk_data,
```

size=5MB)

【课堂实例 5-3】将课堂实例 5-1 中创建数据库 mydb 的主数据文件大小调整为 20MB，并向数据库中添加一个次数据文件，其逻辑文件名和实际文件名分别是 mydb_dat1 和 mydb_dat1.ndf，数据文件的初始容量为 5MB，最大容量为 100MB，递增量为 20%。

方法 1：利用 SSMS 修改 mydb 数据库

第 1 步：在"对象资源管理器"窗格中，右键单击选中 mydb 数据库，弹出的快捷菜单中，选择"属性"，弹出"数据库属性"对话框。

第 2 步：在弹出的"数据库属性"对话框的"选择页"中选择"文件"页，设置如图 5-12 所示。

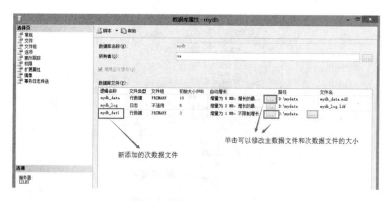

图 5-12　mydb 数据库属性

方法 2：利用 T-SQL 语句修改 mydb 数据库

在新建查询输入窗口中输入如下的代码：

```
/*添加新的次数据文件*/
alter database mydb
add file
(name=mydb_dat1,
filename='d:\mydata\mydb_dat1.ndf',
size=5MB,
maxsize=100MB,
filegrowth=20%
)
/*修改主数据库文件的初始大小,由原来的10MB,更改为20MB*/
alter database mydb
modify file
(name=mydb_data,
size=20MB)
```

【课堂实例 5-4】将课堂实例 5-2 所创建的数据库 archive 的初始大小改为 10MB，最大容量改为 200MB，递增量改为 30%，再增加一个次数据文件，逻辑文件名和实际文件名分别为 arch3 和 archdat3.ndf，初始大小、最大容易和增量容量设置为默认大小。（独立完成，用 SSMS 管理工具实训操作，并给出 T-SQL 语句）

任务 3　删除数据库

▶ 3.1　任务情境

随着数据库数量的增加，系统的资源消耗越来越多，运行速度也会变慢。这时，就需要对数据库进行调整，将不需要的数据库删除，释放被占用的磁盘空间和系统消耗。不过，数据库一旦被删除，它的所有信息，包括文件和数据均被从磁盘上物理删除。目前汤小米同学也存在这样的问题，她新建的 mydb 数据库已经完成的数据库大小的修改，现在没有什么用了，想将其删除，让我们一同帮助她吧。

▶ 3.2　任务实现

方法 1：利用 SSMS 删除 mydb 数据库

启动 SSMS 管理工具，在"对象资源管理"窗格中，指向左侧窗口要删除的 mydb 数据库结点，右键单击，从弹出的快捷菜单中选择"删除"命令，打开"删除对象"对话框，如图 5-13 所示，单击"确定"按钮，指定数据库即删除。

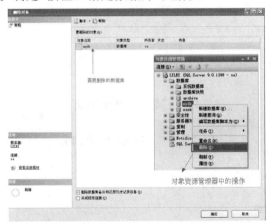

图 5-13　"删除对象"属性对话框

方法 2：利用 T-SQL 语句删除 mydb 数据库

利有 T-SQL 语句删除数据库的基本语法格式如下：

　　Drop database＜要删除的数据库名＞[,…n]，其中[,…n]表示可以有多个数据库名。

在在新建查询输入窗口中输入如下的代码：

　　Drop database mydb

任务 4　查看数据库

▶ 4.1　任务情境

汤小米同学想查看已经创建的"学生选课管理系统"的 xsxk 数据库信息，让我们和她一起操作吧。

▶ 4.2　任务实现

启动 SSMS 管理工具，在"对象资源管理"窗格中，选中左侧窗口要查看的 xsxk 数据库，右键单击，从弹出的快捷菜单中选择"属性"命令，打开"数据库属性"对话框，即可查看该数据库的基本信息、文件信息、选项信息、文件组信息和权限信息等，如图 5-14 所示。

图 5-14　"数据库属性"对话框

任务 5　分离数据库

▶ 5.1　任务情境

通过以上 4 个任务的学习，汤小米同学已经掌握了应用 SSMS 管理工具和 T-SQL 语句进行数据库的创建、修改、删除和查看的操作，不过，在查看数据库信息的时候，发现 xsxk 数据库的日志文件保存在"D:\mydata"的文件夹中了，没有保存在指定的"D:\学生选课管理系统\log"目录路径里，于是，汤小米同学采用了复制的方法想将保存在"D:\mydata"中的 xsxk_log.ldf 文件拷贝到指定的文件夹中，结果一直弹出"复制文件或文件夹时出错"的对话框，如图 5-15 所示。

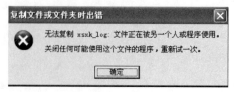

图 5-15　"复制文件或文件夹时出错"对话框

　　当然了，xsxk 数据库目前还作为 SQL Server 2008 的实例，正在被使用，所以，无法完成复制的工作。要想实现这样的操作，首先必须将该数据库从 SQL Server 2008 的实例中分离出去，分离数据是指将数据库从数据库实例中删除，但该数据库的数据的数据文件和事务日志文件仍然保持不变，这与删除数据库是不同的。下面，我们一起来帮助汤小米同学，完成 xsxk 数据库的分离操作。

▶ 5.2　任务实现

　　第 1 步：启动 SSMS 管理工具，在"对象资源管理器"窗格中，右键单击左侧窗口要查看的 xsxk 数据库，从弹出的快捷菜单中选择"任务"|"分离"命令，打开"分离数据库"对话框，如图 5-16 所示。

图 5-16　"分离数据库"属性对话框

　　第 2 步：单击"确定"，即可完成指定数据库的分离操作。

任务 6　附加数据库

▶ 6.1　任务情境

　　通过任务 5 的学习，汤小米同学已经掌握了应用 SSMS 管理工具分离数据库的操作，也掌握了因为误操作未将新建的数据库文件保存在指定的文件夹中后如何进行补救的方法。不过，文件都是拷贝到指定的文件夹中了，接下来，汤小米同学还想将 xsxk 数据库添加到 SQL Server 2008 的实例中进行更进一步的操作，可是，她不知道怎么办了？

　　当然，xsxk 数据库要成为 SQL Server 2008 的实例，必须要将其附加至其中，如何完成操作，就让我们一起来帮助汤小米同学，和她一起完成将 xsxk 数据库附加为 SQL Server 2008 的实例的操作吧。

6.2 任务实现

第 1 步：启动 SSMS 管理工具，在"对象资源管理器"窗格中，右键单击左侧窗口 xsxk 数据库，从弹出的快捷菜单中选择"附加"命令，打开"附加数据库"对话框，如图 5-17 所示。

图 5-17 "附加数据库"对话框

第 2 步：单击"添加"命令，弹出"定位数据库文件"对话框，如图 5-18 所示，选择指定位置的 xsxk 数据文件。

第 3 步：单击"确定"按钮，弹出如图 5-19 所示的对话框，在"附加数据库"属性对话框中单击"确定"按钮，即可完成指定数据库的附加操作。

图 5-18 "定位数据库文件"对话框

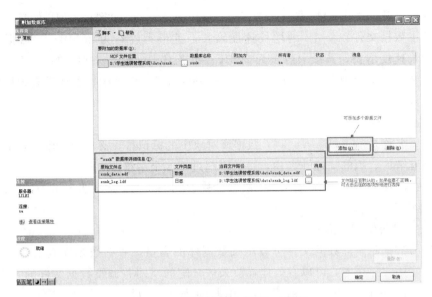

图 5-19　"附加数据库"属性对话框

 课堂实训 2：管理数据库（扫封面二维码查看）

扩展实践

1. 利用 T-SQL 语句创建数据库。

（1）利用 T-SQL 语句，创建 MyTest 数据库，主数据文件的逻辑文件名 my_data，所有的文件的初始大小为 5MB，最大容量为 200MB，增量为 3MB，存放位置在"D:\MyTest"文件夹中，上述没有说明的选项都采用默认值。

（2）利用 T-SQL 语句，创建 mydata 数据库，主数据文件名的初始大小为 4MB，最大容量为 300MB。日志文件的逻辑文件名为 md_log，初始大小默认，最大容量为 200MB，增量为 10％，存放位置在"D:\mydata"文件夹中，上述没有说明的选项都采用默认值。

（3）利用 T-SQL 语句，创建 mydb 数据库，主数据文件的逻辑文件名为 mydb_data，物理文件名为 mydb_da，初始文件大小为 5MB；日志文件的初始大小为 6MB，最大容量为 300MB，增量为 3MB，存放位置在"D:\mydb"文件夹中，上述没有说明的选项都采用默认值。

（4）利用 T-SQL 语句，创建 food 数据库，该数据库中包括 1 个主数据文件、2 个次数据文件、2 个日志文件。其中主数据文件的逻辑文件名为 f1，物理文件名为 f1_data，2 个次数据文件的逻辑文件名分别为 f2_da 和 f3_da，物理文件名分别为 f2_data 和 f3_data；日志文件的逻辑文件名分别为 fd1_log 和 fd2_log，存放位置在"D:\food"文件夹中，上述没有说明的选项都采用默认值。

2. 创建销售管理数据库。

在 SQL Server Management Studio 中创建一个名为"销售管理"的数据库。

要求：该数据库由 5MB 的主数据文件、2MB 的次数据文件和 1MB 的日志文件组成，并且主数据文件以 2MB 的增长速度增长，其最大容量为 25MB；次数据文件以 10％的增长速度增长，其最大容量为 20MB；事务日志文件以 1MB 增长速度增长，其最大日志文件大小为 10MB，存放位置在"D:\mydata"文件夹中，上述没有说明的选项都采用默认值。

3. 重命名销售管理数据库。

数据库名称是 SQL Server 2008 数据库对象中的标识符，必须保持唯一，而且最好是一个易理解的、短的描述性名称，最长不超过 128 个字符。

要求：利用 SSMS 将"销售管理"数据库修改为 Sales_sys，并给出实现该功能的 T-SQL 语句。

4. 收缩销售管理数据库。

通过为数据库添加数据文件可以增加数据库的容量，收缩数据库则是这一操作的逆过程。使用收缩功能，可以有效地释放未被分配的空间并调整数据文件的大小。"对象资源管理器"窗口｜"Sales_sys"（右键单击）｜任务｜收缩｜数据库（文件）。

要求：

（1）收缩数据库

①启用"在释放未使用的空间前重新组织文件"，重新组织数据页。

②挤出数据库的所有额外的空间，可用 0％作为值。

（2）收缩数据文件

①选择"释放未使用的空间"，从文件末端截取可用空间。

②选择"在释放未使用的空间前重新组织页"，重新组织页并移动它们到数据库文件的起始位置。

📢 进阶提升

1. 选择题。

（1）下列数据库中，（   ）数据库作为系统数据库，其作用是系统运行时用于保存临时数据，称为临时数据库。

　A. distribution　　　　B. master　　　　　C. msdb　　　　　D. tempdb

（2）下列数据库文件中，（   ）在创建数据库时是可选的。

　A. 日志文件　　　　B. 主要数据文件　　C. 次要数据文件　　D. 都不是

（3）创建数据库时，（   ）参数是不能进行设置的。

　A. 日志文件存放地址　　　　　　　　B. 是否收缩

　C. 数据文件名　　　　　　　　　　　D. 初始值

（4）在设置数据库参数时，可以通过设置"限制访问"来规定用户访问类型，（   ）参数是说明数据库只有管理员角色和特定的成员才能访问该数据库。

　A. Multiple　　　　　B. Single　　　　　C. Restricted　　　D. 都不是

（5）用于存放数据库表和视图等数据库对象信息的文件为（   ）。

　A. 主数据文件　　　B. 文本文件　　　C. 事务日志文件　　D. 图像文件

(6)如果数据库中的数据量非常大，除了存储在主数据文件外，可以将一部分数据存储在（　　　）。

　　A. 主数据文件　　　　B. 次数据文件　　　C. 日志文件　　　　D. 其他

(7)用户在 SQL Server 2008 中建立自己的数据库属于（　　　）。

　　A. 用户数据库　　　　　　　　　B. 系统数据库

　　C. 数据库模板　　　　　　　　　D. 数据库管理系统

(8)SQL 语言集数据查询、数据操纵、数据定义和数据控制功能于一体，其中，create、drop、alter 语句是实现（　　　）功能。

　　A. 数据查询　　　　B. 数据操纵　　　C. 数据定义　　　　D. 数据控制

(9)下列的 SQL 语句中，（　　　）不是数据定义语句。

　　A. create table　　　　　　　　　B. drop view

　　C. create view　　　　　　　　　　D. grant

(10)下列关于数据库的数据文件叙述错误的是（　　　）。

　　A. 一个数据库只能有一个日志文件

　　B. 创建数据库时，PRIMARY 文件组中的第一个文件为主数据文件

　　C. 一个数据库可以有多个数据文件

　　D. 一个数据库只能有一个主数据文件

2. 填空题。

(1)在数据库的管理过程中，可以使用 SQL 语言来实现，其中＿＿＿＿＿＿＿命令来创建数据库，＿＿＿＿＿＿＿命令来修改数据库，＿＿＿＿＿＿＿命令来删除数据库。

(2)在创建数据库的过程中，＿＿＿＿＿＿＿参数设置数据库的初始值，＿＿＿＿＿＿＿参数设置数据库的最大值，＿＿＿＿＿＿＿参数设置数据库的自动增长率。

(3)在 SQL Server Management Studio 中，右击要操作的数据库，在菜单中选择＿＿＿＿＿＿＿命令创建新的数据库；选择＿＿＿＿＿＿＿命令设置数据库选项；选择＿＿＿＿＿＿＿命令查看数据库定义信息；选择＿＿＿＿＿＿＿命令删除数据库。

(4)在数据库文件中，主数据库文件的扩展名为＿＿＿＿＿＿＿，日志文件的扩展名为＿＿＿＿＿＿＿，次要数据库文件的扩展名为＿＿＿＿＿＿＿。

(5)在使用属性对话框创建数据库时，如果输入的数据库名称为 test，则默认的数据文件名称为＿＿＿＿＿＿＿，默认的事务日志文件名称为＿＿＿＿＿＿＿。

(6)在 SQL Server 2008 中，可以根据数据库的应用类型把数据库分为＿＿＿＿＿＿＿和＿＿＿＿＿＿＿类型。

3. 应用题。

(1)①使用对象资源管理器创建"图书管理"数据库，主要数据文件的名称为"图书管理_Data"，保存到 D 盘的"图书管理数据库"文件夹中，初始大小为 3MB，最大为 100MB，每次自动增长 2MB；日志文件名称为"图书管理_Log"，保存位置与数据文件相同，初始为 3MB，最大 30MB，自动增长 10%。

②使用 SQL 语言，将图书管理数据库的初始大小调整为 10MB。

③使用 SQL 语言，删除上面建立的数据库。

(2)①利用 T-SQL 语句创建"stuDB"数据库，主要数据文件的名称为"stuDB_

data"，保存在 D 盘下的 mydata 的文件夹中，初始大小为 5MB，最大值为 100MB，自动增长 15％；日志文件名称为"stuDB_log"，初始大小为 2MB，自动增长为 1MB。

②利用 TQL 语句，为 stuDB 数据库新添加一个次数据文件，该次数据文件的名称为 studb_dat1，保存在 D 盘下的 mydata 的文件夹中，初始大小默认。

③利用 TQL 语句，将 stuDB 数据库的最大值调整为 150MB。

(3)利用 T-SQL 语句完成以下创建和修改数据库操作：

①建立数据库 sqltest1，数据库文件有两个都保存在 D:/mydata 目录下，文件默认 8MB，按 15％增长；主数据文件在主文件组中，次数据文件 sqltest1_dat1 放在文件组 filegroup_1 中，日志文件也保存在 d:/mydata 目录下，默认大小为 6MB，按 2MB 增长。

②查看新创建的数据库 sqltest1 信息。

③将上面创建的主数据文件默认大小改为 15MB，按 10％增长。

④将次数据文件移除。

⑤向数据库 tsetsql1 添加一个新的文件组 filegroup_2。

⑥向数据库 sqltest1 添加一个新的次数据文件称为 sqltest1_dat2，保存在 D:/mydata 下，其余自定义，该文件属于文件组 filegroup_2。

⑦将文件组 filegroup_2 改名为 filegroup_3。

⑧删除数据库 sqltest1。

互联网＋教学资源

1. 更多课程资源访问(http://www.jpzysql.com)，下载教学视频。

2. 扫描二维码，查看手机端教学资源(http://m.jpzysql.com)，有效实现在线教学互动。

课程手机资源

3. 扫描二维码，关注课程微信公众平台，查看更多数据表操作教学资源及相关视频。

课程微信公众平台资源

4. 云端在线课堂＋教材融合，访问教学平台(http://www.itbegin.com)。

第6章 管理数据表

章 首 语

舍恩伯教授在其著作《大数据时代》中，将大数据定义为全数据（即 n＝All，n 为大数据的大小），其旨在收集和分析与某事物相关的"全部"数据。类似地，Estrin 将小数据定义为"small data where n＝me"，它表示，小数据就是全部有关于我(me)的数据。

由此可以看出，小数据更加"以人为本"，它可以为我们提供更多研究的可能性：能不能通过分析年老父母的集成数据，进而获得他们的健康信息？能不能通过这些集成数据，比较不同的医学治疗方案？如果这些能实现，"你若安好，便是晴天"，便不再是一句空洞的"文艺腔"，而是一席"温情脉脉"的期望。

人，是一切数据存在的根本。小数据之美，蕴藏在书中，书中自有黄金屋，书中自有颜如玉，下一秒便可亲见。

子项目4：学生选课管理系统数据库中数据表的创建与管理

项目概述：SQL Server 2008 中有两类表，一类是系统表，是在创建数据库时由 model 库复制得到的；另一类是用户表。要用数据库存储数据，首先必须创建用户表。所以，汤小米通过第5章的学习，基本掌握了管理数据库方法和基本操作。那么如何在新建的数据库中创建数据表并管理维护数据表中的数据，又成了摆在汤小米同学面前的一项新的任务，那么，就让汤小米同学跟随我们讲解的思路，进入新知识的学习吧。

【知识目标】

1. SQL Server 2008 表的基本概念。

2. 表的创建、修改和删除操作方法及记录的插入、删除和修改操作方法。

3. 索引的基本知识及索引的创建和删除操作方法。

4. 表间关系图。

【能力目标】

1. 能根据项目的逻辑设计应用 SSMS 管理工具和 T-SQL 语句创建表。

2. 能根据项目逻辑设计中完整性规则应用 SSMS、T-SQL 设置表的主码、约束和外码。

3. 能根据逻辑设计设置合适的索引、视图。

4. 能根据项目逻辑设计创建并管理关系图。

5. 通过数据操作规范，培养严谨的科学态度和软件职业素养。

【重点难点】

创建数据表、管理数据表。

【知识框架】

本章知识内容为如何在用户创建的数据库中根据需求创建指定的数据表，并对数据表中的相关数据进行编辑、检索、管理和维护，学习内容知识框架如图 6-1 所示。

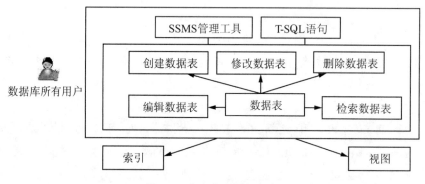

图 6-1　本章内容知识框架

任务 1　创建数据表

▶ 1.1　任务情境

通过第 3 章任务 2 的学习，我们得出了"学生选课管理系统"的关系模型，接下来，我们需要在新创建的 xsxk 数据库中存储 3 张数据表（学生信息表 s，课程信息表 c，成绩信息表 cs）。

▶ 1.2　任务实现

方法 1：利用 SQL Server Management Studio(简称 SSMS)管理工具创建数据表

第 1 步：启动 SSMS，在"对象资源管理器"窗口中，展开"数据库"｜xsxk 数据库结点。

第 2 步：右击"表"结点，选择"新建表"命令，打开表设计器窗口。

第 3 步：在表设计器窗口中，输入的列名、选择数据类型及是否允许为空的情况如表 6-1 至表 6-3 所示。

表 6-1　（学生信息表）s 表的表结构设计

字段名	数据类型/大小	是否主键	是否为空	备注
sno	nvarchar(10)	是	否	学号
sname	nvarchar(10)	否	否	姓名
class	nvarchar(20)	否	否	班级
ssex	nvarchar(2)	否	否	性别
birthday	datetime(默认)	否	否	出生年月
origin	nchar(10)	否	否	籍贯
address	nvarchar(30)	否	否	住址
tel	nvarchar(11)	否	否	电话
email	nvarchar(20)	否	否	邮箱

表 6-2　（课程信息表）c 表的表结构设计

字段名	数据类型/大小	是否主键	是否为空	备注
cno	nvarchar(4)	是	否	课程号
cname	nvarchar(30)	否	否	课程名称
credit	tinyint(默认)	否	否	学分

表 6-3　（成绩信息表）cs 表的表结构设计

字段名	数据类型/大小	是否主键	是否为空	备注
sno	nvarchar(10)	是	否	学号
cno	nvarchar(4)	是	否	课程号
score	int(默认)	否	否	成绩

第 4 步：依据表 6-1、表 6-2、表 6-3 所提供的字段信息，设计 s 表、c 表、sc 表。

第 5 步：右键单击选中"sno"列，在弹出现快捷菜单中选择"设置主键"，设计效果如图 6-2 至图 6-4 所示。

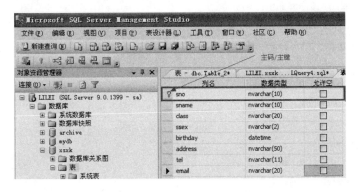

图 6-2　设计 s(学生信息)表

图 6-3　设计 c(课程信息)表

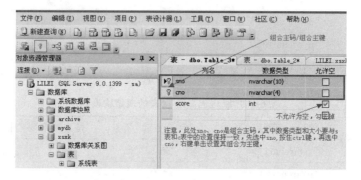

图 6-4　设计 sc(成绩信息)表

方法 2：利用 T-SQL 语句创建数据表

在"新建查询"的窗口中输入如下代码：

```
/*创建 s 表的 T-SQL 语句*/
use xsxk   /*打开 xsxk 数据库*/
go
create table s(
sno nvarchar(10)not null,
sname nvarchar(10)not null,
class nvarchar(20)not null,
ssex nvarchar(2)not null,
origin nchar(10)not null,
birthday smalldatetime not null,
address nvarchar(50)not null,
tel nvarchar(11)not null,
email nvarchar(20)not null,
primary key(sno))
/*创建 c 表的 T-SQL 语句*/
create table c(
cno nvarchar(4)not null,
cname nvarchar(20)not null,
credit tinyint not null,
primary key(cno))
```

```
/＊创建 sc 表的 T-SQL 语句＊/
create table sc(
sno nvarchar(10)not null,
cno nvarchar(4)not null,
score int not null,
primary key(sno,cno))
```

▶ 1.3 相关知识

1.3.1 什么是表

表是关系模型中表示实体的方式，是用来组织和存储数据、具有行列结构的数据库对象，数据库中的数据或者信息都存储在表中。表的结构包括列（Column）和行（Row）。列主要描述数据的属性，而行是组织数据的单位。每行都是一条独立的数据记录，而每列表示记录中相同的一个元素。在使用时，经常对表中行按照索引进行排序或在检索时使用排序语句。列的顺序也可以是任意的，对于每一个表，用户最多可以定义 1024 列，在一个表中，列名必须是唯一的，即不能有同名的两个或两个以上的列同时存在于一个表中。但是，在同一个数据库的不同表中，可以使用相同的列名。在定义表时，用户必须为每一个列指定一种数据类型。

特别提示：

(1)表中行的顺序可以任意的。

(2)表中列的顺序也可以任意的。

(3)在一个表中，列名必须是唯一的，即不能有名称相同的两个或者两个以上的列同时存在于一个表中。

(4)同一个数据库中，不同的数据表中，可以使用相同的列名。

1.3.2 表的类型

在 SQL Server 2008 系统中，可以把表分为 4 种类型，即普通表、分区表、临时表和系统表。每一种类型的表都有其自身的作用和特点。

1. 普通表

普通表又称为标准表，就是通常提到的作为数据库中存储数据的表，是最经常使用的表的对象，也是最重要的、最基本的表。普通表通常简称为表。其他类型的表都是有特殊用途的表，它们往往是在特殊应用环境下，为了提高系统的使用效率而派生出来的表。

2. 分区表

分区表是将数据水平划分成多个单元的表，这些单元可以分散到数据库中的多个文件组里面，实现对单元中数据的并行访问。如果表中的数据量非常庞大，并且这些数据经常被以不同的使用方式来访问，那么建立分区表是一个有效的选择。分区表的优点在于可以方便地管理大型表，提高对这些表中数据的使用效率。

3. 临时表

临时表，顾名思义，是临时创建的，不能永远存在的表。临时表又可以分为本地临时表和全局临时表。本地临时表的名称以单个数字符号"♯"打头，它们仅对当前的用户连接是可见的，当用户从数据实例断开连接时被删除；全局临时表的名称以两个数字符号"♯♯"打头，创建后对任何用户都是可见的，当所有引用该表的用户从数据库断开连接时被删除。

4. 系统表

系统表与普通表的主要区别在于，系统存储了有关数据库服务器的配置、数据库设置、用户和表对象的描述系统信息。一般来说，只能由数据库管理人员（DBA）来使用该表。

1.3.3 数据类型

计算机中的数据有两种特征：类型和长度，其中，数据类型是指数据的种类。当为字段指定数据类型时，需要提供对象包含的数据种类：对象所存储值的长度或大小。对于数字数据而言，可能还需要指定数值的精度和数值的小数位数。下面列举 SQL Server 2008 中最常用的数据类型。

1. 数值类型（包括整型和实型两类）

（1）tinyint：占 1 字节的存储空间，存储数据范围为 $0\sim255$ 的所有整数。

（2）smallint：占 2 字节的存储空间，存储数据范围为 $-2^{15}\sim2^{15}-1$ 的所有整数。

（3）int：占 4 字节的存储空间，存储数据范围为 $-2^{31}\sim2^{31}-1$ 的所有整数。

（4）bigint：占 8 字节的存储空间，存储数据范围为 $-2^{63}\sim2^{63}-1$ 的所有整数。

（5）decimal(p, [, s])：小数类型，p 为数值总长度即精度，包括小数位数但不包括小数点，范围为 $1\sim38$；s 为小数位数，默认时为 decimal(18, 0)，占 $2\sim17$ 字节的存储空间，存储数据范围为 $-10^{38}-1\sim10^{38}-1$ 的数值。

（6）numeric(p[, s])：与 decimal(p, [, s])等价。

（7）float[(n)]：浮点类型，占 8 字节的存储空间，存储数据范围为 $-1.79E-308\sim1.79E+308$ 之间的数值，精确到第 15 位小数。

（8）real：浮点类型，占 4 字节的存储空间，存储数据范围为 $-3.40E-38\sim3.40E+38$ 之间的数值，精确到第 7 位小数。

2. 字符串类型

（1）char(n)：定长字符串类型，默认为 char(10)。参数 n 为长度，范围为 $1\sim8000$，如果字符数大于 n 则系统自动截断超出的部分，反之，则系统会自动在末尾添加空格。

（2）varchar[(n)]：变长字符串类型，默认为 varchar(50)，其存储长度为实际长度，即自动删除字符串尾部空格后存储。

（3）text：文本类型，专门用于存储数量庞大的变长字符数据，存储工度超过 char(8000)的字符串，理论范围为 $1\sim2^{31}-1$ 字节，约 2GB。

3. Unicode 字符数据类型

Unicode 是一种在计算机上使用的字符编号。它为每种语言中的每个字段设定了统一并唯一的二进制编码，以满足跨语言、跨平台进行文本转换、处理的要求。SQL Server 2008 中 Unicode 字符数据类型包括 nchar、nvarchar、ntext 等。

(1)nchar：其定义形式为 nchar(n)，它与 char 数据类型类似，不同的是 nchar 数据类型 n 的取值范围为 1～4000。

(2)nvarchar：其定义形式为 nvarchar(n)。与 varchar 数据类型类似，nvarchar 数据类型也采用 unicode 标准字符集，n 的取值范围为 1～4000。

(3)ntext：与 text 数据类型类似，存储在其中的数据通常是直接能输出到显示设备上的字符，显示设备可以是显示器、窗口或者打印机。ntext 数据类型采用 unicode 标准字符集，最大长度可以达到 $2^{30}-1$ 个字符。

4. 逻辑类型

Bit：占 1 字节的存储空间，其值为 0 或 1。当输入 0 和 1 以外的值时，系统自动转换为 1。通常存储逻辑量，表示真与假。

5. 二进制类型

(1)binary[(n)]：定长二进制类型，占 n＋4 字节的存储空间，默认时为 binary(50)。其中，n 为数据长度，范围为 1～8000。

(2)varbinary[(n)]：变长二进制类型，默认时为 varbinary(50)。也 binary 不同的是，varbinary 存储的长度为实际长度。

(3)image：大量二进制类型，实际也是为长二进制类型。通常用于存储图形等 OLE 对象，理论范围为 1～$2^{31}-1$ 字节。

6. 日期时间类型

日期时间类型数据同时包含日期和时间信息，没有单独的日期类型或时间类型。

(1)datetime：占 8 字节的存储空间，范围为 1753 年 1 月 1 日—9999 年 12 月 31 日，精确到 1/300 秒。

(2)smalldatetime：占 4 字节的存储空间，范围为 1900 年 1 月 1 日—2079 年 12 月 31 日，精确到分。

7. 货币类型

(1)money：占 8 字节的存储空间，具有 4 位小数，存储的数据范围为 $-2^{63}\sim2^{63}-1$ 的数值，精确到 1/10000 货币单位。

(2)smallmoney：占 4 字节的存储空间，具有 4 位小数，存储的数据范围为 $-2^{31}\sim2^{31}-1$ 的数值。

特别提示：

(1)字符串类型常量两端应加单引号。

(2)由于 varchar 类型的数据长度可以变化，处理时速度低于 char 类型数据，所以，存储长度大于 50 的字符串数据才应定义为 varchar 类型。

(3)二进制类型常量以 ox 作为前缀。

(4)日期时间类型常量两端应加单引号。

(5)货币类型常量应以货币单位符号作前缀，默认为"Y"。

1.3.4　创建表的语法结构

Create table [<数据库名>.]<表名>

(<列名><数据类型>[<列级完整性约束>][,…n]

[<表级完整性约束>])

说明：＜＞代表必填项。

[]代表可选填项。

[，…n]代表可有多个列表项。

完整性约束包括：

(1)键完整性约束(Primary)：保证列值的唯一性，且不允许为 Null。

(2)一完整性约束(Unique)：保证列值的唯一性。

(3)键完整性约束(Foreign)：保证列的值只能以参照表的主键或唯一键的值或 Null。

(4)空完整性约束(Not Null)：保证列的值非 Null。

(5)默认完整性约束(Default)：指定列的默认值。

(6)查完整性约束(Check)：指定列取值的范围。

【课堂实例 6-1】利用 T-SQL 语句，在图书管理系统(tsgl)数据库中建立一个图书表 Book，它由图书编号 Bno、书名 Title、作者 Author、出版社 Press、定价 Price 五个属性组成，其中图书编号不能为空，值是唯一的。

注意：先利用 SSMS 管理工具，创建一个 tsgl 的数据库后再在"新建查询"窗口中输入如下语句：

```
use tsgl
go
create table Book
(Bno char(10)primary key,
Title char(30)not null,
Author char(10)not null,
Press varchar(50)null,
Price decimal(4,1)null)
```

【课堂实例 6-2】利用 T-SQL 语句在图书管理系统(tsgl)数据库中建立一个读者表 Reader，它由借书证号 Rno、姓名 Name、性别 Sex 三个属性组成，其中 Rno 为主码，非空；其余字段非空。

```
use tsgl
go
create table Reader(
Rno char(10)primary key,
Name char(10)not null,
Sex char(2)not null)
```

【课堂实例 6-3】利用 T-SQL 语句在图书管理系统(tsgl)数据库中创建借书表 BR，应用课堂实例 6-1、课堂实例 6-2 的基础上，它由借书证号 Rno、图书编号 Bno、借出日期 ODate、应还日期 IDate 四个属性组成，主码为(Bno，Rno)。

```
use tsgl
go
create table BR(
Bno char(10)not null,
```

Rno char(10)not null,

ODate smalldatetime,

IDate smalldatetime,

constraint pk_Bno_Rno

primary key(Bno,Rno))

特别提示：

如果创建 BR 表时，就已经设置了外键，父表与子表之间的对应关系，如图 6-5 所示。

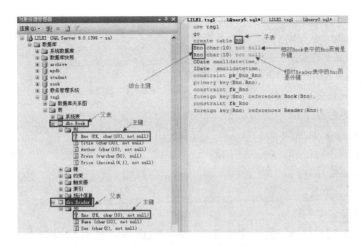

图 6-5　创建子表设置外键

【**课堂实例 6-4**】利用 T-SQL 语句在 D:\mydata 文件夹下创建一个数据库 student，该数据库的主数据文件的逻辑名称 student _ data，实际文件名 student _ data. mdf，数据库的日志文件的逻辑名 student _ log，实际文件名是 student _ log. ldf，其余设置均为默认。在该数据库中创建一个"学生"的数据表，包含学号、姓名、性别、年龄、民族、邮箱、备注等信息，各字段的设计如表 6-4 所示。

表 6-4　"学生"表的表结构设计

字段名	数据类型/大小	是否主键	是否为空
学号	char(10)	是	否
姓名	char(10)	否	否
性别	char(2)	否	否
年龄	smallint	否	否
民族	char(10)	否	否
邮箱	char(20)	否	否
备注	text	否	是

要求：

(1)学号、姓名、性别、年龄、民族、邮箱等信息不能为空，备注信息可以为空。

(2)年龄的范围在 18～25 岁。

（3）给学号列定义一个主键约束。

（4）为姓名列字义唯一性约束。

（5）民族列默认字段值为"汉"，性别列默认值为"男"。

```
/＊创建 student 数据库＊/
create database student
on(name＝student_data,
filename='d:\mydata\student_data.mdf')
log on(name＝student_log,
filename='d:\mydata\student_log.ldf')
/＊在 student 数据库中创建学生数据表＊/
create table 学生
(学号 char(10)not null,
姓名 char(10)unique not null,
性别 char(2)default('男')not null,
年龄 smallint check(年龄 between 8 and 25)not null,
民族 char(10)default('汉')not null,
邮箱 char(20)not   null,
备注 text null,
primary key(学号))
```

【课堂实例 6-5】在 xsxk 数据库中创建 class 数据表，其表结构如表 6-5 所示。

表 6-5　（班级信息表）class 表的表结构设计

字段名	数据类型/大小	是否主键	是否为空	备注
classname	nvarchar(20)	是	否	班级名称
classpro	text	否	是	班级简介
classnum	int(默认)	否	否	班级人数

```
/＊创建 class 数据表＊/
create table class
(
classname nvarchar(20)not null,
classpro text,
classnum int,
primary key(classname)
)
```

任务 2　修改数据表

▶ 2.1　任务情境

通过本章任务 1 的学习，汤小米能熟练的应用 SSMS 管理工具或 T-SQL 语句在指定的数据库中创建所需的数据表，不过，在实践过程中小米因为粗心，将有些数据表中的字段类型和大小输错，还出现了漏输表中字段、忘记设置表中完整性约束条件等错误，在我们的提醒与帮助中汤小米很顺利地解决这些问题。但目前遇到的一个非常特殊的情况，汤小米想让学生信息表（s）中的学号（sno）字段的数据类型能自动编号，初始值从 1001 开始。接下来，就让我们一起来帮助汤小米解决这个问题。

▶ 2.2　任务实现

方法 1：利用 SSMS 管理工具修改数据表

第 1 步：启动 SSMS 管理工具，展开"对象资源管理器"窗格中所需操作的数据库 xsxk 中的"表"，右键单击选中的"s"表，弹出表设计器，如图 6-6 所示的对话框。

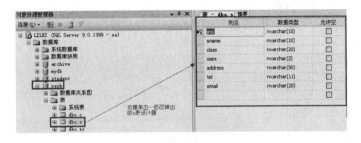

图 6-6　修改表 s 的表结构

第 2 步：选中 sno 字段，将其数据类型改为 int 类型。

第 3 步：在下面的列属性栏中，展开标识规范，将"是标识"改为"是"，标识增量设置为"1"，标识种子设置为"1001"，如图 6-7 所示。保存表 s，即完成了修改。

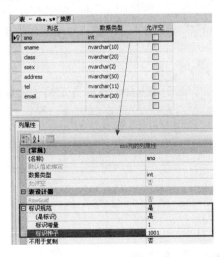

图 6-7　修改表 s 的列 sno

方法 2：利用 T-SQL 语句修改数据表

在 T-SQL 语句中不能直接修改为标识列：可以先加新的标识列，再设置允许修改标识列，然后用原来的字段值填充标识列并删除原字段，最后对字段改名。在"新建查询"窗口中输入以下 T-SQL 语句：

```
/*创建新的字段 sno1,设置该字段自动编号,标识种子为 1001,标识增量为 1*/
use xsxk
go
alter table s
add    sno1 int   identity(1001,1)

/*删除原数据表 s 中的字段 sno*/
alter table s
drop column sno

/*将新创建的 sno1 字段改名为 sno*/
use xsxk
go
sp_rename's. sno1','sno'

/*设置字段 sno 为主码*/
alter table s
add
constraint pk_sno

primary key(sno)
```

特别提示：

将一个列作为表中的标识列，可以利用属性窗口进行设置。此时，需要将该列的"标识规范"设置为"是"，同时设置"标识增量"和"标识种子"，当然，该列的数据库类型一定要设置为整型（tinyint 、smallint、int 或 bigint）。也可以使用 T-SQL 语句定义列的 identity 属性，格式如下：

```
Identity(标识种子,标识增量)
```

例如：新设计一个简单的员工信息表，要求员工编号为标识列，标量处子为 2，标量增量为 2，具体代码如下：

```
create table 员工信息(
员工编号 int identity(2,2),
员工姓名 char(10))
```

▶ 2.3 相关知识

2.3.1 修改数据表的语法结构

1. 增加字段

```
alter table <表名> add(字段 1 约束,字段 1 约束,…)
```

2. 删除字段

```
alter table 表名 drop column   字段名[cascade];
```

3. 增加约束

(1)要增加一个约束，使用表约束语法。比如(以 s、c、sc 表为例)：

    alter table s add check(sname <>")：s 表中增加 sname 字段非空检查约束。

    alter table s add constraint uq_name unique(sname)：设置 sname 为唯一性约束。

    alter table sc add foreign key(sno)references s(sno)：sc 表中设置外键约束

    alter table s add constraint df_sex default('男')for ssex：s 表中设置默认约束

(2)要增加一个表约束的非空约束，使用下面语法：

    alter table s alter column email varchar(30)not null；

这个约束将立即进行检查，所以表在添加约束之前必须符合约束条件。

4. 删除约束

(1)要删除一个约束，你需要知道它的名字。如果你给了它一个名字，那么事情就好办了。否则系统会分配一个生成的名字，这样你就需要把它找出来了。

(2)alter table s drop constraint df _ sex。如果你在处理一个已经设置好的约束名，别忘了需要给它添加双引号，让它成为一个有效的标识符。

(3)和删除字段一样，如果你想删除有着被依赖关系地约束，你需要用 postcade。一个例子是某个外键约束依赖被引用字段上的唯一约束或者主键约束。

(4)除了非空约束外，所有约束类型都这么用。要删除非空类型，用如下命令：

    alter table s alter column ssex drop not null。(要记得非空约束没有名字。)

5. 改变一个字段的缺省值

(1)要给一个字段设置缺省值，使用下面这样的命令：

    alter table c

    add constraint dk_credit default 3 for credit

请注意这么做不会影响任何表中现有的数据行，它只是为将来 insert 命令改变缺省值。

(2)要删除缺省值，用下面的命令：

    alter table c   drop dk_credit

这样实际上相当于把缺省设置为空。结果是，如果我们删除一个还没有定义的缺省值不算错误，因为缺省隐含就是空值。

6. 修改一个字段的数据类型

alter table s alter column sno char(10)。(此代码执行正确的前提条件是 sno 字段在各个表中没有任何约束条件。)

只有在字段里现有的每个项都可以用一个隐含的类型转换转换城新的类型时才可能成功。如果需要更复杂的转换，你可以增加一个 USING 子句，它声明如何从旧值里计算新值。

7. 给字段改名字

    sp_rename'Book. Bno','bno'

8. 给表改名字

    sp_rename'Book','book'

2.3.2   数据的完整性约束

所谓数据完整性约束，就是指存储在数据库中的数据的正确性和一致性。设计数据完整性的目的是为了保证数据库中数据的质量，防止数据库中存在不符合规定的数据，防止错误信息的输入与输出。例如 xsxk 数据库的 s 表（学生）、c 表（课程）和 sc 表（成绩）中应有如下的约束：

(1)在 s 表中，sno（学生的学号）必须唯一，不能重复。

(2)在 s 表中，sname（学生的姓名）不能为空。

(3)在 c 表中，cno（课程的编号）必须唯一，不能重复。

(4)在 c 表中，cname（课程的名称）不能为空。

(5)在 sc 表中，score（成绩）不能为负，若为百分制也不能大于 100。

(6)在 sc 表中，sno 和 cno 应分别在 s 表和 c 表中存在。

(7)在 s 表中，ssex（性别）的默认值可设置为"男"。

关系模型中有四类完整性约束：实体完整性、参照完整性、域完整性和用户自定义完整性。

- 实体完整性

一个基本关系通常对应现实世界的一个实体集。例如学生关系对应学生的集合。现实世界中的实体是可区分的，即它们具有某种唯一性标识。比如：xsxk 数据库中的 s 表，sno 取值必须唯一，否则重复的学号将造成学生记录的混乱。

- 参照完整性

参照完整性就是涉及两个或两个以上的关系的一致性维护。例如，在 xsxk 数据库中，sc 表通过 cno、sno 将某条成绩记录和它所涉及的学生、课程联系起来。sc 表中的 cno 必须在 c 表中存在；sc 表中的 sno 必须在 s 表中存在，否则，记录学生成绩的这条记录引用了一个并不存在的学生或课程，这样的数据是没有意义的。

- 域完整性

域完整性是对表中的某数据的域值使用的有效性的验证限制，例如在 sc 表中，score 成绩字段，必须大于等于 0，若为百分制还不能大于 100。

- 用户自定义的完整性

用户自定义完整性是针对某一具体关系数据库的约束条件，它反映某一具体应用所涉及的数据必须满足的语义要求。

所以，SQL Server 提供了一系列在列上强制数据完整性的机制，如各种约束条件、规则、默认值、触发器、存储过程等。那我们将如何利用约束条件实现数据的完整性呢？

1. 主键完整性约束（Primary）

主键完整性约束在表中定义一个主键来唯一确定表中每一行数据的标识符，即非空、唯一。当然，主键也可以由多个列组成，某一列上的数据可以重复，但是几个列的组合值必须是唯一的。而文本和图形数据类型的数据量太大，所以不能创建主键。例如：如果 Book 表中在创建的时候忘记设置主键了，该如何修改呢？

方法 1：利用 SSMS 管理工具创建主键

找到指定的数据库中的表 Book，将鼠标定位在 Bno 处右键单击，在弹出的快捷菜单中选择"设置主键"命令，则该列就被设置为主键，并在该列的开头会出现 图标；再次右键单击该字段，弹出的快捷菜单中选择"移除主键"命令，将取消对该列的主键约束。

方法 2：利用 T-SQL 语句创建主键

定义主键的语法结构如下：

```
constraint 约束名
primary key(列名 1[,列名 2……列名 16])
    use tsgl
    go
    alter table Book
    add
    constraint pk_Bno
    primary key(Bno)
```

2. 外键完整性约束（Foreign key）

外键完整性约束主要用来维护两个表之间的一致性关系。在创建外键完整性约束的时候，一定要保证父表中被引用的列必须唯一，同时父表中的被引用的列与子表中的外键列数据类型和长度必须相同，否则不能创建成功，也会产生错误的提示。例如，在课堂实例 6-1、课堂实例 6-2 的基础上，创建一个借书表 BR，它由借书证号 Rno、图书编号 Bno、借出日期 ODate、应还日期 IDate 四个属性组成，主码为（Bno，Rno）。

方法 1：利用 SSMS 管理工具创建外键

第 1 步：启动 SSMS 管理工具。

第 2 步：在"对象资源管理器"窗口中选中需要操作的数据库，展开后右键单击"表"|"新建表"，弹出新建表窗格，按要求输入字段名、类型及大小。

第 3 步：设置主键，选中 Bno 所在的列，按住 Ctrl 键，再选中 Rno 所在的列，右键单击，"设置主键"。

第 4 步：选中"表设计器"菜单 |"关系"，弹出"外键关系"对话框，单击"添加"按钮，如图 6-8 所示。

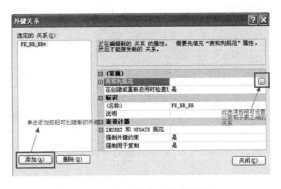

图 6-8　"外键关系"对话框

第 5 步：单击"表和列规范"所有行右侧的"选项"按钮，弹出设置"表与列"即"父表与子表间的外键对应关系"对话框，设置两个外键：FK_Bno、FK_Rno，如图 6-9、图 6-10 所示。

第 6 步：确定之后，成功创建两个的外键如图 6-11 所示，即完成设计要求。

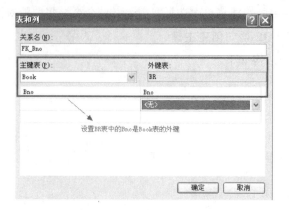

图 6-9　创建 **FK _ Bno** 外键

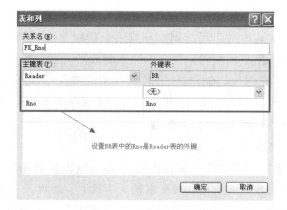

图 6-10　创建 **FK _ Rno** 外键

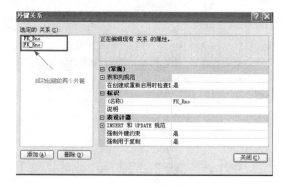

图 6-11　设置成功的外键关系

方法 2：利用 T-SQL 语句创建外键

```
use tsgl
go
alter table BR
add
constraint fk_Bno
```

```
foreign key(Bno) references Book(Bno),
constraint fk_Rno
foreign key(Rno) references Reader(Rno)
```

3. 唯一完整性约束(Unique)

唯一完整性约束主要是用来确保不受主键约束的列上的数据的唯一性。但唯一完整性约束主要作用在非主键的一列或多列上，并且唯一完整性约束允许该列上存在空值，而主键则不允许出现。所以，现要求将 tsgl 数据库中的 Book 表中的书名 Title 字段设置为唯一完整性约束。

方法 1：利用 SSMS 创建唯一完整性约束

第 1 步：启动 SSMS 管理工具，展开"对象资源管理器"窗格中所需操作的数据库 tsgl 中的"表"，右键单击选中的"Book"表，选择"修改"，打开表设计器。

第 2 步：选中"Titel"列，单击"表设计器"菜单下的"索引/键"命令，打开"索引/键"对话框，在该对话框中选择要建立唯一完整性约束的列 Title，并单击"确定"按钮，将右侧网络中的"是唯一的"属性改为"是"，同时将索引名称修改为 uq _ title。最后单击"关闭"按钮，完成唯一完整性约束的创建工作，如图 6-12 所示。

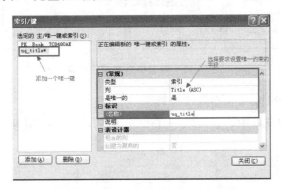

图 6-12　设置唯一完整性约束

方法 2：利用 T-SQL 语句创建唯一完整性约束

在"新建查询"的窗口中，输入以下 T-SQL 语句，执行后即可完成设置唯一完整性约束的工作。

```
use tsgl
go
alter table Book
add constraint uq_Title unique(Title)
```

4. 检查完整性约束(Check)

检查完整性约束可以限制列上可以接受的数据值，它就像一个过滤器依次检查每个要进入数据库的数据，只有符合条件的数据才允许通过。例如，在 tsgl 数据库中的 Book 数据表中，限制一本书的定价在 10.0～999.9，就可以在"定价(Price)"列上设置 Check 约束，确保定价的有效性。

方法 1：利用 SSMS 创建检查完整性约束

第 1 步：启动 SSMS 管理工具，展开"对象资源管理器"窗格中所需操作的数据库

tsgl 中的"表"，右键单击选中的"Book"表，选择"修改"，打开表设计器。

第 2 步：选中"Price"列，单击"表设计器"菜单下的"CHECK 约束"命令，打开 "CHECK 约束"对话框，单击"添加"按钮，此时添加一个 Check 约束，该索引以系统 提供的名称显示在"选定的 Check 约束"列表中，名称格式为 CK _ Book，其中 Book 是 所选表格的名称。

第 3 步：单击右侧网格中的"表达式"，再单击属性右侧出现的省略号按钮"…"，打开"CHECK 约束表达式"对话框。在该对话框中输入表达式"Price≥10.0 and Price ≤999.9"，并单击"确定"按钮，即完成了创建的检查约束的操作，如图 6-13 所示。

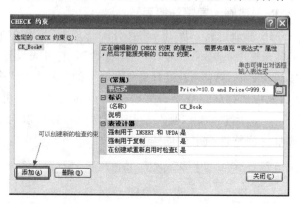

图 6-13　设置检查完整性约束

方法 2：利用 T-SQL 语句创建检查约束

在"新建查询"的窗口中，输入以下 T-SQL 语句，执行后即可完成设置检查性约束 的工作。

```
use tsgl
go
alter table Book
add constraint ck_Book check(Price≥10.0 and Price ≤999.9)
```

5. 默认完整性约束(Default)

默认约束指在输入操作中没有提供输入值时，系统将自动提供某列的默认值。例 如，在 tsgl 数据库的 Book 数据表中，设置 Press 列(出版社)的默认值为"北京师范大 学出版社"。

方法 1：利用 SSMS 创建默认完整性约束

第 1 步：启动 SSMS 管理工具，展开"对象资源管理器"窗格中所需操作的数据库 tsgl 中的"表"，右键单击选中的"Book"表，选择"修改"，打开表设计器。

第 2 步：选中"Press"字段列，在对应的列属性设置中的"默认值或绑定"文本框中 输入默认的表达式："北京师范大学出版社"，保存表修改即可，如图 6-14 所示。

图 6-14　设置默认完整性约束

方法 2：利用 T-SQL 语句创建默认完整性约束

在"新建查询"的窗口中，输入以下 T-SQL 语句，执行后即可完成设置默认完整性约束的工作。

```
use tsgl
go
alter table Book
add constraint df_Press default('北京师范大学出版社')for Press
```

【课堂实例 6-6】对已经创建成功的 s、c、sc 表进行修改，具体要求有：

(1)在表 s 中增加新的列 postcode、ssex、email，数据类型分别为：字符型，长度 6；字符型，长度 2；字符型，长度 30。

```
alter table s add postcode char(6)
alter table s add ssex char(2)
alter table s add email varchar(30)
```

(2)设置表 sc 中的列 sno、cno 分别为外键。

```
alter table sc
add constraint fk_sno foreign key(sno)references s(sno)
add constraint fk_cno foreign key(cno)references c(cno)
```

(3)对于表 s，定义 sname 为非空完整性约束，ssex 为默认完整性约束(默认值"男")，email 为唯一完整性约束。

```
alter table s
add constraint ck_sname check(sname! ='')
alter table s add constraint dk_ssex default('男')for ssex
alter table s add constraint uk_email unique(email)
```

(4)为表 sc 的列 score 增加约束，范围在 0～100。

```
alter table sc
add constraint ck_score check(score>=0 and score<=100)
```

(5)设置表 s 中的 class 为外键约束。

```
alter table s
add constraint fk_class foreign key(class) references class(classname)
```

SQL Server 数据库项目化教程

 课堂实训 3：数据的完整性约束（扫封面二维码查看）

任务 3　删除数据表

▶ 3.1　任务情境

通过本章任务 2 的学习，汤小米能熟练地应用 SSMS 管理工具或 T-SQL 语句在指定的数据库中修改所需的数据表，不过，因为有些数据表创建时候只是为了测试使用，于是，汤小米同学想将不用的表，或多余的字段、完整性约束删除。例如，给 xsxk 数据库中的数据表 s 中添加一个 postcode 的字段，再将此字段作删除操作。接下来，让我们一起与汤小米同学共同完成的。

▶ 3.2　任务实现

方法 1：利用 SSMS 管理工具删除数据表中的列

第 1 步：启动 SSMS 管理工具，在"对象资源管理器"窗格中，展开数据库至所需 xsxk 结点，右键单击 s 表，在弹出的快捷菜单中选择"修改"命令，进入表设计器窗口，输入需要添加的字段，如图 6-15 所示。

图 6-15　添加新字段

第 2 步：展开 xsxk 数据库结点，展开数据表 s 结点，找到新添加的 postcode 字段，右键单击，在弹出的快捷菜单中选择"删除"命令，如图 6-16 所示，即可完成对此字段的删除工作。

注意：在"对象资源管理器"中对其他表、列或约束的删除，也可参考此方法。

图 6-16　删除字段

134

方法 2：利用 T-SQL 语句删除数据表中的列

在"新建查询"的窗口中，输入以下 T-SQL 语句，执行后即可完成删除字段的
工作。

```
/＊添加 postcode 字段＊/
use xsxk
go
alter table s
add    postcode char(6)not null
/＊删除 postcode 字段＊/
alter table s
drop column postcode cascade
```

▶ 3.3 相关知识

1. 删除表的语法结构

```
drop table ＜表名＞
```

例如：删除 xsxk 数据库中的 s 表：

```
drop table s
```

注意：删除前请做好备份，否则无法恢复。

2. 删除列的语法结构

```
drop column ＜列名＞cascade
```

例如：删除 xsxk 数据库中 c 表的 credit 字段(列)：

```
drop column credit cascade
```

注意：cascade 选项表示将列和列中的数据删除，而不管其他对象是否引用这
一列。

3. 删除主键(外键等)约束的语法结构

```
drop constraint ＜主键名称＞
```

例如：删除 xsxk 数据库中 c 表的主键。

```
/＊创建 c 表中的主键 cno＊/
use xsxk
go
alter table c
add constraint pk_cno primary key(cno)

/＊删除 c 表中的主键约束＊/
use xsxk
go
alter table c
drop constraint pk_cno
```

注意：删除约束的方法都是一样的，只不过在删除约束之前，需要知识约束名称。

课堂实训4：管理数据表（扫封面二维码查看）

任务4 插入数据

▶ 4.1 任务情境

通过本章任务1～3的学习，汤小米同学能熟练地应用SSMS管理工具或T-SQL语句对数据表结构进行操作，接下来就是如何向表中插入数据、修改数据和删除数据了，当然这又是一个新知识，对于汤小米同学来说，又将面临新的学习任务。前面我们创建的xsxk数据库中包含3张数据表（没有记录），于是，我们下面所要完成的任务就是向这3张空表中插入数据。

▶ 4.2 任务实现

方法1：利用SSMS管理工具给s表中插入一条记录

第1步：启动SSMS，单击左侧窗口要编辑的表所在数据库中的"表"结点，指向右侧窗口中要编辑记录的表，单击鼠标右键，从弹出的快捷菜单中选择"打开表"命令，打开如图6-17所示的对话框。

表 - dbo.s						
sno	sname	class	ssex	address	tel	email
NULL	NULL	NULL	NULL	NULL	NULL	NULL

图6-17 表中的数据窗口

第2步：如果需要插入数据，直接录入即可；如果需要修改记录，可以单击记录第1列前的按钮选中该记录，按Del键；如果需要修改数据，可以单击或将光标移至需要修改的位置，直接修改。

第3步：编辑完毕后，单击"关闭"按钮，保存编辑结果。

方法2：利用T-SQL语句给s表中插入一条记录

打开"新建查询"窗口，输入以下代码，实现数据的插入。

```
use xsxk
go
insert into s(sno,sname,class,ssex,adress,tel,email)values('2013010102',    '赵三全','11计算机网络技术','男','杭州上城区','13456789876','zsq@126.com')
```

▶ 4.3 相关知识

4.3.1 insert语句的语法结构

insert语句是用于向数据表中插入数据的最常用方法。使用insert语句向表中插入数据的方式有两种,一种是使用 Values 关键字直接给各列赋值,另一种是使用 select 子句,从其他表或视图中取数据插入到表中。

格式一:

　　Insert [into]表名或视图名[列名列表]

　　Values

(数据列表)

该语句完成将一条新记录插入一个已经存在的表中,其中,值列表必须与列名表一一对应,如果省略列名表,则默认表的所有列。

格式二:

　　insert [into]<目标表名>[(<列名表>)]

　　select <列名表>from <源表名>where <条件>

该语句完成将源表中所有满足条件的记录插入目标表。其中,目标表的列名表必须与源表的列名表一一对应,如果省略目标表的列名表,则默认目标表的所有列。

特别提示:

(1)输入项的顺序和数据类型必须与表中列的顺序和数据类型相对应。当数据类型不符时,如果按照不正确的顺序指定插入的值,服务器会捕获到一个错误的数据类型。

(2)不能对 identity 列进行赋值。

(3)向表中添加数据不能违反数据完整性和各种约束条件。

4.3.2　使用 insert values 语句

以随书赠送的素材库中的数据库实例:"人事管理系统"为例。

【课堂实例 6-7】插入单条记录:假设来了一位新员工,需要在"人事管理系统"数据库中插入新员工的信息:

　　员工编号:100511;

　　员工姓名:张梅;

　　所在部门编号:10004;

　　籍贯:浙江

在"新建查询"窗口中编写 T-SQL 语句如下:

```
use 人事管理系统
go
insert into 员工信息(员工编号,员工姓名,所在部门编号,籍贯)values('100511','张梅','10004','浙江')
```

【课堂实例 6-8】省略 insert into 子句列表:假设根据业务的需要新增加一个部门"调研部"派出了 6 个员工从事该部门的工作。

在"新建查询"窗口中编写如下代码,执行即可完成操作。

```
use 人事管理系统
go
insert into 部门信息(部门编号,部门名称,员工人数)values(10007,'调研部',6)
```

【课堂实例 6-9】处理 null 值:在"人事管理系统"数据库中,给员工信息表中新增一个员工信息:

　　员工编号:100507

员工姓名：苏娜

所在部门编号：10005

在"新建查询"窗口中编写如下代码，执行即可完成操作。

```
use 人事管理系统
go
insert into 员工信息(员工编号,员工姓名,所在部门编号,所任职位,性别)
values(100507,'沈东阳',10005,null,'')
```

4.3.3 使用 insert select 语句

在"人事管理系统"数据库中创建一个"新员工信息"表，该表包括员工编号、员工姓名、所在部门编号和入职时间 4 列，用于存储临时的新员工信息。

操作前的准备工作：先创建"新员工信息"表（用 T-SQL 语句实现）。

```
create table 新员工信息(
员工编号
员工姓名
所在部门编号
入职时间                                                    )
```

【课堂实例 6-10】将"人事管理系统"数据库中的"员工信息"表中的数据插入到新建的"新员工信息"表中。

在"新建查询"窗口中编写 T-SQL 语句如下：

```
/*创建新员工信息表,所选取创建的字段与类型大小与员工信息表一致*/
use 人事管理系统
go
create table 新员工信息(
员工编号 int not null,
员工姓名 varchar(50)not null,
所在部门编号 int null,
入职时间 datetime null)


/*将员工信息表中的信息插入到新员工信息表*/
insert into 新员工信息(员工编号,员工姓名,所在部门编号)
select 员工编号,员工姓名,所在部门编号 from 员工信息
```

【课堂实例 6-11】将"人事管理系统"数据库的"员工信息"表中籍贯为"江苏"并且所在部门编号为 10003 的数据插入到"新员工信息"表中。

在"新建查询"窗口中编写 T-SQL 语句如下：

```
use 人事管理系统
go
insert into 新员工信息(员工编号,员工姓名,所在部门编号)
select 员工编号,员工姓名,所在部门编号 from 员工信息
where 所在部门编号='10003'and 籍贯='江苏'
```

4.3.4 使用 select into 语句创建表

使用 select into 语句可以把任何查询结果集放置到一个新表中，还可以把导入的数

据填充到数据库的新表中。

【课堂实例 6-12】使用 select into 语句将"人事管理系统"数据库中技术部门的员工的简明信息(包括：员工编号、员工姓名、部门名称、所任职位和文化程度)保存到临时表"♯技术部人员"中。

在"新建查询"窗口中编写 T-SQL 语句如下：

```
use    人事管理系统
go
select 员工编号,员工姓名,部门名称,所任职位,文化程度 INTO ♯技术部人员
from 部门信息 join 员工信息
on 员工信息.所在部门编号=部门信息.部门编号
WHERE    部门名称='技术部'
```

【课堂实例 6-13】使用 select into 语句给 s 表、c 表、sc 表、class 表中分别插入图 6-18～图 6-21 中所示的数据。注意：先录入主键表中的信息，再插入外键表中的信息，即外键表中的值来源于主键表。

sno	sname	class	ssex	birthday	origin	address	tel	email
2011010101	李海平	11网络技术	女	1992-04-01	上海	上海虹桥	13900004000	12346@126.com
2011010102	梁海同	11网络技术	男	1992-04-03	北京	北京海淀区	13900007000	14456@126.com
2011010103	庄子	11网络技术	男	1993-12-03	云南	云南昆明市	13900000008	444456@126.com

图 6-18　s 表(学生信息表)的测试数据

cno	cname	credit
c001	计算机文化基础	2
c002	网页设计	4
c003	数据库原理与应用	6

图 6-19　c 表(课程信息表)的测试数据

sno	cno	score
2011010101	c001	70
2011010102	c001	95
2011010103	c001	100
2011010104	c001	67

图 6-20　sc 表(成绩信息表)的测试数据

class	classnum
11会计电算化	0
11网络技术	0
12财务管理	0

图 6-21　class 表(班级信息表)的测试数据

(1)学生信息表中数据插入

insert into s values('2011010101','李海平','11 网络技术','女','1992-04-01','上海','上海虹桥','13900004000','12346@126.com')

insert into s values('2011010102','梁海同','11 网络技术','男','1992-04-03','北京','北京海淀区','13900007000','14456@126.com') insert into s values('2011010103','庄子','11 网络技术','男','1993-12-03','云南','云南昆明市','13900000008','444456@126. com')

（2）课程信息表中数据插入

insert into c values('c001','计算机文化基础',2)

insert into c values('c002','网页设计',4)

insert into c values('c003','数据库原理与应用',6)

（3）成绩信息表中数据插入

insert into sc values(2011010101,c001,70)

insert into sc values(2011010102,c001,95)

insert into sc values(2011010103,c001,100)

insert into sc values(2011010104,c001,67)

（4）班级信息表中数据插入

insert into class(classname,classnum) values('11 会计电算化','0')

insert into class(classname,classnum) values('11 网络技术','0')

insert into class(classname,classnum) values('12 财务管理','0')

任务 5 更新数据

▶ 5.1 任务情境

现在 xsxk 数据库中的 3 张数据表中都有了新的记录，不过，汤小米同学在录入的时候把 s 表中 11 网络技术班的学生性别字段的值输错了（该班级全是男生哦），因此，她想知道有没有更好的方法修改这些信息。下面让我们和她一起操作吧。

▶ 5.2 任务实现

打开"新建查询"窗口，输入下面的代码，实现数据的统一更新。

```
use xsxk
go
update s set ssex='男'where class='11 网络技术'
```

▶ 5.3 相关知识

5.3.1 修改数据的语法格式

当数据插入到表中后，会经常需要修改。要 SQL Server 2008 中，对数据的修改可使用 updata 语句。update 语句由更新的表、要更新的列和新的值及以一个 where 子句形式给出要更新的行三个主要部分组成。update 语句格式如下：

```
update <表名或视图名>
set <更新列名>=<新的表达式值>
[where<条件>]
```

更新和数据的插入操作相同，也有两种实现方法，一是直接赋值进行修改；二是通过 select 语句将要更新的的内容先查询出来，再更新它们，但是要求前后的数据类型和数据个数相同。

5.3.2　应用 update 语句更新数据

以随书赠送的素材库中的数据库实例："人事管理系统"为例。

【课堂实例 6-14】根据表中数据更新行：使用 update 语句，对"人事管理系统"数据库中的"部门信息"表进行操作，将部门的员工人员设置为 10。

```
use 人事管理系统
go
update 部门信息 set 员工人数＝10
```

【课堂实例 6-15】在上述题的基础上，为每个部门在原有基础上增加 3 个人。

```
use 人事管理系统
go
update 部门信息 set 员工人数＝员工人数＋3
```

【课堂实例 6-16】限制更新条件：对"人事管理系统"数据库的"员工信息"表进行操作，将文化程度为"大专"，并且在"2006-05-01"到"2007-05-01"之间入职的所有员工调动到编号是 10005 的部门去。

```
use 人事管理系统
go
update 员工信息
set 所在部门编号＝10005
where 入职时间 between'2006-05-01'and'2007-05-01'
and 文化程度＝'大专'
```

【课堂实例 6-17】更新多列：在"人事管理系统"数据库中对部门进行重组和调整，原来编号为 10005 的部门名称变为"技术部"，人数也调整为 15。

```
use 人事管理系统
go
update 部门信息
set 部门名称＝'技术部',人数＝15
where 部门编号＝10005
```

任务 6　删除数据

▶ 6.1　任务情境

当数据库的添加工作完成之后，随着使用和对数据的修改，表中可能存在一些无用的数据，这些无用的数据不仅占用空间，还会影响修改和查询的速度，所以应及时将它们删除。现在的情况是 xsxk 数据库的 s 表中有一学号为 2012010101 的学生退学了，我们帮助汤小米同学一起来完成吧。

6.2 任务实现

打开"新建查询"窗口，输入下面的代码，实现了数据删除的操作。

```
use xsxk
go
delete from s where sno='2012010101'
```

6.3 相关知识

6.3.1 删除数据的语法结构

在 T-SQL 语句中，使用 delete 语句删除记录，也 insert 语句一样，delete 语句也可以操作单行和多行数据，并可以删除基于其他表中的数据行，语句格式如下：

delete [FROM]<表名或视图名>

[where 条件]

特别提示：

(1)如果 delete 语句中不加 where 子句限制，则表或视图中的所有数据都将被删除。

(2)delect 语句只能删除数据表中的数据，不能删除整个数据表。

(3)drop table 语句才可以实现删除整个表的操作。

6.3.2 应用 delete 语句删除数据

以随书赠送的素材库中的数据库实例："人事管理系统"为例。

【课堂实例 6-18】删除单行数据：假设在"人事管理系统"数据库中，编号为"100503"的新员工升级成为正式员工，需要在"新员工信息"表中删除他的记录。

```
use 人事管理系统
go
delete from 新员工信息 where 员工编号=100503
```

【课堂实例 6-19】删除多行数据：从"新员工信息"表中删除所有在编号为"10003"部门工作的员工记录。

```
use 人事管理系统
go
delete from 新员工信息 where 所在部门编号=10003
```

【课堂实例 6-20】在"人事管理系统"数据库中，删除 20％的新员工信息。

```
use 人事管理系统
go
delete top(20) percent 新员工信息
```

【课堂实例 6-21】在"人事管理系统"数据库中，需要删除员工信息表中前 5 行信息。

```
use 人事管理系统
go
delete top(5)新员工信息
```

【课堂实例 6-22】删除所有行的数据：删除"新员工信息"表里所有的员工记录。

```
use 人事管理系统
go
delete from 新员工信息
```

【课堂实例 6-23】以 xsxk 数据库为例，完成以下操作：

(1)将表 s 的男生记录插入表 s ＿ bak 中，假设表 s ＿ bak 已存在，且结构与表 s 相同。

```
/＊创建一个与 s 表结构相同的 s_bak 表＊/
use xsxk
go
create table s_bak(
sno nvarchar(10) not null,
sname nvarchar(10) not null,
class nvarchar(20) not null,
ssex nvarchar(2) not null,
address nvarchar(50) not null,
tel nvarchar(11) not null,
email nvarchar(20) not null,
primary key(sno)

/＊将 s 表中满足条件的记录插入到 s_bak＊/

insert into s_bak(sno,sname,class,ssex,address,tel,email)
select sno,sname,class,ssex,address,tel,email from s where ssex='男'
```

(2)删除表 s ＿ bak 中的所有男生。

```
use xsxk
go
delete from s_bak
```

(3)将表 s 中学号为"2013010103"的学生住址改为"北京市"，电话改为"13900000000"。

```
use xsxk
go
update s set address='北京市',tel='13900000000'
where sno='2013010103'
```

(4)将所有选修了"c003"课程的学生的成绩加 5 分。

```
use xsxk
go
update sc set score＝score＋5 where cno='c003'
```

 课堂实训 5：管理表中数据（扫封面二维码查看）

任务 7 检索数据

▶ 7.1 任务情境

通过本章任务 4~6 的学习，汤小米掌握了利用 SSMS 管理工具和 T-SQL 语句编辑数据的操作应用，当然了，使用数据库的最基本、最重要的方式就是获取数据，如果想从存储在数据库中的数据中获取（检索）到所需要的重要数据，对于汤小米同学而言这又是一个新的内容了。我们知道检索数据是通过 select 语句来实现的，那么，如何通过 select 语句来检索 s 表中所有女生的信息呢？

▶ 7.2 任务实现

启动 SSMS 管理工具，将所需的 xsxk 数据库，附加至 SQL Server 数据库实例中，打开"新建查询"窗口，输入 T-SQL 语句，实现检索 s 表中所有女生的信息，执行结果如图 6-22 所示。

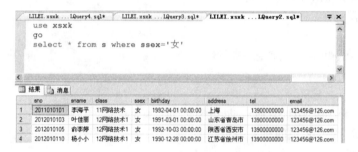

图 6-22 检索 s 表中所有的女生信息

▶ 7.3 相关知识

7.3.1 select 语句的语法结构

SELECT [ALL|DISTINCT]<目标列表达式>[AS 列名][,<目标列表达式>[AS 列名]...]

FROM <表名>[,<表名>...]

[WHERE <条件表达式>[AND|OR<条件表达式>...]

[GROUP BY 列名[HAVING<条件表达式>>

[ORDER BY 列名[ASC |DESC>

解释:[ALL|DISTINCT] ALL:全部;DISTINCT:不包括重复行

<目标列表达式>对字段可使用 AVG、COUNT、SUM、MIN、MAX、运算符等

<条件表达式>

查询条件(谓词):

比较(=、>、<、>=、<=、! =、<>)

确定范围(BETWEEN AND、NOT BETWEEN AND)

确定集合(IN、NOT IN)

字符匹配(LIKE("%"匹配任何长度,"_"匹配一个字符)、NOT LIKE)

空值(IS NULL、IS NOT NULL)

多重条件(AND、OR、NOT)

子查询(ANY、ALL、EXISTS)

集合查询(UNION(并)、INTERSECT(交)、MINUS(差))

<GROUP BY 列名>对查询结果分组

[HAVING<条件表达式>]分组筛选条件

[ORDER BY 列名[ASC |DESC>对查询结果排序;ASC:升序 DESC:降序

7.3.2　简单 select 子句的数据检索

使用 select 子句可以完成显示表中指定列的功能,即完成关系的投影运算。由于使用 select 语句的目的就是要输入检索的结果,所以,输出表达式的值是 select 语句的一项重要的功能。

【课堂实例 6-24】从 xsxk 数据库的 s 表中,检索所有学生的所有信息,在"新建查询"窗口中输入 SQL 语句并执行,如图 6-23 所示。

图 6-23　检索所有列

【课堂实例 6-25】从 xsxk 数据库的 s 表中,检索所有学生年龄(出生年月 birthday,年龄=2013－出生年月中的年份),在"新建查询"窗口中输入 SQL 语句并执行,如图 6-24 所示。

图 6-24　检索所有学生的年龄

【课堂实例 6-26】从 xsxk 数据库的 s 表中,检索出所有学生的学号(sno)、姓名(sname)、电话(tel)和电子邮件(email),在"新建查询"窗口中输入 SQL 语句并执行,如图 6-25 所示。

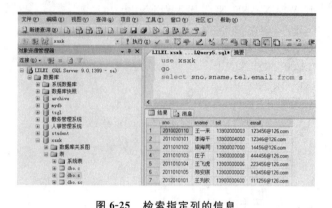

图 6-25　检索指定列的信息

【课堂实例 6-27】从 xsxk 数据库的 s 表中，检索出所有"籍贯"（origin）列的信息，在"新建查询"窗口中输入 SQL 语句并执行，如图 6-26 所示。

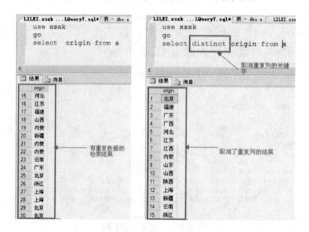

图 6-26　取消重复列的检索

【课堂实例 6-28】从 xsxk 数据库的 s 表中，检索"籍贯"（origin）列的前 10 条信息，在"新建查询"窗口中输入 SQL 语句并执行，如图 6-27 所示。

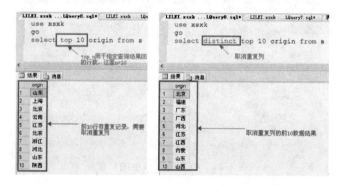

图 6-27　TOP 关键字的应用

7.3.3　含有 where 子句的数据检索

在数据库查询数据时，有时用户只希望得到一部分数据，如果还使用 select…from 结构，会因为大量不需要的数据而很难实现，这时就需要在 select 语句中加入 where 条件语句。where 子句通过条件表达式描述关系中元组（行）的选择条件，where 子句使用的条件有比较运算符、逻辑运算符、范围运算符、列表运算符、字符匹配符和未知值等，可使用条件如表 6-16 所示。

表 6-16　Where 子句常用的查询条件

查询条件	谓词	说明
比较	=，＞，＞＝，＜，＜＝，！＝，＜＞，！＞，！＜	比较两个表达式
确定范围	between and，　not between and	检索值是否在范围内
确定集合	in，not in	检索值是否属于列表值之一
字符匹配	like，not like	字符串是否匹配
空值	is null，is not null	检索结果是否为 null
多重条件	and，or，not	组合表达式的结果或取反

【课堂实例 6-29】从 xsxk 数据库的 s 表中，应用"比较运算符"检索出"籍贯（origin）"为"北京"的学生的学号（sno）、姓名（sname）、性别（ssex）。在"新建查询"窗口中输入 SQL 语句并执行，如图 6-28 所示。

【课堂实例 6-30】从 xsxk 数据库的 s 表中，应用"逻辑运算符"检索出"籍贯（origin）"是"北京"的并且"性别（ssex）"为"男"的学生的学号（sno）、姓名（sname）、性别（ssex）和籍贯（origin）信息，在"新建查询"窗口中输入 SQL 语句并执行，如图 6-29 所示。

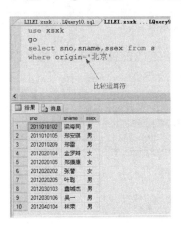

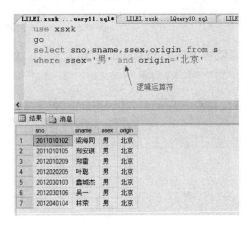

图 6-28　where 子句检索 1（比较运算符）　　　图 6-29　where 子句检索 2（逻辑运算符）

【课堂实例 6-31】在 xsxk 数据库的 sc 表中，应用"范围运算符"查询出成绩在 70 到 80 之间的学生的学号（sno）、课程编号（cno）和成绩（score）信息，在"新建查询"窗口中输入 SQL 语句并执行，如图 6-30 所示。

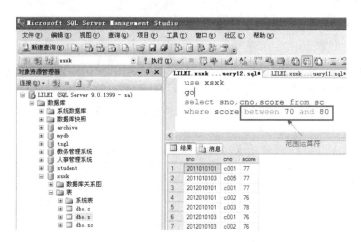

图 6-30 where 子句检索 3(范围运算符)

【课堂实例 6-32】从 xsxk 数据库的 s 表中，应用"列表运算符"查询出"籍贯(origin)"是"浙江""北京"和"上海"的学生的学号(sno)、姓名(sname)、性别(ssex)、籍贯(origin)信息，在"新建查询"窗口中输入 SQL 语句并执行，如图 6-31 所示。

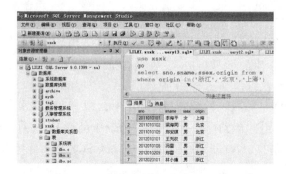

图 6-31 where 子句检索 4(列表运算符)

【课堂实例 6-33】从 xsxk 数据库的 s 表中，应用"字符匹配符"查询出"姓名"列中只要含"李"字符的数据信息，在"新建查询"窗口中输入 SQL 语句并执行，如图 6-32 所示。

图 6-32 where 子句检索 5(字符匹配符)

【课堂实例 6-34】在 xsxk 数据库中，查询还未设置电话号码(tel)的学生信息，在

"新建查询"窗口中输入 SQL 语句并执行，如图 6-33 所示。

图 6-33　where 子句检索 5(未知值)

特别提示：

(1)如果在 where 子句中使用 not 运算符，则将 not 放在表达式的前面，并且只应用于简单条件。

(2)逻辑运算符的优先级由高到低是 not(非)、and(和)、or(或)。

(3)not between 表示检索设定范围之外的数据，在使用日期作为范围条件时，必须用单引号引起来，并且使用的日期型数据必须是"年—月—日"。

(4)not in 检索的是范围之外的信息。

(5)like 或 not like 实现模糊查询，通配符"％"表示任意多个字符，"＿"表示单个字符，"[]"表示指定范围的单个字符，"[^]"表示不在指定范围内的单个字符。

(6)SQL 语言中将一个汉字视为一个字符而非两个字符。

7.3.4　含有 order by 子句的数据检索

通常，我们希望查询出来的数据按照某种顺序显示出来，以方便统计或者查找。如果没有指定查询结果的显示顺序，DBMS 将按最方便的的顺序；如果使用了 order by 子句，就可以改变查询结果的顺序。

【课堂实例 6-35】从 xsxk 数据库的 s 表中，按照学生的年龄进行行降序排列，在"新建查询"窗口中输入 SQL 语句并执行，如图 6-34 所示。

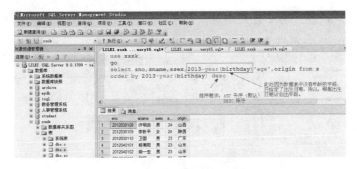

图 6-34　按年龄进行降序排列

【课堂实例 6-36】从 xsxk 数据库的 sc 表中，检索出成绩大于或等于 90 的学生的信息，并将检索出来的结果按升序排列，在"新建查询"窗口中输入 SQL 语句并执行，如图 6-35 所示。

SQL Server 数据库项目化教程

图 6-35　按成绩进行升序排序

7.3.5　含有 group by 子句和 having 子句的数据检索

在使用 SQL 语句进行数据检索的时候，需要对某一列数据的值进行分类，行成结果集，这就要用到 group by 子句，然后再在结果集的基础上进分组，用到 having 子句。不过，group by 子句通常与统计函数联合使用，如 sum、avg 等，表 6-17 所示为常用的统计函数及其功能描述。

表 6-17　统计函数及其功能描述

函数名	功能描述
count	求组中项数，返回整数（计数）
sum	求和，返回表达式中所有值的和
avg	求平均值，返回表达式中的所有值的平均值
max	求最大值，返回表达式中的所有值的最大值
min	求最小值，返回表达式中的所有值的最小值
abs	求绝对值，返回表达式中的所有值的绝对值
ascii	求 ASCII 码，返回字符型数据的 ASCII 值
rand	产生随机数，返回一个位于 0～1 的随机数

【课堂实例 6-37】在 xsxk 数据库的 s 表中，按照班级检索出各班级人数，在"新建查询"窗口中输入 SQL 语句并执行，如图 6-36 所示。

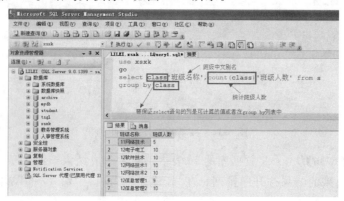

图 6-36　统计（count）各班级人数

150

【课堂实例 6-38】在 xsxk 数据库的 sc 表中，检索每个学生所选课程的数量、总分、平均分、最高分和最低分，并按平均分排名次，如果平均分相同时，按最高分排序，在"新建查询"窗口中输入 SQL 语句并执行，如图 6-37 所示。

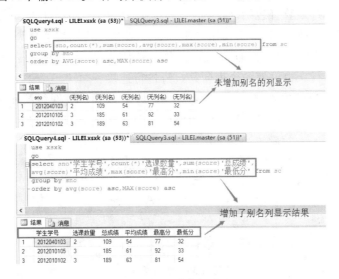

图 6-37　分类汇总

【课堂实例 6-39】在 xsxk 数据库的 s 表中，按照学号（sno）、姓名（sname）、班级（class）和籍贯（origin）进行分组，并筛选"12 网络技术 1""12 网络技术 2"和"11 网络技术"班级的学生信息，在"新建查询"窗口中输入 SQL 语句并执行，如图 6-38 所示。

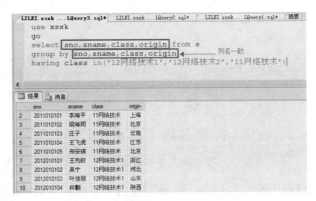

图 6-38　使用 having 子句

7.3.6　高级 select 子句的数据检索——内连接查询

所谓多表查询就是从几个表中检索信息，这种操作通常可以通过表的连接实现，实际上，连接操作是区别关系数据库管理系统与非关系数据库管理系统的最重要标志。

内连接是比较常用的一种数据连接查询方式。它使用比较运算符进行多个基表间的数据的比较操作，并列出这些基表中与连接条件相匹配的所有的数据行，即内连接查询操作列出与连接条件匹配的数据行，再使用比较运算符比较被连接列的列值，一般用 inner join 或 join 关键字来指定内容连接。内连接分为以下 3 种：

（1）等值连接：在连接条件中使用等于号（＝）运算符比较被连接列的列值，其查询结果中列出被连接表中的所有列，包括其中的重复列。

（2）非等值连接：在连接条件使用除等于号运算符以外的其他比较运算符比较被连接的列的列值。这些运算符包括＞、＞＝、＜＝、＜、!＞、!＜和＜＞。

（3）自然连接：在连接条件中使用等于号（＝）运算符比较被连接列的列值，但它使用选择列表指出查询结果集合中所包括的列，并删除连接表中的重复列。这种连接不仅可以在表之间进行，也可使一个表同其自身进行连接。

【课堂实例 6-40】等值连接：在 xsxk 数据库中，检索"12 网络技术 1"班学生的学号、姓名、性别、年龄等信息，在"新建查询"窗口中输入 SQL 语句并执行，如图 6-39 所示。

图 6-39　等值连接

【课堂实例 6-41】非等值连接：在 xsxk 数据库的 s 表和 sc 表中创建一个非等值连接查询，限定条件为两表中的学号相同，检索所有考试成绩不及格的学生成绩信息，包括学号、姓名、课程号和成绩信息，在"新建查询"窗口中输入 SQL 语句并执行，如图 6-40 所示。

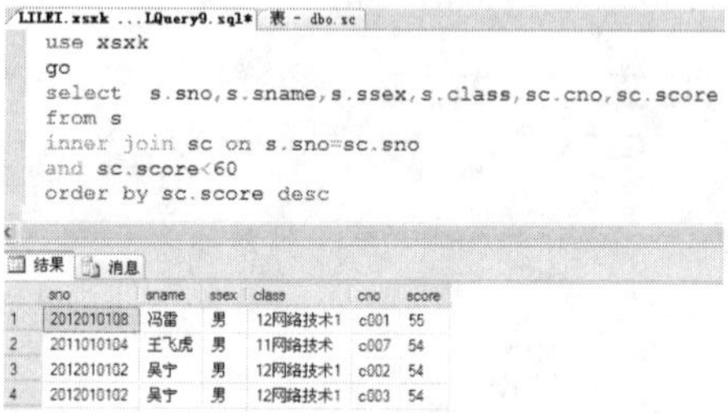

图 6-40　非等值连接

【课堂实例 6-42】自然连接 1：在 xsxk 数据库的 s 表和 sc 表中创建一个自然连接查询，限定条件为两表中的学号相同，返回学生的学号、姓名、课程号和成绩信息，在"新建查询"窗口中输入 SQL 语句并执行，如图 6-41 所示。

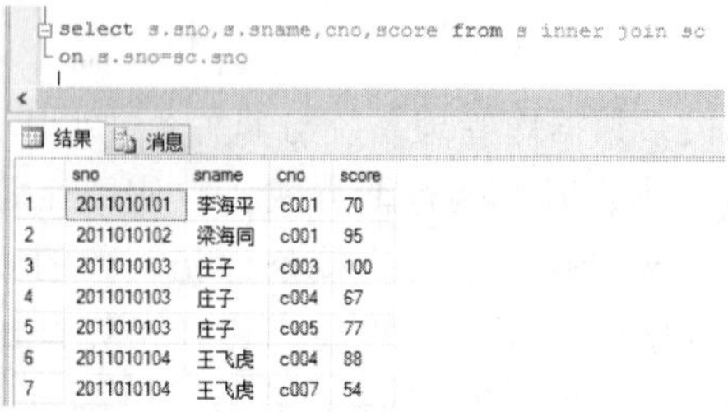

图 6-41　自然连接

【课堂实例 6-43】自然连接 2：在 xsxk 数据库中，检索所有同时选修了课程编号是 c001 和 c002 的学生的学号(sno)，在"新建查询"窗口中输入 SQL 语句并执行，如图 6-42 所示。

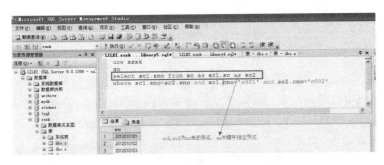

图 6-42　用 where 子句实现自然连接

7.3.7　高级 select 子句的数据检索——不相关子查询

不相关子查询，也称嵌套子查询。嵌套查询是指一个 select … from … where … 查询语句块可以嵌套在另一个 select … from … where … 查询块的 where 子句中。其中，外层查询称为父查询，又称主查询。内层查询称为子查询，又称从查询。在主查询中，子查询只需要执行一次，子查询结果不再变化，供主查询使用。其中，常用的逻辑运算符包括 in(包含于)、any(某个值)、some(某些值)、all(所有值)、exists(存在结果)等。

子查询可以嵌套多层，子查询查询到的结果又成为父查询的条件，但子查询中不能有 order by 分组语句。另外，应先处理子查询，再处理父查询，即子查询的条件不依赖于主查询，此类查询在执行时首先执行子查询，然后执行主查询。在主查询的 where 子句中，可以使用比较运算符以及逻辑运算符连接子查询，主要包含：

(1)简单不相关子查询：当子查询跟随在＝、！＝、＜、＜＝、＞、＞＝之后，子查询的返回值只能是一个，否则应在外层 where 子句中用一个 in 限定符，即要返回多个值，要用 in 或者 not in。

(2)带[not]in 的不相关子查询：只要主查询中列或运算式是在(不在)子查询所得结果列表中，则主查询的结果为要查询的数据。

(3)带 exists 的不相关子查询：子查询的结果至少存在一条数据时，则主查询的结果为要查询的数据(exists)，或者自查询的结果找不到数据时，则主查询的结果为要查询的数据(not exists)。

(4)select … from … where 列或运算式运算[any｜all]不相关子查询：只要主查询中列或运算式与子查询所得结果中任一(any)或全部(all)数据符合比较条件，则主查询的结果为要查询的数据。

【课堂实例 6-44】简单不相关子查询：在 xsxk 数据库中，查询选修课程号为"c001"并且成绩高于学生号为"2011010101"的所有学生成绩，在"新建查询"窗口中输入 SQL 语句并执行，如图 6-43 所示。

```
□ select * from sc where cno='c001' and
  └ score>=(select score from sc where sno='2011010101' and cno='c001')
```

	sno	cno	score
1	2011010101	c001	70
2	2011010102	c001	95
3	2012010101	c001	70
4	2012010102	c001	81
5	2012010104	c001	70
6	2012010105	c001	92

图 6-43   简单不相关子查询

【课堂实例 6-45】带[not]in 的不相关子查询：在 xsxk 数据库中，检索学生信息表中没有选课学生的学号(sno)、姓名(sname)，在"新建查询"窗口中输入 SQL 语句并执行，如图 6-44 所示。

```
□ select sno,sname from s where sno not in(select distinct sno from sc)
```

未选课的学生信息，如果not取掉则显示已经选修了课程的所有学生信息

	sno	sname
1	2011010105	郑安琪
2	2012010110	杨小小
3	2012010201	章程
4	2012010202	何宁
5	2012010203	林梦珂

图 6-44   带[not]in 的不相关子查询

【课堂实例 6-46】带 exists 的不相关子查询：在 xsxk 数据库中，检索学生已选课程的所有详细信息，在"新建查询"窗口中输入 SQL 语句并执行，如图 6-45 所示。

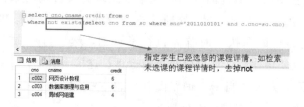

```
□ select cno,cname,credit from c
  └ where not exists(select cno from sc where sno='2011010101' and c.cno=sc.cno)
```

指定学生已经选修的课程详情，如检索未选课的课程详情时，去掉not

	cno	cname	credit
1	c002	网页设计教程	6
2	c003	数据库原理与应用	6
3	c004	局域网组建	6

图 6-45   带 exists 的不相关子查询

【课堂实例 6-47】select …from … where 列或运算式运算[any | all]不相关子查询：在 xsxk 数据库中，检索 1993 年 12 月 3 日以后出生的所有学生的详细信息，包括 1993 年 12 月 3 日，在"新建查询"窗口中输入 SQL 语句并执行，如图 6-46 所示。

```
 │  use xsxk
 │  go
□   select * from s
 │  where birthday>=any(select birthday from s where birthday='1993/12/03')
```

	sno	sname	class	ssex	birthday	origin	address	tel	email
1	2011010103	庄子	11网络技术	男	1993-12-03 00:00:00	云南	云南昆明市	13900000008	444456@126.com
2	2011010104	王飞虎	11网络技术	男	1994-01-01 00:00:00	江苏	江苏省南京市	13900000006	223456@126.com
3	2012010205	郑敏	12信息管理1	男	1993-12-03 00:00:00	内蒙	内蒙古自治区呼和浩特	13900000065	124556@126.com
4	2012010207	沈叶	12信息管理1	女	1994-01-01 00:00:00	云南	云南昆明	13900089000	123656@126.com
5	2012020102	周志烟	12网络技术2	男	1993-12-08 00:00:00	上海	上海市虹桥	13902400000	233456@126.com
6	2012020106	陆健	12网络技术2	男	1993-12-10 00:00:00	陕西	陕西省西安市	13900220000	773456@126.com

图 6-46   [any | all]不相关子查询

【课堂实例 6-48】不相关子查询和相关子查询方法比较：在 xsxk 数据库中，查询"选修了课程编号的第一个字母是 c 的女学生的姓名"，在"新建查询"窗口中输入 SQL

语句并执行，代码如下：

```
/*不相关子查询*/
select sname from s
where ssex ='女'and sno in (select distinct sno from sc where cno like'c%')
/*相关子查询*/
select sname from s
where ssex ='女'and exists (select   * from sc   where sc. sno =s. sno and
sc. cno like'c%');
```

特别提示：

(1)内连接是连接的主要形式，连接条件可由 where 或 on 子句指定，一般是表间列的相等关系。

(2)一般而言，大部分子查询都可以转换为连接，而且连接的效率高于子查询。由于连接有优化算法，所以应尽可能使用连接。

(3)相关子查询一般用的比较少，因为难以理解和难以调试。

7.3.8　生成新表的数据检索

使用 into 子句可以创建一个新表并将检索的记录保存在该表中，其语法结构如下：

　　Into <新表名>(生成的新表中包含的列由 select 子句的列名表决定)

(1)生成临时表：当 into 子句创建的表名前加了"＃"或"＃＃"时，所创建的表就是一个临时表。临时表保存在临时数据库 tempdb 中，该内容在任务 1 中讲过。

【课堂实例 6-49】在 xsxk 数据库中，将检索的 s 表中的学生的学号(sno)、姓名(sname)的信息保存在临时文件 temp1 中，在"新建查询"窗口中输入 SQL 语句并执行，代码如下：

```
use xsxk
go
select sno,sname into ＃temp1 from s
select * from ＃temp1   /*查看临时表＃temp1 中的数据*/
```

(2)生成永久表：当 into 子句前面没有加上"＃"或"＃＃"时，所创建的就是一个永久表。

【课堂实例 6-50】在 xsxk 数据库中，将检索包含"12 网络技术 1 班"的学生的学号(sno)、姓名(sname)、性别(ssex)、籍贯(origin)的信息保存在永久表 temp2 中，在"新建查询"窗口中输入 SQL 语句并执行，代码如下：

```
use xsxk
go
select sno,sname,ssex,origin into temp2 from s
where class='12 网络技术 1 班'
select * from temp2   /*查看永久表 temp2 中的数据*/
```

 课堂实训 6：单表数据检索(扫封面二维码查看)

 课堂实训 7：数据综合检索(扫封面二维码查看)

任务 8　索引的创建与管理

▶8.1　任务情境

通过本章任务 7 的学习，汤小米同学在数据检索方面不但有收获还小有成就感。同时，小米又在思考一个问题：如果表中的数据有顺序，那么检索的时候就无须检索表中的每一行数据，这样就比较节省时间，那这种情况下，如何提高数据的检索速度呢？带着这个问题，小米同学请教了从事数据库系统开发工作的哥哥。哥哥告诉小米，要提高检索速度，就必须对表中的记录按检索字段的大小进行排序。检索时，可以先检索索引表，然后再直接定位到表中记录。听了哥哥一番讲解，小米茅塞顿开，接下来，她就要好好实践了。那么，就让我们和小米一起来学习吧。

▶8.2　任务实现

在 xsxk 数据库中，对于 c 表，定义列 cname 唯一性非聚集索引。

方法 1：利用 SSMS 实现表中字段索引的创建

第 1 步：启动 SSMS，展开左侧窗口 xsxk 数据库（事先需要附加到数据库实例中）中的 c 表，右键单击选择"索引"|"新建索引"，弹出"新建索引"对话框。

第 2 步：在"索引名称"框输入所需创建索引的名称：ix_cname，索引类型选择"非聚集"。

第 3 步：单击对话框右侧的"添加"按钮，弹出"从 dbo. c 中选择列"对话框，在表列中选择"cname"，确定后，操作内容即可在"索引键列"查看。

第 4 步：选中"唯一"，单击对话框中的"确定"按钮，即完成所需操作，如图 6-47所示。

方法 2：利用 T-SQL 语句实现创建表中列的索引

在"新建查询"窗口中输入 SQL 语句并执行，SQL 代码如下：

```
use xsxk
go
create unique index ix_cname on c(cname)
```

▶8.3　相关知识

索引是数据库中依附于表的一种特殊的对象，使用索引可快速访问数据库表中的特定信息。索引是对数据库表中一列或多列的值进行排序的一种结构。在关系数据库中，索引是一种与表有关的数据库结构，它可以使对应于表的 SQL 语句执行得更快。

1. 索引的优点

(1)大大加快数据的检索速度。

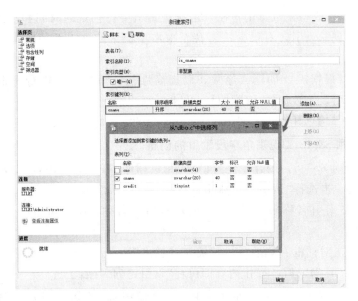

图 6-47　创建表 c 列 cname 的唯一性非聚集索引

(2)创建唯一性索引，保证数据库表中每一行数据的唯一性。

(3)加速表和表之间的连接。

(4)在使用分组和排序子句进行数据检索时，可以显著减少查询中分组和排序的时间。

2. 索引的缺点

(1)索引需要占物理空间。

(2)当对表中的数据进行增加、删除和修改时，索引也要动态的维护，降低了数据的维护速度。

3. 索引的类型

在 SQL Server 2008 系统中，常见的索引有聚集索引、非聚集索引、唯一索引、包含索引、视图索引、全文索引、XML 索引等。在这些索引类型中，聚集索引和非聚集索引是数据引擎中索引的基本类型，是理解唯一索引、包含索引和视图索引的基础。

(1)聚集索引：索引的顺序与记录的物理顺序相同。由于一个表的记录只能按一个物理顺序存储，所以，一个表只能有一个聚集索引。

(2)非聚集索引：是在不改变记录的物理顺序的基础上，通过顺序存放指向记录位置的指针来实现建立记录的逻辑顺序的方法，逻辑顺序不受物理顺序的影响，一个表的非聚集索引最多可以有 249 个。

4. 索引的规则

(1)索引是隐式的，如果对某列创建了索引，则对该列检索时将自动调用该索引，以提高检索速度。

(2)创建主键时，自动创建唯一性聚集索引。

(3)创建唯一键时，自动创建唯一性非聚集索引。

(4)可以创建多列索引，以提高基于多列检索的速度。

(5)索引可以提高检索数据的速度，但维护索引要占一定的时间和空间。所以，对经常要检索的列创建索引，对很少检索甚至根本不检索的列以及值域很小的列不创建索引。

(6)索引可以根据需要创建或删除，以提高性能，即当对表进行大批量数据插入时，可先删除索引，等数据插入成功后，再重新创建索引。

【课堂实例 6-51】创建索引：对 xsxk 数据库中的 s 表的 sname 列创建非聚集索引。

方法 1：利用 SSMS 实现表中字段索引的创建

第 1 步：启动 SSMS，展开左侧窗口 xsxk 数据库（事先需要附加到数据库实例中）中的 s 表，右键单击选择"索引"│"新建索引"，弹出"新建索引"对话框。

第 2 步：在"索引名称"框输入所需创建索引的名称：ix_sname，索引类型选择"非聚集"。

第 3 步：单击对话框右侧的"添加"按钮，弹出"从 dbo. s 中选择列"对话框，在表列中选择"sname"，确定后，操作内容即可在"索引键列"查看。

第 4 步：不要选中"唯一"，单击对话框中的"确定"按钮，即完成所需操作，如图 6-48 所示。

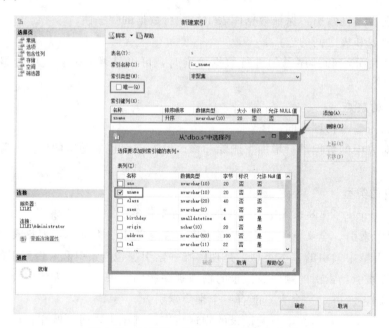

图 6-48 创建表 s 列 sname 的非聚集索引

方法 2：利用 T-SQL 语句实现创建表中列的索引

在"新建查询"窗口中输入 SQL 语句并执行，SQL 代码如下：

```
use xsxk
go
create index ix_sname on s(sname)
```

【课堂实例 6-52】删除索引：删除 cname 列的唯一性非聚集索引。

方法 1：利用 SSMS 实现删除索引的操作

第 1 步：启动 SSMS，展开左侧窗口 xsxk 数据库（事先需要附加到数据库实例中）中的 c 表，右键单击选择"索引"，即打开 c 表的所有索引列表。

第 2 步：右键单击选中"🔧 ix_cname（唯一，非聚集）"，在弹出的快捷菜单中选择"删除"，弹出"删除对象"对话框，确定后即可完成索引的删除操作。

方法 2：利用 T-SQL 语句实现删除索引的操作

删除索引语句的语法格式：

    drop index<表名>.<索引名>[,…]

在"新建查询"窗口中输入 SQL 语句并执行，SQL 代码如下：

    use xsxk
    go
    drop index c.ix_cname

任务 9　视图的创建与管理

▶9.1　任务情境

最近一段时间的学习，显然让汤小米感觉有点累，但同时也是有收获的。她在数据检索任务中下了很大的功夫，可是还有一些语句的语法记得不是很清楚，她想，那有没有一种可以实现数据检索而不用去记一些子句的语法的方法呢？于是，她又去请教哥哥，哥哥告诉她可以用视图。视图就是建立在多个基表上的虚拟表，访问这个虚拟表就可以浏览一个或多个表中的部分或全部数据，在实际的应用中，当为一条复杂的 select 语句构造一个视图后，以后就可以从视图中非常方便地检索信息，而不需要再重复书写该语句了。小米获悉此信息，甚是开心。那么，下面就让我们和小米一起学习视图的相关内容吧。

▶9.2　任务实现

在 xsxk 数据库中，创建一个包含 sno、sname、cno、cname、score 列的视图，视图名为 v_view1。

方法 1：利用 SSMS 实现视图的创建

第 1 步：启动 SSMS，展开左侧窗口 xsxk 数据库（事先需要附加到数据库实例中）中的"视图"，右键单击选择"视图"|"新建视图"，弹出"添加表"对话框。

第 2 步：因为所创建的视图中包含的信息来源于 c、s、sc 3 张表，所以 3 张表全部选中后（同时按 Ctrl 键），如图 6-49 所示。单击"添加"，即将 3 张表添加至"新建视图"窗口中。

第 3 步：在"新视图"窗口中选中基表中的所需列的复选框，可以定义视图的输出列，设置参数如图 6-50 所示。

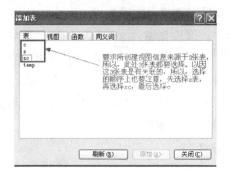

图 6-49　"添加表"对话框

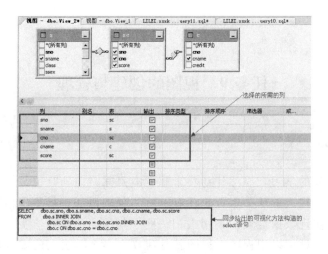

图 6-50　创建视图 v_view1

第 4 步：单击"保存"，视图名命名为"v_view1"。

方法 2：利用 T-SQL 语句实现视图的创建

在"新建查询"窗口中输入 SQL 语句并执行，SQL 代码如下：

```
use xsxk
go
create view v_view1
as
select sc.sno,sname,sc.cno,cname,score from s,sc,c
where s.sno＝sc.sno and c.cno＝sc.cno
select ＊ from v_view1   ／＊检索视图表中的信息＊／
```

▶ 9.3　相关知识

9.3.1　视图概述

视图是数据库中非常重要的一种对象，是同时查看多个表中数据的一种方式。从理论上讲，任何一条 select 语句都可以构造一个视图。在视图中被检索的表称为基表，一个视图可以包含多个基表。一旦视图创建，就可以像表一样对视图进行操作。与表不同的是，视图只存在结构，数据是在运行视图时从基表中提取的。所以，如果修改了基表的数据，视图并不需要重新构造，当然也不会出现数据不一致的问题。数据库所用者可以有目的地对分散在多个表中的数据构造视图，以方便以后的数据检索。

9.3.2　视图的语法格式

(1)创建视图语句的基本语法格式如下：

　　create view ＜视图名＞[列名[,…]]
　　as ＜select 语句＞

(2)修改视图语句的基本语法格式如下：

　　alter view ＜视图名＞[列名[,…]]
　　as＜select 语句＞

(3)删除视图语句的基本语法格式如下：

　　drop view ＜视图名＞[,…]

【课堂实例 6-53】创建视图：在 xsxk 数据库中，创建一个包含列 sno、sname、cno、cname、score 的所有选修了"数据库原理与应用"课程的学生视图。

方法 1：利用 SSMS 实现视图的创建

第 1 步：启动 SSMS，展开左侧窗口 xsxk 数据库(事先需要附加到数据库实例中)中的"视图"，右键单击选择"视图"｜"新建视图"，弹出"添加表"对话框。

第 2 步：因为所创建的视图中包含的信息来源于 c、s、sc 3 张表，所以 3 张表全部选中后(同时按 Ctrl 键)。单击"添加"，即将 3 张表添加至"新建视图"窗口中。

第 3 步：在"新视图"窗口中选中基表中的所需列的复选框，可以定义视图的输出列，设置参数如图 6-51 所示。

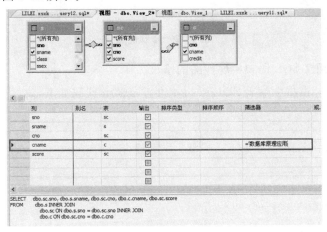

图 6-51　创建视图 v_view2

第 4 步：单击"保存"，视图名命名为"v _ view2"。

方法 2：利用 T-SQL 语句实现视图的创建

在"新建查询"窗口中输入 SQL 语句并执行，SQL 代码如下：

```
use xsxk
```

```
go
create view v_view2
as
select sc. sno,sname,sc. cno,cname,score from s,sc,c
where c.cname='数据库原理与应用'and(s. sno＝sc. sno and c. cno＝sc. cno)
go
select ＊ from v_view2   /＊检索视图表中的信息＊/
```

【课堂实例 6-54】修改视图：在 v ＿ view2 视图中显示包含到 sno、sname、cno、sname、score 的所有选修了"数据库原理与应用"并且成绩在 70～80 的学生信息。

方法 1：利用 SSMS 实现视图的修改

第 1 步：启动 SSMS，单击左侧窗口要修改的视图所在的数据库中的"视图"节点，指向右侧窗口中要修改的视图，单击右键，在弹出的快捷菜单中选择"修改"命令，即打开"修改视图"窗口。该窗口与"创建视图"窗口完全相同。

第 2 步：在 score 列对应的"筛选器"位置输入"＞＝70 AND ＜＝80"，用创建视图相同的方法修改视图，完成后单击"关闭"即可，如图 6-52 所示。

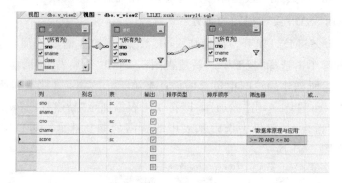

图 6-52　修改视图

方法 2：利用 T-SQL 语句实现视图的修改

在"新建查询"窗口中输入 SQL 语句并执行，SQL 代码如下：

```
use xsxk
go
alter view v_view2
as
select sc. sno,sname,sc. cno,cname,score from s,sc,c
where score between 70 and 80
go
/＊显示视图的中信息＊/select ＊ from v_view2
```

【课堂实例 6-55】删除视图：删除 v ＿ view2 视图。

方法 1：利用 SSMS 实现视图的删除

第 1 步：启动 SSMS，单击展开左侧窗口的 xsxk 数据库中的"视图"节点。

第 2 步：选中要删除的视图，单击右键，在弹出的快捷菜单中选择"删除"命令，即完成视图的删除。

方法 2：利用 T-SQL 语句实现视图的删除

在"新建查询"窗口中输入 SQL 语句并执行，SQL 代码如下：

```
use xsxk
go
drop view v_view2
```

 课堂实训 8：数据更新、索引和视图管理（扫封面二维码查看）

扩展实践

1. 创建 s 表、c 表与 sc 表间的关系。

2. 利用 T-SQL 语句在学生管理（xsgl）数据库中创建指定的数据表，并应用数据编辑语句完成数据的插入（要求每张数据表中最少插入 3 条以上的记录）。

根据设计需求分析，xsgl 数据库中包含以下 6 张数据表，要求先完成 6 张二维表的表结构设计，包括字段名、字段大小、字段类型、是否主键、是否为空、备注等内容，其中字段类型、大小等相关表属性自定义设计，再应用 T-SQL 语句创建 depart 表、profession 表、class 表、teacher 表、course 表、grade 表。

（1）系部表（depart 表），表中包括 departID（系部编号）、departName（系部名称）、departInfo（系部简介）等字段。

（2）专业表（profession 表），表中包括 profID（专业编号）、profName（专业名称）、profInfo（专业简介）等字段。

（3）班级表（class 表），表中包括 classID（班级编号）、className（班级名称）、classInf（班级简介）、classNum（班级人数）、departID（所属系部）、profID（所属专业）、teaID（班主任）等字段。

（4）教师表（teacher 表），表中包括 teaID（教师编号）、teaName（教师姓名）、teaSex（性别）、teaAge（年龄）、ProTitle（职称）、teaTel（手机）、teaEmail（邮箱）、departID（所属系部）、cno（所任课程编号）等字段。

（5）课程表（course 表），表中包括 cno（课程编号）、cname（课程名称）、credit（学分）等字段。

（6）成绩表（grade 表），表中包括 sno（学号）、cno（课程编号）、teaID（授课教师编号）、score（成绩）等字段。

3. 单一条件检索投影表的某些列（以随书赠送的素材库中的数据库实例——"教务管理系统"为例，要求：附加"教务管理系统"数据库）。

（1）查询"学生信息"表中所有信息。

（2）在学生信息表中查询所有学生的学号、姓名、政治面貌和籍贯信息。

（3）查询"学生信息"表中"籍贯"列的信息。

（4）从学生信息表中查询出籍贯列的前 5 行数据。

（5）从学生信息表中查询出前 20% 的数据行。

（6）对"教务管理系统"数据库中的"学生信息"表的学号、姓名、性别、年级和籍贯列使用英文别名。

(7)将成绩表中所有学生的各科成绩减少 5 分。

特别提示：

(1)top 关键字限制返回行数，格式：top n[percent]。

(2)是否消除重复数据行，格式：all/distinct。

(3)通配符"*"投影所有列。

4. where 子句检索(以随书赠送的素材库中的数据库实例——"教务管理系统"为例，要求：附加"教务管理系统"数据库)。

(1)比较运算符：从"教务管理系统"数据库的"学生信息"表中，查询出"籍贯"为"河南"的学生的学号、姓名、性别、民族和籍贯信息。

(2)逻辑运算符：从"教务管理系统"数据库的"学生信息"表中，查询出"籍贯"为"河南"，并且"民族"是汉的学生的学号、姓名、性别、民族和籍贯信息。

(3)逻辑运算符：从"教务管理系统"数据库的"学生信息"表中，查询出"籍贯"为"北京"或者"上海"的学生信息。

(4)范围运算符：在"教务管理系统"数据库中查询出成绩在 70 与 80 之间的学生编号、学号、课程编号和成绩信息。

(5)列表运算符：从"教务管理系统"数据库的"学生信息"表中，查询出籍贯是"湖南""湖北""江西"的学生的学号、姓名、性别、民族和籍贯信息。

(6)字符匹配符：从"教务管理系统"数据库的"学生信息"表中，查询姓名中包含"红"的学生的学号、姓名、性别、民族、籍贯和班级编号信息。

(7)未知值：在"教务管理系统"数据库中，查询还未分配班主任的班级信息。

5. order by 子句(以随书赠送的素材库中的数据库实例"教务管理系统"为例，要求：附加"教务管理系统"数据库)。

(1)在"教务管理系统"数据库的班级信息表中，按照班级的人数进行降序排列。

(2)对"教务管理系统"数据库中的所有班级信息中班主任非空值的信息，并按人数进行降序排列，如果人数相同再按年级进行升序排列。

6. group by 子句(以随书赠送的素材库中的数据库实例"教务管理系统"为例，要求：附加"教务管理系统"数据库)。

(1)在"教务管理系统"数据库的"班级信息"表中，按照年级查询出该年级各班的总人数以及班级的数量。

(2)在"教务管理系统"数据库的"成绩"表中，按照学号、课程编号和成绩分组，并列出学生成绩大于 80 的考试信息。

7. having 子句(以随书赠送的素材库中的数据库实例："教务管理系统"为例，要求：附加"教务管理系统"数据库)。

在"教务管理系统"数据库的"学生信息"表中，按照学号、姓名、年级和籍贯进行分组，并筛选出 2001、2002、2003 年级的学生信息。

进阶提升

1. 多表数据检索(以随书赠送的素材库中的数据库实例——"教务管理系统"为例，

要求：附加"教务管理系统"数据库）。

（1）从"教务管理系统"数据库中，查询学生和对应的班级信息，要求返回的结果中包含学生的学号、姓名、性别和班级名称及年级。

（2）在上述语句的基础上，查询所有年级中"籍贯"为"河南"并且读美术的学生和班级信息。

2. 内连接 inner join（以随书赠送的素材库中的数据库实例"教务管理系统"为例，要求：附加"教务管理系统"数据库）。

（1）等值连接：从"教务管理系统"数据库中，查询学生和对应的班级信息，要求返回的结果中包含学生的学号、姓名、性别和班级名称及年级。

（2）非等值连接：在"教务管理系统"数据库中的"学生信息"表和"成绩"表中，查询出所有考试及格的学生的成绩信息，包括学生的学号、姓名、性别、年级、班级编号及成绩，并且按成绩进行降序排列。

（3）自然连接：在"教务管理系统"数据库中的"学生信息"表和"成绩"表中创建一个自然连接查询，限定条件为两表中学号相同，返回学生的学号、姓名、性别、年级、班级编号和成绩信息。

3. 外连接 outer join（以随书赠送的素材库中的数据库实例"教务管理系统"为例，要求：附加"教务管理系统"数据库）。

（1）左外连接（主表 left outer join 从表）：在"教务管理系统"数据库的"学生信息"表中，一个学号对应一个学生，在"成绩"表中保存了所有学生的考试成绩，而且在"学生信息"表中的学生并不全都有成绩的，因此，可以使用这两张表作为左外连接，显示学生的学号、姓名、课程编号和成绩。（学生信息表为主表，成绩表为从表）

（2）右外连接（从表 right outer join 主表）：在"教务管理系统"数据库的"学生信息"表中，一个学号对应一个学生，在"成绩"表中保存了所有学生的考试成绩，而且在"学生信息"表中的学生并不全都有成绩的，因此，可以使用这两张表作为右外连接，显示学生的学号、姓名、课程编号和成绩。（"学生信息"表为主表，"成绩"表为从表）

（3）完全连接（full outer join）：在"教务管理系统"数据库的"班级信息"表和"课程信息"表中使用完全连接。

🌐 互联网＋教学资源

1. 更多课程资源访问（http://www.jpzysql.com），下载教学视频。

2. 扫描二维码，查看手机端教学资源（http://m.jpzysql.com），有效实现在线教学互动。

课程手机资源

3. 扫描二维码，关注课程微信公众平台，查看更多数据表操作教学资源及相关视频。

课程微信公众平台资源

4. 云端在线课堂＋教材融合，访问教学平台(http://www.itbegin.com)。

第 7 章　数据库高级对象操作和管理应用

章 首 语

　　商家眼里的数据是广告，意味着人气、品质和顾客流量；互联网创业者眼里的数据是公司的核心资产，意味更多的融资、更高的估值；网红眼里的数据是转赞评，意味着更大的影响力和随之而来的商业机会；影视人眼里的数据是票房和播放量，意味着股价和 IP 价值。水军和刷手是一种神秘的存在，网民们最熟悉的陌生人，他们以制造迷障为业，是数据的 PS 高手，为商家解决了引流问题，为创业者带来了繁荣，为网红圈够了粉丝，他们的行为与真实用户越来越像，你甚至不能判定他是一个真人还是一道程序。而受众未必具备了充分的敏感性，常常无心于识别并剔除虚假数据。被无效的数据干扰了决策，被失真的数据扭曲了行为，非专业的受众与伪数据的主导者们显然并不在一个段位上。此刻的你，是否心里也在呐喊：借我借我一双慧眼吧，让我把这纷扰看得清清楚楚明明白白真真切切。

　　"一屋不扫，何以扫天下。"如果小数据都不能很好地处理，如何来更好处理"汇集"而来的大数据？从小事做起，从基础学起，从此刻开始。

子项目 5：学生选课管理系统数据库高级对象操作和管理

　　项目概述：在 SQL Server 应用操作中，存储过程和触发器扮演着相当重要的角色，基于预编译并存储 SQL Server 数据库中的特性，它们不仅能提高应用效率、确保一致性，更能提高系统运行的速度。同时，使用触发器来完成业务规则，能达到简化程序设计的目的。当然，利用存储过程可以减轻网络流量，而游标允许用户从查询结果的记录集中逐条逐行地进行记录访问的数据处理机制。下面，就让我们一起学习这些数据库高级对象，看看它们到底能用在哪些方面？会为我们的数据操作带来哪些好处？

【知识目标】

1. T-SQL 的语言基础。

2. 修改、禁用、删除存储过程的方法。

3. 触发器的定义和执行环境。

4. 游标的使用。

【能力目标】

1. 使用游标逐行操纵检索结果集中的数据的技能。

2. 能够使用 SSMS 管理工具和 T-SQL 语句创建、修改、删除存储过程和触发器。

3. 学会调用存储过程和激活触发器，能够实施存储过程和进行触发器应用管理。

4. 养成良好的数据操作规范，培养严谨的科学态度和软件职业素养。

【重点难点】

1. 存储器的创建与管理。

2. 触发器的创建与管理。

3. 游标的创建与管理。

【知识框架】

本章知识内容为数据库的高级对象存储过程、触发器和游标的创建与管理，学习内容知识框架如图 7-1 所示。

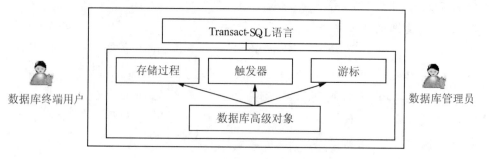

图 7-1 本章内容知识框架

任务 1 Transact-SQL 语言应用

▶ 1.1 任务情境

前面用到的 create 语句、alter 语句、drop 语句、insert 语句、delete 语句、update 语句、select 语句等都是 T-SQL 语句最基础的应用，因此，了解其基本语法和流程语句的构成是必须的，主要包括常量、变量、运算符、表达式、注释、控制语句等，比如要声明一个变长字符型变量 @var1，用 select 赋值语句为它赋上从 xsxk 数据库的 s 表中查询出来的学号为"2012010103"学生姓名，再用 select 输出语句输入变量 @var1 的值，这样操作该如何通过 T-SQL 语言来解决呢？

▶ 1.2 任务实现

第 1 步：启动 SSMS，打开"新建查询"窗口。

第 2 步：在此新建的窗口中输入如图 7-2 所示的 T-SQL 语言。

第 3 步：执行，查看结果，即完成了变量定义的、值的赋值与输出。

注意：go 并不是 T-SQL 语句，而是一个批处理命令；变量输出可以用 select 语句（结果显示在"结果"窗格），也可以用 print 语句（结果显示在"显示"窗格）。

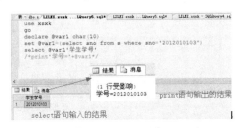

图 7-2　变量的输出

1.3　相关知识

1.3.1　Transact-SQL 概述

Transact-SQL（简称 T-SQL），是 Microsoft 公司在关系型数据库管理系统 SQL Server 中的 SQL-3 标准的实现，是微软对 SQL 的扩展，具有 SQL 的主要特点，同时增加了变量、运算符、函数、流程控制和注释等语言元素，使得其功能更加强大。T-SQL 对 SQL Server 十分重要，SQL Server 中使用图形界面能够完成的所有功能，都可以利用 T-SQL 来实现。使用 T-SQL 操作时，与 SQL Server 通信的所有应用程序都可通过向服务器发送 T-SQL 语句来进行，而与应用程序的界面无关。根据其完成的具体功能，可以将 T-SQL 语句分为四大类：数据定义语言、数据操纵语言、数据控制语言和一些附加的语言元素。

1. 数据定义语言（Data Definition Language，DDL）

数据定义语言是 SQL 语言集中负责数据结构定义与数据库对象定义的语言，由 create、alter 与 drop 三个语法所组成，最早是由 Codasyl（Conference on Data Systems Languages）数据模型开始，现已被纳入 SQL 指令中作为其中一个子集。目前大多数的 DBMS 都支持对数据库对象的 DDL 操作，部分数据库（如 PostgreSQL）可把 DDL 放在交易指令中，即它可以被撤回（Rollback）。较新版本的 DBMS 会加入 DDL 专用的触发程序，让数据库管理员可以追踪来自 DDL 的修改。

2. 数据操纵语言（Data Mainpulation Language，DML）

数据操纵语言是用于操纵表、视图中数据的语句。当创建表对象后，初始状态进该表是空的，没有任何数据。如何在表中查询数据、插入数据、更新数据以及删除数据呢？这时就需要用到数据操纵语言。例如，可以使用 select 语句查询表中的数据，可以使用 insert 语句向表中插入数据，如果表中数据不正确，则可以通过 update 语句进行修改，当然也可以用 delete 语句对表中多余的数据进行删除。事实上，数据操纵语言正是包含了 insert、delete、update 和 select 等语句。

3. 数据控制语言（Data Control Language，DCL）

数据控制语言是用来设置或者更改数据库用户或角色权限的语句，这些语句包括

grant、deny、revoke 等语句，在默认状态下，只有 sysadmin、dbcreator、db ＿ owner 或 db ＿ securityadmin 等角色的成员才可执行数据控制语言。

1. 3. 2　Transact-SQL 的语言基础

1. 常量

常量，也称为文字值或标题值，是指在程序运行过程中其值始终固定不变的量。定义常量的格式取决于它所表示的值的数据类型，表 7-1 列出了 Transact-SQL 的常量类型及其表示说明。

表 7-1　常量类型及其表示说明

常量的类型	说明
字符串常量	包含在单引号或双引号中，由字母(a～z，A～Z)、数字(0～9)以及特殊字符(!、@、♯)组成，如'Mary'(字符串常量)、N'Mary'(前面加 N 表示 unicode 字符串常量)
数值常量	二进制常量：由 0 和 1 构成的串，不需要加引号，如果使用一个大于 1 的数字，它将转换为 1； integer 常量：整数常量，不能包含小数点，如 193； decimal 常量：可以包含小数点的数值常量，如 2345.6； float 常量和 real 常量：使用科学计数法表示，如 110.4E3 等； money 常量：货币常量，以 ＄ 作为前缀，可以包含小数点，如 ＄12.3； 十六进制常量：使用前缀 OX 后跟十六进制数字串表示，如 OXFF
日期常量	使用特定格式的字符日期值表示，并被单引号括起来，如'19831231'、1985/07/24'、12：43：23'、16：38AM'、May 18，2013'
uniqueidentifier 常量	表示全局唯一标识符(GUID)值的字符串，可以使用字行或二进制字符串格式指定

2. 变量

变量是指在程序运行过程中其值可以变化的量。利用变量可以存储程序执行过程中涉及的数据，如表名、用户密码、用户输入的字符串以及数值数据等。变量由变量名和变量值构成，其类型和常量一样，但是变量名不能与命令和函数名相同。SQL Server 中支持两种形式的变量，一是全局变量，二是局部变量。

（1）全局变量

全局变量是 SQL Server 系统提供并赋值的变量，用来记录 SQL Server 服务器活动状态的一组数据。全局变量不能由用户定义和赋值，对用户而言是只读的。通常将全局变量赋值给局部变量，以方便使用，全局变量以@@开头。SQL Server 总共提供了 30 多个全局变量，表 7-2 列出的是比较常用的全局变量及其功能。

表 7-2　常用的全局变量及其功能

常量的类型	说明
@@Connections	记录最近一次服务器启动以来，针对服务器进行的连接数目
@@Cursor_Rows	返回在本次服务器连接中，打开游标取出的数据行的数目
@@Identity	返回最近一次插入的 indentity 列的数值
@@Fetch_Status	返回上一次游标 Fetch 操作所返回的状态值(若成功，该变量值为 0)
@@TranCount	返回当前连接中，处于活动状态的事务的数目
@@Rowcount	返回上一次 SQL 语句所影响的数据行数
@@Error	返回执行上一次 T-SQL 语句所返回的错误号(若成功，该变量值为 0)
@@Version	返回当前 SQL Server 服务器的安装日期、版本及处理器类型

【课堂实例 7-1】显示 SQL Server 的版本 version 及提供服务器 servicename 的名称。

在"新建查询"窗口中输入如图 7-3 所示的 T-SQL 语句，执行即可完成常量输出。

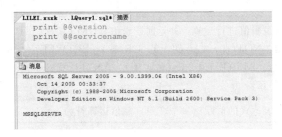

图 7-3　常量执行效果

(2)局部变量

局部变量是作用域限在一定范围内的 T-SQL 对象。通常情况下，它在一个批处理（或存储过程、或触发器）中被声明或定义，然后该批处理内的 SQL 语句就可以设置这个变量的值，或者是引用这个变量已经被赋予的值，当整个批处理过程结束后，这个局部变量的生命周期也随着消亡。局部变量的声明使用 declare 语句，具体的语法结构如下：

　　　　declare @变量名数据类型

特别提示：

①局部变量以@开头。

②数据类型可以是系统数据类型，也可以是用户自定义的数据类型。

③局部变量声明后，系统自动给它初始化为 null 值。

④使用 set 语句为局部变量赋值。

⑤使用 select 语句为局部变量赋值。

【课堂实例 7-2】将局部变量 homepage 声明为 char 类型，长度为 100，并为其赋值为"http://www.zjczxy.cn"。

在"新建查询"窗口中输入以下 T-SQL 语句，执行即可完成变量声明、赋值与输出操作。

```
declare @homepage char(100)
set @homepage='http://www.zjczxy.cn'
print @homepage
```

3. T-SQL 运算符

运算符实现运算功能，它将数据按照运算符的功能定义实施转换，产生新的结果。表 7-3 列出了 T-SQL 的运算符。

表 7-3　T-SQL 运算符

运算符	功能描述及运算符号
算术运算符	对数值类型或货币类型数据进行计算，算术运算符包括：＋（加）、－（减）、＊（乘）、/（除）、％（取余）
字符串运算符	可以对字符串、二进制串进行连接运算，字符串的运算符为：＋（连接）
关系运算符	在相同的数值类型间进行运算，并返回逻辑值 TURE(真)或 FALSE(假)，关系运算符包括：＝(等于)、＞(大于)、＜(小于)、＞＝(大于等于)、＜＝(小于等于)、＜＞(不等于)、！＝(不等于)、！＞(不大于)、！＜(不小于)
逻辑运算符	对逻辑值进行运算，并返回逻辑值 TURE(真)或 FALSE(假)，逻辑运算符包括：NOT(非)、AND(与)、OR(或)、BETWEEN(指定范围)、LIKE(模糊匹配)、ALL(所有)、IN(包含于)、ANY(任意一个)、SOME(部分)、EXISTS(存在)
赋值运算符	将表达式的值赋给一个变量，赋值运算符为：＝

【课堂实例 7-3】在 xsxk 数据库定义一个基于用 set 赋值语句，将 s 表统计查询出的学生总数赋值给局部变量@count，并用 select 语句输出。

在"新建查询"窗口中输入以下 T-SQL 语句，执行即可完成变量声明、赋值与输出操作。

```
use xsxk
go
declare @count int
set @count=(select count(sno)from s)
print '学生总数:'+@count
/＊select @count'学生总数'＊/
```

【课堂实例 7-4】为 xsxk 数据库声明两个变量@sno、@cno，并为它们赋值，然后将它们应用到 select 语句中，用来查询指定学生和课程的成绩（注意：学生的学号和课程号自定）。

在"新建查询"窗口中输入以下 T-SQL 语句，执行即可完成变量声明、赋值与输出操作。

```
use xsxk
go
declare @sno nvarchar(10)
declare @cno nvarchar(4)
set @sno='2012010101'
```

```
set @cno='c002'
select sno,cno,score from sc where sno=@sno and cno=@cno
```

4. 控制语句

流程控制语句就是指用来控制程序执行流程的语句，又被称为控制语句或者控制流语句。它主要包括条件判断控制语句、select case 控制语句、循环控制语句、跳转控制语句等。

(1) begin…end 语句块

begin…end 语句块作为一组语句执行，允许语句嵌套；关键字 begin 定义 T-SQL 语句的起始位置，end 标识同 T-SQL 语句块的结尾。

(2) if…else 条件语句

if…else 条件语句用于指定 T-SQL 语句的执行条件。

【课堂实例 7-5】在 xsxk 数据库中检索 s 表中有没有家庭住址(address)是"杭州"的，如果有，统计其数量，否则显示"没有查到相关信息"的提示。

在"新建查询"窗口中输入以下 T-SQL 语句，执行即可完成变量声明、赋值与输出操作。

```
use xsxk
go
declare @num int
set @num=(select count(sno)from s where address like'%杭州%')
if(@num>0)
print'家庭住址在杭州的有:'+str(@num)+'人'   else
print'没有查到相关信息'
```

注意：此处的 str() 函数是将数值变量转换成字符型。

5. case 分支语句

case 关键字可根据表达式的真假来确定是否返回某个值，可以允许在任何位置使用这一关键字。使用 case 语句可以进行多个分支的选择。

【课堂实例 7-6】在 xsxk 数据库中，设置考核等级，如果 2012020103 学生的课程 c003 的成绩高于 90 分(含 90)，考核等级为优秀，大于 70 分(含 70)的考核等级为良好，大于 60 分(含 60)的考核等级为及格，否则为不及格。

在"新建查询"窗口中输入以下 T-SQL 语句，执行即可完成变量声明、赋值与输出操作。

```
use xsxk
go
declare @score smallint
set @score=(select score from sc where sno='2012020103'and cno='c003')
if @score<=90
print'优秀'
else if @score>=70
print'良好'
else if @score>=60
```

```
print'及格'
else
print'不及格'
```

6. waitfor 语句

waitfor 语句可以将它之后的语句在一个指定的时间间隔后执行，或在将来的某指定时间执行。该语句通过暂停语句的执行而改变语句的执行过程。语法格式如下：

```
waitfor
delay＜延时时间＞
time＜到过时间＞
```

【课堂实例 7-7】对 xsxk 数据库中的 s 表延迟 10s 执行查询（查询 s 表的所有学生的信息）。

在"新建查询"窗口中输入以下 T-SQL 语句，执行即可完成操作。

```
use xsxk
go
begin
waitfor delay'00:00:10'
select * from s
end
```

任务 2　存储过程的创建与管理

▶ 2.1　任务情境

存储过程是存储在服务器上的一组预先定义并编译好的，用来实现某种特定功能的 SQL 语句。在网络环境下使用存储过程，可以减轻网络流量，并可提高 SQL 语句的执行效率。为了体验存储过程的这一功能，下面我们就以在 xsxk 数据库中创建一个名为 proc_studentInfo 的存储过程为例，返回学生的学号（sno）、姓名（sname）、性别（ssex）、班级（class）和籍贯（origin）信息。

▶ 2.2　任务实现

1. 创建存储过程

在"新建查询"窗口利用 create procedure 语句创建存储过程并执行，SQL 代码如下：

```
use xsxk
go
create procedure proc_studentinfo
as
select sno,sname,ssex,origin,class from s
```

2. 执行存储过程

方法 1：利用 SSMS 管理工具，展开左侧 xsxk 数据库节点下面的"可编程性"|"存储过程"，选中需要执行的过程名，右键单击弹出快捷菜单，选择"执行存储过程"命令，弹出"执行过程"对话框，确定后即可运行，在右侧"结果"窗口中，即可查看执行结果。

方法 2：使用 execute 关键字执行存储过程，在"新建查询"窗口中输入如下的 T-SQL语句，执行即完成了存储过程的执行，也可以右侧"结果"窗口中查看结果。

```
use xsxk
go
execute proc_studentinfo
```

▶ 2.3　相关知识

2.3.1　存储过程概述

存储过程是一组编译上单个执行计划中的 T-SQL 语句，它将一些固定的操作集中起来交给 SQL Server 服务器完成，以实现某个任务。在大型数据库系统中，存储过程具有很重要的作用。存储过程在运算时生成执行方式，所以，以后对其再运行时其执行速度很快。SQL Server 2008 不仅提供了用户自定义存储过程的功能，而且也提供了许多可作为工具使用的系统存储过程。

1. 存储过程的分类

(1)系统存储过程：以 sp_ 开头，用来进行系统的各项设定、取得信息、相关管理工作。

(2)本地存储过程：用户创建的存储过程是由用户创建并完成某一特定功能的存储过程，事实一般所说的存储过程就是指本地存储过程。

(3)临时存储过程：临时存储过程分为两种存储过程，一是本地临时存储过程，以一个井字号(♯)作为其名称的第一个字符，则该存储过程将成为一个存放在 tempdb 数据库中的本地临时存储过程，且只有创建它的用户才能执行它；二是全局临时存储过程，以两个井字号(♯♯)开始，则该存储过程将成为一个存储在 tempdb 数据库中的全局临时存储过程，全局临时存储过程一旦创建，以后连接到服务器的任意用户都可以执行它，而且不需要特定的权限。

(4)远程存储过程(Remote Stored Procedures)：在 SQL Server 2008 中，远程存储过程是位于远程服务器上的存储过程，通常可以使用分布式查询和 execute 命令执行一个远程存储过程。

(5)扩展存储过程(Extended Stored Procedures)：扩展存储过程是用户可以使用外部程序语言编写的存储过程，而且扩展存储过程的名称通常以 xp_ 开头。

2. 存储过程的基本语法结构

(1)创建存储过程

创建存储过程的基本语法如下：

```
create procedure sp_name
@[参数名][类型],@[参数名][类型]
as
begin
……
end
```

以上格式还可以简写成：

```
create proc sp_name
@[参数名][类型],@[参数名][类型]
as
begin
……
end
```

注意："sp_name"为需要创建的存储过程的名字，该名字不可以以阿拉伯数字开头。

(2)调用存储过程

调用存储过程的基本语法如下：

```
exec sp_name[参数名]
```

(3)删除存储过程

删除存储过程的基本语法如下：

```
drop procedure sp_name
```

注意：不能在一个存储过程中删除另一个存储过程，只能调用另一个存储过程。

2.3.2 使用存储过程

【课堂实例 7-8】创建普通存储过程：在 xsxk 数据库中，创建一个查询课程信息的存储过程 proc_course。

(1)创建存储过程

在"新建查询"窗口中输入如下的 T-SQL 语句：

```
use xsxk
go
create procedure proc_course
as
select * from c
```

(2)执行存储过程

在"新建查询"窗口中输入如下的 T-SQL 语句：

```
use xsxk
go
execute proc_course
```

【课堂实例 7-9】使用存储过程参数：课堂实例 7-8 所创建的存储过程只能对表进行特定的查询，如果要使这个存储过程能够通用，并能灵活地查询某个班级中对应的学生信息，那么班级名称就应是可变的，这样存储过程才能返回某个班级的学生信息：在 xsxk 数据库中按班级名称（class）创建一个名为 proc ＿ getClassStudent 的存储过程，它返回指定某个班级的学生信息：学号（sno）、姓名（sname）、性别（ssex）、籍贯（origin）和电子邮件（email）。

（1）按位置传递

在“新建查询”窗口输入如图 7-4 所示的 T-SQL 语句，分别选中执行“创建过程”部分与“调用执行过程”部分的代码，执行后即完所需的操作。

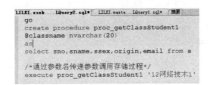

图 7-4　按位置传递参数调用存储过程

（2）通过参数名传递

“新建查询”窗口中输入如图 7-5 所示的 T-SQL 语句，分别选中执行“创建过程”部分与“调用执行过程”部分的代码，执行后即完所需的操作。

图 7-5　通过参数名传递参数调用存储过程

（3）使用默认参数值

“新建查询”窗口中输入如图 7-6 所示的 T-SQL 语句，分别选中执行“创建过程”部分与“调用执行过程”部分的代码，执行后即完所需的操作。

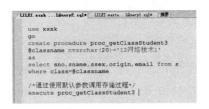

图 7-6　使用默认参数值调用存储过程

（4）使用输出参数

编写存储过程批 pro ＿ count，统计某班学生人数，存储在结果列中，通过定义输出参数，可以从存储过程中返回一个或多个值。为了使用输出参数，必须在 create procedure 语句和 execute 语句中指定关键字 output，如图 7-7 所示。

图 7-7　使用输出参数调用存储过程

2.3.3　管理存储过程

在创建并使用存储过程时的管理操作包括：查看存储过程的信息、修改存储过程的定义以及删除存储过程。

(1)查看和修改存储过程

启动 SSMS，展开左侧窗口的 xkxk 数据库"可编程性"|"存储过程"节点，选中需要进行修改的存储过程名，单击鼠标右键，从弹出的快捷菜单中选择"修改"命令，即可打开存储过程代码编辑窗口进行存储过程的查看和修改操作。

(2)删除存储过程

例如，删除课堂实例 7-8 所创建的存储过程 proc_cource。

方法 1：利用 SSMS 管理工具，展开左侧窗口的 xsxk 数据库|"可编程性"|"存储过程"节点，选中需要删除的存储过程名，单击鼠标右键，从弹出的快捷菜单中选择"删除"命令，即可完成操作。

方法 2：利用 T-SQL 语句，在"新建查询"窗口中输入如下语句，执行后即可完成操作。

```
use xsxk
go
drop procedure proc_course
```

任务 3　触发器的创建与管理

▶ 3.1　任务情境

触发器是一种特殊的存储过程，它同索引一样，是数据库中依附于表的一种特殊的对象。触发器对表的操作包括插入、修改和删除等，即通过使用触发器的主要目的是为了实现表间数据的完整性约束，例如，在 xsxk 数据库中向 s 表添加一名学生，该学生是"12 财务管理"班的，则班级(bj)表中对应的"12 财务管理"班的人数增加 1，那么，这个该如何利用触发器实现呢？

▶ 3.2　任务实现

在"新建查询"窗口中利用 create trigger 语句创建触发器并执行，SQL 代码如下：

```
/*创建更新触发器*/
use xsxk
go
create trigger trig_班级人数更新
on s
after insert
as
begin
update bj set classnum=classnum+1
where bj. class in(select class from inserted)
end

/*显示原 bj 表中"财务管理"班的人数*/
select classnum'班级最初人数'from bj where class='12 财务管理'

/*给 s 表中插入新的记录,所属班级是"财务管理"*/

insert into s(sno,sname,class,ssex,birthday)
values('2012050105','陈倩','12 财务管理','女','1993-04-12')

/*显示插入信息后,bj 表中"12 财务管理"班的人数*/
select classnum'班级现在人数'from bj where class='12 财务管理'
```

说明：bj 是 xsxk 数据库中的班级表。

▶ 3.3   相关知识

3.3.1   触发器概述

触发器是一种特殊类型的存储过程，它不同于前面介绍的存储过程。触发器主要是通过事件进行触发而被执行的，而存储过程可以通过名字而被直接调用。当对某一表进行诸如 update、insert、delete 操作时，SQL Server 就会自动执行触发器所定义的 SQL 语句，从而确保对数据的处理符合由这些 SQL 语句所定义的规则。

触发器可以查询其他表，而且可以包含复杂的 SQL 语句。它们主要用于强制服从复杂的业务规则或要求。例如，可以根据客户当前的账户状态，控制是否允许插入新订单。

触发器也可用于强制引用完整性，以便在多个表中添加、更新或删除行时，保留在这些表之间所定义的关系。然而，强制引用完整性的最好方法是在相关表中定义主键和外键约束。如果使用数据库关系图，则可以在表之间创建关系以自动创建外键约束。

1. DML 触发器

当数据库中表的数据发生变化时，包括 insert、update、delete 任意操作，如果对该表写了对应的 DML 触发器，那么该触发器自动执行。DML 触发器的主要作用在于强制执行业务规则，以及扩展 SQL Server 约束、默认值等。因为，约束只能约束同一个表中的数据，而触发器中则可以执行任意 SQL 命令。

2. DDL 触发器

DDL 触发器主要用于审核与规范对数据库中表、触发器、视图等结构上的操作。比如修改表、修改列、新增表、新增列等。它在数据库结构发生变化时执行，主要用它来记录数据库的修改过程，以及限制程序员对数据库的修改，比如不允许删除某些指定表等。

特别提示：

触发器功能强大，可轻松可靠地实现许多复杂的功能，但由于滥用会造成数据库及应用程序的维护困难。在数据库操作中，可以通过关系、触发器、存储过程、应用程序等来实现数据操作，同时规则、约束、缺省值也是保证数据完整性的重要保障。如果对触发器过分的依赖，势必影响数据库的结构，同时增加了维护的复杂程度。

3.3.2 触发器的执行原理

1. insert 触发器

当对表插入记录时，将执行 insert 触发器。首先将插入的记录放入表 inserted 中，该表是与原表结构相同的逻辑表，用于保存插入的记录，然后执行触发器指定的操作。

2. delete 触发器

当对表删除记录时，将执行 delete 触发器。首先将删除的记录放入表 deleted 中，该表是与原表结构相同的逻辑表，用于保存删除的记录，然后执行触发器指定的操作。

3. update 触发器

当对表修改记录时，将执行 update 触发器。首先执行 delete 触发器，然后执行 insert 触发器。所以，执行 update 触发器实际是先删除旧记录然后再插入新记录。

3.3.3 使用触发器自动处理数据

创建触发器语句的基本语法格式如下：

```
create trigger<触发器名>
on <表名>
for insert|update|delete
as
<SQL 语句>
……
```

【课堂实例 7-10】创建 insert 触发器（以随书赠送的素材库中的数据库实例——"人事管理系统"为例）。

建立一个 insert 触发器"trig_员工注册"，当新员工注册的时，在"人事管理系统"的"员人信息"表中插入一条员工信息记录的同时，更新"部门信息"的员工人数。

第 1 步：在"新建查询"窗口中创建如下具体的代码：

```
use 人事管理系统
go
create trigger trig_员工注册
```

```
on 员工信息
after insert
as
begin
update 部门信息 set 员工人数＝员工人数＋1
where 部门编号 in(select 所在部门编号 from inserted)
end
```

第 2 步：执行上述代码，就建立了一个"trig＿员工注册"触发器，向"员工信息"表中插入一条新员工信息，并用两个 select 语句对比原现的员工人数变化。

```
select 员工人数'原员工人数'from 部门信息 where 部门编号＝10005
insert 员工信息(员工编号,员工姓名,所在部门编号,性别)
values(10001490,'陈东泽',10005,'男')
select 员工人数'现员工人数'from 部门信息 where 部门编号＝10005
```

第 3 步：执行的结果如图 7-8 所示。

图 7-8　运行 insert 触发器执行结果

从结果可以看出，"trig＿员工注册"触发器已经被触发，"部门编号"为 10005 的员工人数已经被更新。

【课堂实例 7-11】创建 delete 触发器。

应用 xsxk 数据库中的 s 表，定义一个触发器，当一个学生的信息被删除时，显示他的相关信息(trig＿删除学生信息)。

第 1 步：在"新建查询"窗口中创建具体的代码如下：

```
use xsxk
go
create trigger trig_删除学生信息
on s
after delete
as
select sno,sname'被删除学生的姓名',ssex,birthday from deleted
```

第 2 步：执行上述代码，建立"trig＿删除学生信息"触发器，接下来，我们将 s 表的一个已经退学的学生信息删除，查看触发器执行效果，如图 7-9 所示。

图 7-9　触发 delete 触发器

【课堂实例 7-12】创建 update 触发器。

应用 xsxk 数据库中的 s 表,定义一个触发器,当用户修改"学生信息(s)"表中的姓名(sname)时将触发禁止修改的事件。

第 1 步:在"新建查询"窗口中创建具体的代码如下:

```
use xsxk
go
create trigger trig_学生信息修改
on s
for update
as
if update(sname)
begin
print'该事务不能被处理,学生姓名不能删除'
rollback transaction
end
```

第 2 步:执行上述代码,建立 trig_学生信息修改触发器,接下来,尝试着修改一位学生的姓名信息,执行后查看结果,如图 7-10 所示。

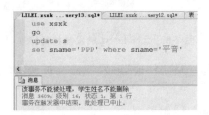

图 7-10 触发 update 触发器

3.3.4 管理触发器

1. 查看触发器

可以把触发器看作特殊的存储过程,因此所有适用于存储过程的管理方式都适用于触发器。用户可以使用 sp_helptext、sp_help 和 sp_depends 等系统存储过程来查看触发器的有关信息,也可以使用 sp_rename 系统存储过程来重命名触发器。

2. 修改触发器

方法 1:利用 SSMS 工具,展开左侧窗口的 xsxk 数据库|"表"|"s"|"触发器"节点,选中需要修改的触发器名称,单击鼠标右键,从弹出的快捷菜单中选择"修改"命令,即可根据需求完成触发器修改操作。

方法 2:利用 T-SQL 语句,修改触发器语句 alter trigger,语句中各参数的含义与创建触发器 create trigger 时相同,这里就不再说明了。

3. 禁用或重启触发器

禁用或重启 xsxk 数据库中的 s 表的"trig_更新"触发器,可以使用以下方法:

方法 1:利用 SSMS 工具,展开左侧窗口的 xsxk 数据库|"表"|"s"|"触发器"节点,选中需要禁用(重启)的"trig_更新"触发器名称,单击鼠标右键,从弹出的快捷菜

单中选择"禁用"(重启)命令，即可完成触发器禁用(重启)的操作。

　　方法 2：利用 T-SQL 语句，输入如下语句，执行后即可完成操作。

```
/*禁止"trig_更新"触发器*/
    alter table s
    disable trigger trig_更新
/*重启"trig_更新"触发器*/
    alter table s
    enable trigger trig_更新
```

4. 删除触发器

删除 xsxk 数据库中 s 表的"trig _ 更新"触发器，可以使用以下方法：

　　方法 1：利用 SSMS 工具，展开左侧窗口的 xsxk 数据库 | "表" | "s" | "触发器"节点，选中需要删除的触发器名称，单击鼠标右键，从弹出的快捷菜单中选择"删除"命令，即可根据需求完成触发器删除操作。

　　方法 2：利用 T-SQL 语句，输入如下语句，执行后即可完成操作。

```
use xsxk
go
drop trigger trig_更新
```

任务 4　事务的创建与管理

▶ 4.1　任务情境

　　实际应用中，很少有数据库在同一时刻只有一个用户访问，大多情况下，不同类型的用户以不同的目的访问数据库，并且经常在同一时刻。用户越多，他们同时查询用户修改数据时产生问题的可能性也就越大。即使两个用户同时访问数据库也有可以产生问题，这主要取决于操作性质。例如，一个用户查看数据表中的数据，执行一些基于数据的查询操作。如果另一个用户在第一个用户查询期间更新了表，则第一个用户第二次会看到不同的数据，造成第一次查询操作失效。那么如何解决这样的问题呢？小米有点迷糊了，让我们一起来帮助小米吧！

▶ 4.2　任务实现

　　使用 update 来更新 xsxk 数据库中的学生表 s 的数据，这样的操作将被看作单独的事务来执行。

```
update c set cname='网页设计与制作',credit='6'　where cno='c002'
```

　　当执行该更新语句时，SQL Server 2008 会认为用户的意图是在单个事务中同时修改"课程名称"和"学分"列的数据。假设在"课程名称"列上存在完整性约束，那么，更新"课程名称"列的操作就会失败，则全部更新都无法实现。由于两条更新语句同在一个 update 语句中，所以，SQL Server 将这两个更新操作作为同一事务来执行，当一个更新操作失败后，其他操作便一起失败。

如果不希望同时修改"课程名称"和"学分"列的信息，可以修改如下两个 update 语句：

```
update c set cname＝'网页设计与制作'where cno＝'c002'
update c set credit＝'6'   where cno＝'c002'
```

经过改写后，即使对约束列的更新失败，也不会影响对其他列的更新，因为这是两个不同事务的处理操作。将上述的两条 update 语句，组合成一个事务，从而实现一个 update 语句时的功能，即同时更新"课程名称"和"学分"列的信息，否则数据保持不变。

```
declare @SSL_ERR INT,@RP_ERR INT
BEGIN TRANSACTION
update c set cname＝'网页设计与制作'where cno＝'c002'
SET @SSL_ERR＝@@ERROR
update c set credit＝'6'where cno＝'c002'
SET @RP_ERR＝@@ERROR
IF @SSL_ERR＝0 AND @RP_ERR＝0
COMMIT TRANSACTION
ELSE
ROLLBACK TRANSCATION
```

注意：begin transaction 语句通知 SQL Server，它应该将下一条 commit transaction 语句或 rollback transaction 语句以前的所有操作作为单个事务。

▶ 4.3 相关知识

事务是一种机制，一个操作序列，包含一组操作指令，并且把所有的命令作为一个整体一起向系统提交或撤销操作请求（即要么全部执行，要么全部不执行），SQL Server 2008 用户事务控制单个用户的行为来解决这类数据问题，一个事务由一个或多个完成一组相关行为的 SQL 语句组成，每个 SQL 语句都用来完成特定的任务。在 SQL Server 2008 中可以使用 4 种事务类型，如表 7-4 所示。

表 7-4 SQL Server 2008 事务类型

事务类型	说明
自动提交事务	每条单独的语句都是一个事务，它是 SQL 默认的事务管理模式，每个 T-SQL 语句完成时，都被提交或回滚（默认情况下 SQL server 每条语句都是一个事务，成功就自动提交，失败就回滚）
显式事务	每个事务均以 begin transaction 语句显示开始，以 commit 或 rollback 语句显示结束（则用 begin transaction 指定事务开始，commit…/rollback…指定结束）
隐式事务	在前一个事务完成时新事务隐式启动，但每个事务仍以 commit 或 rollback 语句显式完成（通过设置 set implicit_transaction on(开)或者 off(关)）
批处理级事务	只能应用于多个活动结果集（MARS），在 MARS 会话中启动的 T-SQL 显式或隐式事务变为批处理级事务。当批处理完成时没有提交或回滚的批处理级事务自动由 SQL Server 进行回滚

4.3.1　事务的 4 个属性

事务的 4 个属性有原子性、一致性、隔离性和持久性，其各自的特点如表 7-5 所示。

表 7-5　事务属性

事务类型	说明
原子性（Atomiciy）	事务中的所有元素必须作为一个整体提交或回滚，其元素是不可分的（原子性），如果事务中的任何元素出现失败则全部失败
一致性（Consistency）	数据必须处于一致状态，也就是说事务开始与结束数据要一致，不能损坏其中的数据，也就是说事务不能使数据存储处于不稳定状态
隔离性（Isolation）	事务必须是独立的，不能以任何方式依赖或影响其他事务
持久性（Durability）	事务完成后，事务的效果永久的保存在数据库中

4.3.2　执行事务的语法

/＊开始事务的语法结构＊/

begin transaction

/＊提交事务的语法结构＊/

commit transaction

/＊回滚（撤销）事务的语法结构＊/

rollback transaction

示例：

begin Transaction

update user set id＋＝1 where id＝1111

if((@@error<>0)//判断是否报错如果报错就回滚信息否则提交事务

rollback transaction

else

commit transaction

任务 5　锁的创建与管理

▶5.1　任务情境

SQL Server 2008 使用锁来防止多个用户在同一时间内对同一数据进行修改，并能防止一个用户查询正在被另一个用户修改的数据，防止可能发生的数据混乱。锁有助于保证数据库逻辑上的一致性，通过本章任务 4 的学习，汤小米同学学会了使用事务来解决用户存取数据的问题，从而保证数据库的完整性和一致性。如想防止其他用户修改另一个还没有完成的事务中的数据，就必须在事务中使用锁，可是，为什么要引入锁呢？让我们陪同汤小米同学一起学习吧！

▶ 5.2 任务实现

(1)锁定 c 表中课程编号为"c009"的所在行。

SET TRANSACTION ISOLATION LEVEL READ UNCOMMITTED

SELECT * FROM c ROWLOCK WHERE cno='c009'

(2)锁定 xsxk 数据库中的 c 表。

//其他事务可以读取表,但不能更新删除

SELECT * FROM c WITH(HOLDLOCK)

//其他事务不能读取表,更新和删除

SELECT * FROM c WITH(TABLOCKX)

▶ 5.3 相关知识

锁定是 Microsoft SQL Server 数据库引擎用来同步多个用户同时对同一个数据块的访问的一种机制。在事务获取数据块当前状态的依赖关系(如通过读取或修改数据)之前,它必须保护自己不受其他事务对同一数据进行修改的影响。事务通过请求锁定数据块来达到此目的。锁有多种模式,如共享或独占。锁模式定义了事务对数据所拥有的依赖关系级别。如果某个事务已获得特定数据的锁,则其他事务不能获得会与该锁模式发生冲突的锁。如果事务请求的锁模式与已授予同一数据的锁发生冲突,则数据库引擎实例将暂停事务请求直到第一个锁释放。

在数据库中加锁时,除了可以对不同的资源加锁,还可以使用不同程度的加锁方式,即锁有多种模式,SQL Server 中锁模式包括以下几种。

1. 共享锁

SQL Server 中,共享锁用于所有的只读数据操作。共享锁是非独占的,允许多个并发事务读取其锁定的资源。默认情况下,数据被读取后,SQL Server 立即释放共享锁。例如,执行查询"select * from my _ table"时,首先锁定第一页,读取之后,释放对第一页的锁定,然后锁定第二页。这样,就允许在读操作过程中,修改未被锁定的第一页。但是,事务隔离级别连接选项设置和 select 语句中的锁定设置都可以改变 SQL Server 的这种默认设置。例如,"select * from my _ table holdlock"就要求在整个查询过程中,保持对表的锁定,直到查询完成才释放锁定。

2. 修改锁

修改锁在修改操作的初始化阶段用来锁定可能要被修改的资源,这样可以避免使用共享锁造成的死锁现象。因为使用共享锁时,修改数据的操作分为三步,首先获得一个共享锁,读取数据,其次将共享锁升级为独占锁,然后再执行修改操作。这样如果同时有两个或多个事务对一个事务申请了共享锁,在修改数据的时候,这些事务都要将共享锁升级为独占锁。这时,这些事务都不会释放共享锁而是一直等待对方释放,这样就造成了死锁。如果一个数据在修改前直接申请修改锁,在数据修改的时候再升级为独占锁,就可以避免死锁。修改锁与共享锁是兼容的,也就是说一个资源用共享锁锁定后，允许再用修改锁锁定。

3. 独占锁

独占锁是为修改数据而保留的。它所锁定的资源，其他事务不能读取也不能修改。独占锁不能和其他锁兼容。

4. 结构锁

结构锁分为结构修改锁(Sch-M 锁)和结构稳定锁(Sch-S 锁)。执行表定义语言操作时，SQL Server 采用 Sch-M 锁，编译查询时，SQL Server 采用 Sch-S 锁。

5. 意向锁

意向锁说明 SQL Server 有在资源的低层获得共享锁或独占锁的意向。例如，表级的共享意向锁说明事务意图将独占锁释放到表中的页或行。意向锁又可以分为共享意向锁、独占意向锁和共享式独占意向锁。共享意向锁说明事务意图在共享意向锁所锁定的低层资源上放置共享锁来读取数据。独占意向锁说明事务意图在共享意向锁所锁定的低层资源上放置独占锁来修改数据。共享式独占意向锁说明事务允许其他事务使用共享锁来读取顶层资源，并意图在该资源低层上放置独占锁。

锁是加在数据库对象上的。而数据库对象是有粒度的，比如同样是 1 这个单位，1 行、1 页、1 个 B 树、1 张表所含的数据完全不是一个粒度的。因此，所谓锁的粒度，是指锁所在资源的粒度。

对于查询本身来说，并不关心锁的问题。锁的粒度和锁的类型都是由 SQL Server 进行控制的(当然你也可以使用锁提示，但不推荐)。锁会给数据库带来阻塞，因此锁的粒度越大造成的阻塞越多，但由于大粒度的锁需要更少的锁，因此会提升性能。而小粒度的锁由于锁定更少资源，会减少阻塞，因此提高了并发，但同时大量的锁也会造成性能的下降。

SQL Server 决定所加锁的粒度取决于很多因素，比如键的分布、请求行的数量、行密度、查询条件等。但具体判断条件是微软没有公布的秘密。开发人员不用担心 SQL Server 是如何决定使用哪个锁的，因为 SQL Server 已经做了最好的选择。在 SQL Server 中，锁的粒度如表 7-6 所示。

表 7-6　SQL Server 中锁的粒度

资源	说明
RID	用于锁定堆中的单个行的行标识符
KEY	索引中用于保护可序列化事务中的键范围的行锁
PAGE	数据库中的 8 KB 页，例如数据页或索引页
EXTENT	一组连续的八页，例如数据页或索引页
HoBT	堆或 B 树。用于保护没有聚集索引的表中的 B 树(索引)或堆数据页的锁
TABLE	包括所有数据和索引的整个表
FILE	数据库文件
APPLICATION	应用程序专用的资源
METADATA	元数据锁
AE_OCATION_UNIT	付配单元
DATABASE	整个数据库

【**课堂实例 7-13**】排他锁。

新建两个连接，在第一个连接中执行以下语句：

```
update c set cname='网页设计'where cno='c002'
/*等待 30 秒*/
waitfor delay'00:00:30'
commit tran
```

在第二个连接中执行以下语句：

```
begin tran
select * from c where cno='c002'
commit tran
```

若同时执行上述两个语句，则 select 查询必须等待 update 执行完毕才能执行，即要等待 30 秒。

【**课堂实例 7-14**】共享锁。

新建两个连接，在第一个连接中执行以下语句：

```
begin tran
select * from c with(holdlock)    where cno='c002'
/*holdlock 人为加锁*/
waitfor delay'00:00:30'
/*等待 30 秒*/
commit tran
```

在第二个连接中执行以下语句：

```
begin tran
select cno,cname from c where cno='c002'
update c set cname='网页设计与制作'where cno='c002'
commit tran
```

若同时执行上述两个语句，则第二个连接中的 select 查询可以执行，而 update 必须等待第一个事务释放共享锁转为排他锁后才能执行，即要等待 30 秒。

【**课堂实例 7-15**】死锁。

新建两个连接，在第一个连接中执行以下语句：

```
begin tran
update c    set cname='网页设计与制作'where cno='c002'
waitfor delay'00:00:30'
update c    set cname='网页设计教程'where cno='c002'
commit tran
```

在第二个连接中执行以下语句：

```
begin tran
update c    set cname='网页设计与制作'where cno='c002'
waitfor delay'00:00:10'
update c    set cname='网页设计教程'where cno='c002'
commit tran
```

若同时执行上述两个语句，系统会检测出死锁，并中止进程。

任务 6　游标的创建与管理

▶ 6.1　任务情境

　　游标是用户开设的一个数据缓冲区，用于存放 SQL 语句的执行结果。每个游标区都有一个名字。用户可以用 SQL 语句逐一从游标中获取记录，并赋给主变量，交由语言进一步处理。主语言是面向记录的，一组主变量一次只能存放一条记录。仅使用主变量并不能完全满足 SQL 语句向应用程序输出数据的要求。嵌入式 SQL 引入了游标的概念，用来协调这两种不同的处理方式。在数据库开发过程中，当检索的记录只有一条时，编写的事务语句代码往往使用 select insert 语句。但是会遇到这样情况，即从某一结果中逐一地读取一条记录。那么如何解决这种问题呢？这时就会用到游标。接下来就应用游标来定位修改 xsxk 数据库的 s 表中某一学生的成绩为 92。

▶ 6.2　任务实现

　　在使用游标之前首先要声明游标，在声明了游标之后，就可以对游标进行操作了，对游标的操作主要包括打开游标、检索游标定行、关闭游标和释放游标。

　　第 1 步：声明游标（变量）。

```
declare cur_sc scroll cursor
for
select * from sc
for update of score
```

　　第 2 步：打开游标。

```
open cur_sc
```

　　第 3 步：从游标中提取数据（检索游标定行）。

```
fetch from cur_sc
update sc
set score=92
where CURRENt of cur_sc
select * from sc
```

　　第 4 步：关闭游标。

```
close cur_sc
```

　　第 5 步：释放游标。

```
deallocate cur_sc
```

　　注意：逐步执行，如果游标变量释放了，就可以再重新执行第 1 步，如果仅关闭了游标变量，则第 1 步是不可以执行的。

▶ 6.3 相关知识

6.3.1 游标概述

游标实际上是一种能从包括多条数据记录的结果集中每次提取一条记录的机制。游标充当指针的作用。尽管游标能遍历结果中的所有行，但它一次只指向一行。概括来讲，SQL 的游标是一种临时的数据库对象，既可以用来存放在数据库表中的数据行副本，也可以指向存储在数据库中的数据行的指针。游标提供了在逐行的基础上操作表中数据的方法。

游标的一个常见用途就是保存查询结果，以便以后使用。游标的结果集是由 select 语句产生，如果处理过程需要重复使用一个记录集，那么创建一次游标而重复使用若干次，比重复查询数据库要快得多。大部分程序数据设计语言都能使用游标来检索 SQL 数据库中的数据，在程序中嵌入游标和在程序中嵌入 SQL 语句相同，其特点如下：

(1)游标送回一个完整的结果集，但允许程序设计语言只调用结果集中的一行。

(2)允许定位在结果集的特定位。

(3)从结果集的当前检索一行或多行。

(4)支持对结果集中当前位置的行进行数据修改。

(5)可以为其他用户对显示在结果集中的数据库数据所做的更改提供不同级别的可见性支持。

(6)提供脚本、存储过程和触发器中使用的访问结果集中数据的 T-SQL 语句。

6.3.2 游标的定义

游标语句的核心是定义了一个游标标识名，并把游标标识名和一个查询语句关联起来。declare 语句用于声明游标，它通过 select 查询定义游标存储的数据集合。

1. 游标的定义语句格式

```
DECLARE 游标名称[INSENSITIVE][SCROLL]
CURSOR FOR select 语句
[FOR{READ ONLY|UPDATE[OF 列名字表]}]
```

说明：

INSENSITIVE 选项：说明所定义的游标使用 select 语句查询结果的拷贝，对游标的操作都基于该拷贝进行。因此，这期间对游标基本表的数据修改不能反映到游标中。这种游标也不允许通过它修改基本表的数据。

SCROLL 选项：指定该游标可用所有的游标数据定位方法提取数据，游标定位方法包括 PRIOR、FIRST、LAST、ABSOLUTE n 和 RELATIVE n 选项。

select 语句：为标准的 select 查询语句，其查询结果为游标的数据集合，构成游标数据集合的一个或多个表称作游标的基表。在游标声明语句中，有下列条件之一时，系统自动把游标定义为 INSENSITIVE 游标：① select 语句中使用了 DISTINCT、UNION、GROUP BY 或 HAVING 等关键字；②任一个游标基表中不存在唯一索引。

READ ONLY 选项：说明定义只读游标。

UPDATE［OF 列名字表］选项：定义游标可修改的列。如果使用 OF 列名字表选项，说明只允许修改所指定的列，否则，所有列均可修改。

例如：在 xsxk 数据库中查询学生所选的课程的成绩，定义游标 cur _ cj 的语句如下：

```
use xsxk
go
declare cur_cj cursor
for
select s. sno,c. cname,sc. score from s,sc,c
where s. sno＝sc. sno and c. cno＝sc. cno
```

2. 打开游标

打开游标语句执行游标定义中的查询语句，查询结果存放在游标缓冲区。并使游标指针指向游标区的第一个元组，作为游标的缺省访问位置。查询结果的内容取决于查询语句的设置和查询条件。打开游标的语句格式：

```
EXEC SQL OPEN〈游标名〉
```

如果打开的游标为 INSENSITIVE 游标，在打开时将产生一个临时表，将定义的游标数据集合从其基表中拷贝过来。SQL Server 中，游标打开后，可以从全局变量 @@CURSOR _ ROWS中读取游标结果集合中的行数。

3. 读游标区中的当前元组

读游标区数据语句是读取游标区中当前元组的值，并将各分量依次赋给指定的共享主变量。fetch 语句用于读取游标中的数据，语句格式为：

```
FETCH［［NEXT|PRIOR|FIRST|LAST|ABSOLUTE n| RELATIVE n]
FROM ]游标名
［INTO @变量 1,@变量 2,….]
```

说明：

NEXT 表示读取游标中的下一行，第一次对游标实行读取操作时，NEXT 返回结果集合中的第一行。PRIOR、FIRST、LAST、ABSOLUTE n 和 RELATIVE n 选项只适用于 SCROLL 游标，它们分别说明读取游标中的上一行、第一行、最后一行、第 n 行和相对于当前位置的第 n 行。n 为负值时，ABSOLUTE n 和 RELATIVE n 说明读取从游标结果集合中的最后一行或当前行倒数 n 行的数据。

INTO 子句表示将读取的数据存放到指定的局部变量中，每一个变量的数据类型应与游标所返回的数据类型严格匹配，否则将产生错误。如果游标区的元组已经读完，那么系统状态变量 SQLSTATE 的值被设为 02000，意为"no tuple found"。

例如：读取 cur _ cj 中当前位置后的第二行数据，在"新建查询"中输入如下代码：

```
fetch relative 2 from cur_cj
```

4. 关闭游标

关闭游标后，游标区的数据不可再读。close 语句关闭已打开的游标，之后不能对游标进行读取等操作，但可以使用 open 语句再次打开该游标。close 语句格式为：

```
close 游标名
```

例如：关闭 cur＿cj 游标描述：close cur＿cj。

5. 释放游标

释放游标后，游标区的数据不可再读，deallocate 语句释放已经存在的游标，之后可以重新对游标进行声明。释放游标的语句格式为：

    Deallocate　游标名

例如：释放 cur＿cj 游标描述：deallocate cur＿cj。

6.3.3　游标的定制

【**课堂实例 7-16**】在 xsxk 数据库中创建显示学生信息的游标，打开"新建查询"窗口，输入 T-SQL 语句，执行，查看运行效果，如图 7-11 所示。

图 7-11　简单游标的创建

【**课堂实例 7-17**】在 xsxk 数据库中将课程号为 c001 的课程成绩上浮 5％，打开"新建查询"窗口，输入 T-SQL 语句，执行，查看运行效果，如图 7-12 所示。

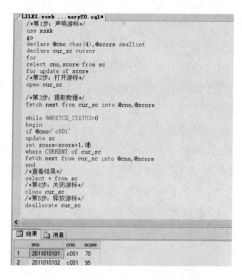

图 7-12　创建修改信息的游标

【课堂实例 7-18】创建一个可修改类型的游标：在 xsxk 数据库的 s 表中，声明一个使用定位 update 语句可以修改用户联系电话(tel)的"修改联系电话_cur"游标，该游标返回的结果为 s 表中的 class="12 网络技术 1"的学生的相关信息，在"新建查询"窗口中输入 T-SQL 语句，执行，查看结果，如图 7-13 所示。

图 7-13　创建可修改游标

特别提示：

(1)尽管使用游标比较灵活，可以实现对数据集中单行数据的直接操作，但游标会在下面几个方面影响系统的性能：

①导致页锁与表锁的增加。

②导致网络通信量的增加。

③增加了服务器处理相应指令的额外开销。

(2)使用游标时的优化问题：

①明确指出游标的用途：for read only 或 for update。

②在 for update 后指定被修改的列。

 课堂实训 9：数据库高级对象操作与管理(扫封面二维码查看)

扩展实践

以下 1～9 题以随书赠送的素材库中的数据库实例——"教务管理系统"为例，要求：附加"教务管理系统"数据库至 SQL Server 2008 数据库服务器中。

1. 在"教务管理系统"数据库的"学生信息"表中定义一个基于 set 赋值语句，将学生信息统计查询出的学生总人数赋值给局部变量@num，并用 print 语句输出。

2. 在"教务管理系统"数据库的"学生信息"表中定义一个基于 set 赋值语句，将学生信息查询出的所有女生赋值给局部变量@ssex，并用 select 语句输出。

3. 在"教务管理系统"数据库的"学生信息"表中定义一个基于 set 赋值语句，检索出班级编号为 20021340000104 的所有男生（提示：将 20021340000104 赋值给班级编号，将男生赋值给@ssex），并用 select 语句输出。

4. 存储过程综合实践（此部分以 xsxk 数据库为操作实例）。

（1）创建一个存放学生表中所有学生信息的存储过程，包含学号、姓名、性别、年龄、籍贯、所在班级、电话。

（2）创建一个指定学生学号的选修课程信息，包含课程编号、课程名、学分。

（3）创建一个指定学生学号的未选修课程信息，包含课程编号、课程名、学分。

（4）创建一个指定班级的学生成绩的存储过程 proc_cj1，包含学号、姓名、课程名、成绩。

（5）创建一个指定学生学号的学生成绩的存储过程 proc_cj2，包含课程编号、课程名称、成绩。

（6）创建一个指定学生班级和性别的存储过程 proc_ssex，包含学号、姓名、性别、年龄、籍贯、所在班级、电话。

（7）创建一个指定学生姓名（值为模糊匹配）的存储过程 proc_sname，用来显示学生的学号、姓名、性别、年龄、电话、邮箱等。

（8）创建一个统计学生信息表中指定班级名称的学生人数的存储过程 proc_num。

（9）创建一个用来显示课程信息的存储过程 proc_c。

（10）创建一个用来显示指定学号的学生成绩不及格的存储过程 proc_cj3。

（11）创建一个指定班级和指定籍贯的学生信息的存储过程 proc_class，包含学号、姓名、性别、年龄、电话等。

（12）创建一个家庭住址（值为模糊匹配）的存储过程 proc_address，用来显示学生的学号、姓名、性别、年龄、电话等。

5. 创建一个存储过程 proc_getStuInfo，用于返回"教务管理系统"数据库上某个班级（20021340000104）中包含的学生信息，通过为同一存储过程指定不同的班级编号，返回不同的学生信息。

6. 建立一个 insert 触发器"trig_新生注册"，当新学生注册的时候，在"教务管理系统"的"学生信息"表中插入一条学生信息记录的同时，更新"班级信息"的班级人数。

7. 建立一个 delete 触发器"trig_学生离校"，当学生离校的时候，在"教务管理系统"的"学生信息"表中删除一条指定学生信息记录的同时，更新"班级信息"的班级人数。

8. 在 xsxk 数据库，创建一个与 s 表结构一致并包含 s 表所有数据的新表 temp_s，声明一个名为"信息删除_cur"的游标，定位删除"temp_s"表中当前行数据。

9. 以本章扩展实践第 8 题的 temp_s 为参考操作数据，在 xsxk 数据库中声明一个名为"学生地址_cur"的游标，该游标返回的结果为"temp_s"表中"籍贯"="北京"的学生的相关信息。

🚩 **进阶提升**

1. 数据库事务的创建。

银行转账问题：假定资金从账户 A 转到账户 B，至少需要两步：

（1）账户 admin1 的资金减少；

(2)账户 admin2 的资金相应增加。

2. 存储过程的创建。

以随书赠送的素材库中的数据库实例:"人事管理系统"为例。

(1)创建存储过程 proc＿per1,显示所有员工编号、员工姓名、所在部门编号、婚姻状况、专业及联系电话。

(2)调用所创建的过程 proc＿per1,查看得到的结果是否正确。

(3)创建存储过程 proc＿per2,要求设置输入参数@ygname 表示员工姓名,输入参数@ygid 表示员工编号,输入编号或员工姓名即可查询员工的调薪记录情况,包括员工编号、调薪日期、调薪原因、调前薪资、调后薪资。

(4)调用所创建的存储过程 proc＿per2,并设置输入参数,查看得到的结果是否正确。

(5)创建存储过程 proc＿per3,要求调用存储过程时,输入某个部门的名称(输入参数@departName)可查询得到该部门信息和该部门员工的信息。

(6)调用所创建的过程 proc＿per3,并设置输入参数,查看得到的结果是否正确。

3. 游标的创建。

在 xsxk 数据库中创建一个与 sc 表结构一致并包含 sc 表所有数据的新表 temp＿sc,在新建的"temp＿sc"表中创建一个名为"cur＿sc"的游标,该游标返回的结果为"temp＿sc"表中将学号为"2011010103"的学生的所有课程成绩减 5 分。

🌐 互联网＋教学资源

1. 更多课程资源访问(http://www.jpzysql.com),下载教学视频。

2. 扫描二维码,查看手机端教学资源(http://m.jpzysql.com),有效实现在线教学互动。

课程手机资源

3. 扫描二维码,关注课程微信公众平台,查看更多数据表操作教学资源及相关视频。

课程微信公众平台资源

4. 云端在线课堂＋教材融合,访问教学平台(http://www.itbegin.com)。

第 8 章   数据库的日常维护

章 首 语

　　这个世界，什么事情都有可能发生，重要的东西应该做好备份。这就像我们的人生，不备份自己的人生，是危险的人生，是落寞的人生，是没有回忆的人生。

　　成功的时候，我们须备份一份谨慎。即使前方一路坦途，也要保持如履薄冰的谨慎。要知道，有时候我们不是跌倒在逆境中，而是陷落在赞扬的掌声中。

　　得意的时候，我们须备份一份警惕。一路走来，生命中不能否认鲜花与荆棘共存，警惕之心将会是一把锋利的刀，助我们披荆斩棘，一路花香。

　　幸运的时候，我们须备份一些清醒。没有谁能永远幸运，也没有谁会一直不幸，幸运永远只会亲密那些有准备的人，花好月圆的明天也只会接纳奋斗不息者。

　　幸福的时候，我们须备份一点提醒。幸福有梯形的切面，它可以扩大，也可以缩小，需要提醒我们好好享受幸福、提醒我们尽情感觉幸福、提醒我们永远珍惜幸福。

　　当然，人生也有防不胜防的意外。

　　勒索病毒：想哭（WannaCry），是 2017 年 5 月 12 日爆发的一种恶意软件，会把用户电脑上的文件，如照片、文档、音频、视频等加密破坏。虽然已有安全专家开发出相关预防补丁，但还是有不少用户的计算机遭到感染。

　　除了拔网线、装补丁，还有什么我们可以提前去做的呢？翻到下一页，我们一起做准备吧！

子项目 6：维护学生选课管理系统数据库

　　项目概述：今天早上，汤小米的老师给了她一份任务，让她放学之后交上来。任务是要求她将班级里的一份 yggl. xls 电子表格中的所有数据导入到 SQL Server 2008 数据库服务器中。汤小米欣然接受了任务，她想凭她这一段时间的学习，创建数据库、创建数据表及插入数据应该是很轻松的一件事情。给定的电子表格中共有 12 个工作簿，每个工作簿上都有不低于 200 条的数据，忙碌中汤小米不小心误删除了数据库服务器内 xsxk 数据库中的所有信息，马上快放学了，她还没有完成给定的任务。手忙脚乱的她，此时多么希望我们能帮助到她。

【知识目标】

1. SQL Server 2008 数据库的备份。

2. SQL Server 2008 数据库的还原。

3. SQL Server 2008 数据库的导入。

4. SQL Server 2008 数据库的导出。

【能力目标】

1. 能根据数据库格式需求选择合理的转换机制。

2. 能根据项目逻辑设计中数据安全性规则创建并管理数据库备份文件。

3. 掌握数据库安全管理和日常维护的技能。

4. 树立强烈的数据安全意识，培养严谨、认真的工作态度。

【重点难点】

1. 数据库的备份与还原。

2. 数据库的导入与导出。

【知识框架】

本章知识内容为如何在 SQL Server 2008 数据库服务器中对已经创建好的数据库进行管理与维护，学习内容知识框架如图 8-1 所示。

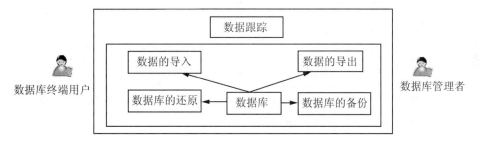

图 8-1　本章内容知识框架

任务 1　数据库的备份

▶ 1.1　任务情境

创建与实施备份和恢复计划是数据库管理员最重要的职责之一。数据库中的数据可能会因为计算机软硬件的故障、病毒、误操作、自然灾害、盗窃等原因丢失，所以备份和恢复是十分重要的。因为有许多种可能会导致数据表的丢失或者服务器的崩溃，一个简单的 DROP TABLE 或者 DROP DATABASE 语句，就会让数据表化为乌有。更危险的是 DELETE ＊ FROM table_name，可以轻易地清空数据表，而这样的错误是很容易发生的。就像汤小米同学一样，没有做好备份工作，结果辛辛苦苦做的工作全白费了。那接下来，我们以 xsxk 数据库为例，完成数据库备份的基本操作。

▶ 1.2 任务实现

利用 SQL Server Management Studio(简称 SSMS)管理工具备份数据库。

第 1 步：启动 SSMS，在"对象资源管理器"窗口中，展开"数据库"| xsxk 数据库节点。选中并右键单击，在弹出的快捷菜单中选择"任务"|"备份"，弹出"备份数据库"对话框，如图 8-2 所示。

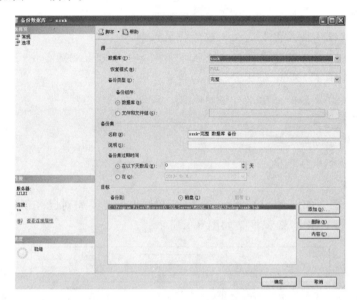

图 8-2 "备份数据库"对话框

第 2 步：在"备份数据库"对话框中，单击"添加"按钮，在弹出的"选择备份目标"对话框中选择备份文件所保存的目录路径，如图 8-3 所示。

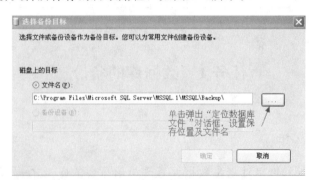

图 8-3 "选择备份目标"对话框

第 3 步：在"选择备份目录"对话框中，单击选择右侧的"选项卡"按钮，进入"定位数据库文件"对话框，选择文件保存的路径和文件名，单击"确定"。

第 4 步：在"选择备份目录"对话框中选择"确定"，回到"备份数据库"对话框，删除原默认的备份目标，确定后弹出备份成功的提示框，最后的结果如图 8-4 所示。

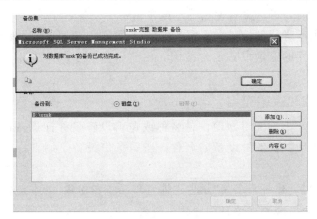

图 8-4　备份成功的提示框

▶ 1.3　相关知识

1.3.1　数据库备份设备

数据库备份设备是指用来存储备份数据的存储介质，常用的备份设备类型包括磁盘、磁带和命名管道。

(1)磁盘：磁盘备份设备是硬盘或其他磁盘存储媒体上的文件，与常规操作系统文件一样。引用磁盘备份设备与引用其他操作系统文件一样。可以在服务器的本地磁盘上或共享网络资源的远程磁盘上定义磁盘备份设备，磁盘备份设备根据需要可大可小。最大的文件大小相当于磁盘上可用的闲置空间。如果在网络上将文件备份到远程计算机上的磁盘，使用通用命名规则名称(UNC)，以"\\远程服务器\共享文件名\路径名\文件名"的格式指定文件的位置。将文件写入本地硬盘时，必须给 SQL Server 使用的用户账户授予适当的权限，以在远程磁盘上读写该文件。

在网络上备份数据可能受错误的影响，因此请在完成备份后验证备份操作。

(2)磁带：使用磁带作为存储介质，必须将磁带安装在运行 SQL Server 的计算机上，磁带备份不支持网络远程备份。在 SQL Server 2008 以后的版本中将不再支持磁带备份设备。

(3)命名管道：命名管道是微软专门为第三方软件供应商提供的一个备份和恢复方式。命名管道设备不能使用 SSMS 管理工具来建立和管理，若要将数据库备份到命名管道设备上，则必须在 backup 语句中提供管道名。

SQL Server 对数据库进行备份时，备份设置可以采用以下两种方式：

(1)物理设置名称：即操作系统文件名，直接采用备份文件在磁盘上以文件方式存储的完整路径名，如"D:\backup\data_full.bak"。

(2)逻辑设置名称：为物理备份设备指定的可选的逻辑别名。使用逻辑设备名称可以简化备份路径，且逻辑设备名称可永久地存储在 SQL Server 内的系统表中。使用逻辑备份设备的优点是比引用物理设备名称简单。例如，逻辑设备名称可以是 Accounting_Backup，而物理设备名称则是 C:\Backups\Accounting\Full.bak。当然，备份或还原数据库时，可以交替使用物理或逻辑备份设备名称。

注意：对数据库进行备份时，不要备份到数据库所在的同一物理磁盘上的文件中。因为如果包含数据库的磁盘设备发生故障，由于备份位于同一发生故障的磁盘上，而无法恢复数据库。

1.3.2 物理和逻辑设备

在操作系统中，一般使用物理设备名称或逻辑设备名称标识备份设备。物理备份设备是操作系统用来标识备份设备的名称；逻辑备份设备是用来标识物理备份设备的别名或公用名称。

【课堂实例 8-1】创建一个名为"学生选课管理系统备份集"的本地磁盘备份设备。

方法 1：利用 SSMS 管理工具创建备份设备

第 1 步：启动 SSMS 管理工具，展开"对象资源管理器"|"服务器对象"|"备份设备"节点，右键单击选中弹出快捷菜单。

第 2 步：在弹出的快捷菜单中，选择"新建备份设备"后，打开"新建备份设备"窗口。

第 3 步：输入备份设备逻辑名称，并指定备份设备的物理路径，单击"确定"按钮，如图 8-5 所示。

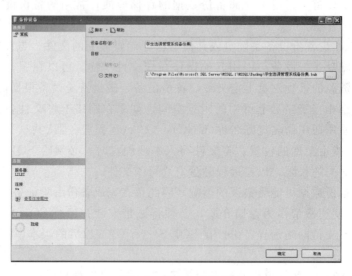

图 8-5 创建备份设备

方法 2：利用系统存储过程创建备份设备

除了上述使用 SSMS 管理工具创建备份设备，也可以使用系统存储过程 sp_addumpdevice 来创建备份设备，其语法结构如下：

sp_addumpdevice'device_type',

'logical_name','physical_name','controller_type','device_status'

这些命令的参数描述如表 8-1 所示。

表 8-1　sp ＿ addumpdevice 参数

参　　　数	描　　　述
device ＿ type	用来指定设备类型：disk 或 tape
logical ＿ name	将在 backup 和 restore 中使用的备份设备的名称
physical ＿ name	操作系统文件名（遵守通用命名约定（UNC）的名称）或磁带路径
controller ＿ type	不再需要的参数：2 代表磁盘，5 代表磁带
device ＿ status	这个选项确定 ANSI 磁盘标志是可读(noskip)还是被忽略(skip)，在应用之前，noskip 是磁带类型的默认值。该选项和 controller ＿ type 只能指定其中一个，不能都指定

要查看备份设备的定义，可以使用 sp ＿ helpdevice 系统存储过程，它只包含一个参数 logical ＿ name。打开"新建查询"窗口，输入以下代码：

```
use master
go
exec sp_addumpdevice'disk','first','d :\backup\first. bak'
```

1.3.3　管理数据库备份设备

在 SQL Server 2008 中，创建了备份设备以后可以通过系统存储过程、T-SQL 语句和 SSMS 管理工具等方法查看备份设备的信息或删除不用的备份设备。

【课堂实例 8-2】管理备份设备。

方法 1：利用 SSMS 管理工具管理备份设备

第 1 步：启动 SSMS 管理工具，展开"对象资源管理器"｜"服务器对象"｜"备份设备"节点。

第 2 步：右键单击需要查看或是管理的备份设备，在弹出的快捷菜单中选择"删除"操作，弹出"删除对象"对话框，选择"确定"即可完成对本地备份设备的管理。

方法 2：利用系统存储过程、T-SQL 语句管理备份设备

第 1 步：在"新建查询"窗口中使用 sp ＿ helpdevice 命令查看服务器上每个设备的相关信息。

第 2 步：在"新建查询"窗口中使用 load headeronly from first 命令查看 first 备份设备的详细情况。

第 3 步：使用 sp ＿ dropdevice 命令将服务器内在课堂实例 8-1 中创建的备份设备删除，语句如下：

```
exec sp_dropdevice 'first'
```

1.3.4　数据库备份概述

备份就是制作数据库结构、对象和数据的复制，存储在计算机硬盘以外的其他存储介质上，以便在数据库遭到破坏时能够恢复数据库。随着办公自动化和电子商务的飞速发展，企业对信息系统的依赖性越来越高，数据库作为信息系统的核心担当着重要的角色。尤其在一些对数据可靠性要求很高的行业（如银行、证券、电信等），如果发生意外停机或数据丢失其损失会十分惨重。为此数据库管理员应针对具体的业务要求制定详细的数据库备份与灾难恢复策略，并通过模拟故障对每种可能的情况进行严格测试，只有这样才能保证数据的高可用性。数据库的备份是一个长期的过程，而恢复只在发生事故后进行，恢复可以看作备份的逆过程，恢复程度的好坏很大程度上依赖于备份的情况。此外，数据库管理员在恢复时采取的步骤正确与否也直接影响最终的恢复结果。

1.3.5 数据库备份类型

（1）按照备份数据库的大小数据库备份有四种类型，分别应用于不同的场合，下面简要介绍一下。

①完整备份：这是大多数人常用的方式，它可以备份整个数据库，包含用户表、系统表、索引、视图和存储过程等所有数据库对象。但它需要花费较多的时间和空间，所以，一般推荐一周做一次完全备份。

【课堂实例 8-3】对 xsxk 数据库进行一次完整性备份，备份结果保存在课堂实例 8-1 中创建的"学生选课管理系统备份集"备份设备。

方法 1：利用 SSMS 管理工具完整备份数据库

第 1 步：打开 SSMS 管理工具，在"对象资源管理器"窗口中展开"数据库"，右键单击选中 xsxk 数据库，在弹出的快捷菜单中选择"任务"｜"备份"，弹出"备份数据库"对话框。

第 2 步：在弹出的"备份数据库"对话框中，备份类型选择完整；备份组件选择数据库；备份介质选择磁盘；"添加"按钮选取"备份的目录"（文件夹中还是备份设备上），如图 8-6 所示。

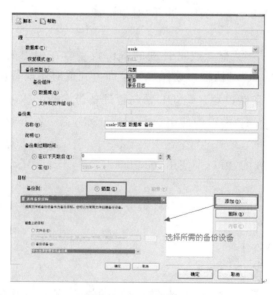

图 8-6 数据库完整备份

第 3 步：验证备份，在"对象资源管理器"窗口中，展开"服务对象"｜"备份设备"，右击备份设备"学生选课管理系统备份集"，从弹出的快捷菜单中选择"验证"命令。

第 4 步：在弹出的"属性"对话框的"选择页"处单击选择并打开"媒体内容"页面，

即可以看到"学生选课管理系统备份集"的备份设备中增加了一个完整备份，如图 8-7 所示。

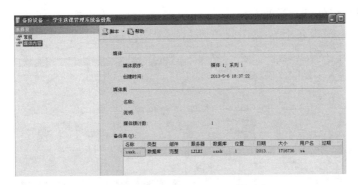

图 8-7　查看备份设备的内容

方法 2：利用 backup 命令完整备份数据库

对数据库进行完整备份的语法如下：

backup database ＜数据库名＞

to ＜目录设备＞

［with

name＝备份的名称

descripition＝［备份描述］

init｜noinit］

其中，init 表示新备份的数据覆盖当前备份设备上的每项内容，即原来在此设备上的数据信息都将不存在了；notinit 表示新备份的数据添加到备份设备上已有内容的后面。

打开"新建查询"窗口，编写程序代码，如图 8-8 所示。

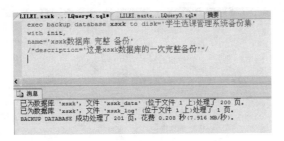

图 8-8　使用 backup 命令创建备份

②差异备份：也叫增量备份。它是只备份数据库一部分的另一种方法，它不使用事务日志而使用整个数据库的一种新映象。它比最初的完全备份小，因为它只包含自上次完全备份以来所改变的数据库。它的优点是存储和恢复速度快。推荐每天做一次差异备份。

【课堂实例 8-4】在课堂实例 8-3 创建的完整备份的基础上追加一个 xsxk 数据库的差异备份，备份结果保存在课堂实例 8-1 中创建的"学生选课管理系统备份集"备份设备。

方法 1：利用 SSMS 管理工具差异备份数据库

第 1 步：打开 SSMS 管理工具，在"对象资源管理器"窗口中展开"数据库"，右键单击选中 xsxk 数据库，在弹出的快捷菜单中选择"任务"｜"备份"，弹出"备份数据库"对话框。

第 2 步：在弹出的"备份数据库"对话框中，"选择页"选择"常规"选项；备份类型选择差异；备份组件选择数据库；备份介质选择磁盘；"添加"按钮选取"备份的目录"（文件夹中还是备份设备上），如图 8-9 所示。

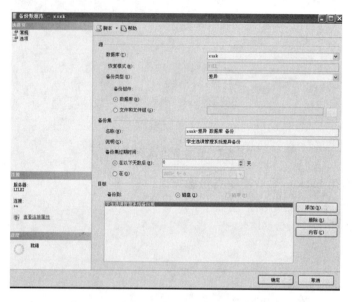

图 8-9　"备份数据库"对话框中信息设置

第 3 步：选择"选择页"的"选项"选项，选择"追加到现有备份集"单选按钮，以免覆盖现有的完整备份，启用"完成后验证备份"，确保备份完成后是一致的。具体设置情况如图 8-10 所示。

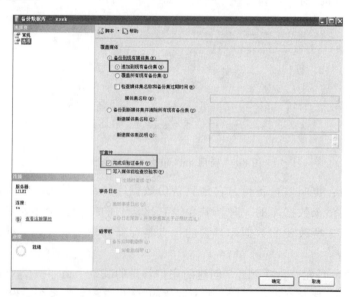

图 8-10　设置"差异备份"的"选项"页面

第 4 步：在"对象资源管理器"窗口中，展开"服务对象"｜"备份设备"，右击备份设备"学生选课管理系统备份集"，在打开的"属性"对话框的"选择页"处单击选择并打开"媒体内容"页面，即可以看到"学生选课管理系统备份集"的备份设备中新增加了差异备份，如图 8-11 所示。

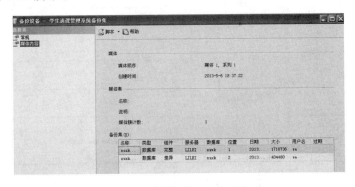

图 8-11　查看备份设备中的内容

方法 2：利用 backup 命令差异备份数据库

创建数据库差异备份也可以使用 backup 命令，差异备份的语法与完整备份的语法相似，进行差异备份的语法格式如下：

```
backup database <数据库名>
to <目录设备>
[with
differential
name＝备份的名称
description＝[备份描述]
init|noinit]
```

其中，with differential 子句指定此次备份是差异备份，其他选项与完整备份相似，这里就不再累述了。

③事务日志备份：事务日志是一个单独的文件，它记录数据库的改变，备份的时候只需要复制自上次备份以来对数据库所做的改变，所以只需要很少的时间。为了使数据库具有鲁棒性，推荐每小时甚至更频繁的备份事务日志。

【课堂实例 8-5】对 xsxk 数据库进行事务日志备份，备份结果保存在课堂实例 8-1 中创建的"学生选课管理系统备份集"备份设备。

方法 1：利用 SSMS 管理工具创建事务日志备份

第 1 步：打开 SSMS 管理工具，在"对象资源管理器"窗口中展开"数据库"，右键单击选中 xsxk 数据库，在弹出的快捷菜单中选择"任务"|"备份"，弹出"备份数据库"对话框。

第 2 步：在弹出的"备份数据库"对话框中，"选择页"选择"常规"选项，备份类型选择事务日志；备份组件选择数据库；备份介质选择磁盘；"添加"按钮选取"备份的目录"(文件夹中还是备份设备上)，如图 8-12 所示。

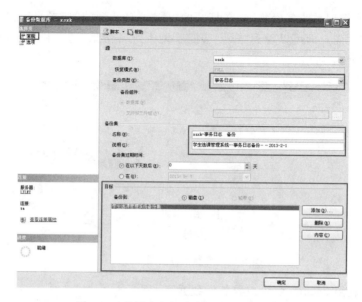

图 8-12　设置事务日志备份的"常规"页面

第 3 步：选择"选择页"的"选项"选项，选择"追加到现有备份集"单选按钮，以免覆盖现有的完整备份，启用"完成后验证备份"，确保备份完成后是一致的。具体设置情况如图 8-13 所示。

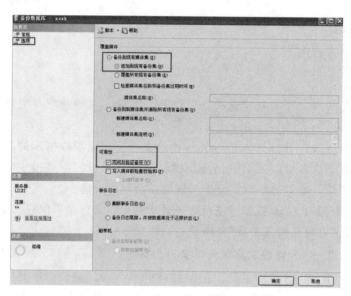

图 8-13　事务日志备份的"选项"页面

第 4 步：在"对象资源管理器"窗口中，展开"服务对象"|"备份设备"，右击备份设备"学生选课管理系统备份集"，在打开的"属性"对话框的"选择页"处单击选择并打开"媒体内容"页面，即可以看到"学生选课管理系统备份集"的备份设备中新增加了事务日志备份，如图 8-14 所示。

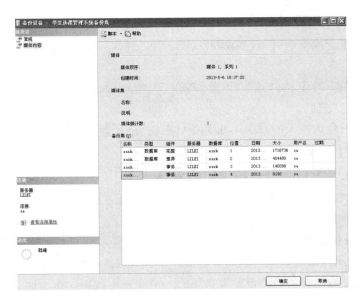

图 8-14　查看事务日志备份

方法 2：利用 backup 命令创建事务日志备份

利用 backup 命令创建事务日志备份，语法格式如下：

 backup log ＜数据库名＞

 to ＜目录设备＞

 ［with

 differential

 name＝备份的名称

 descripition＝［备份描述］

 init｜noinit］

当 SQL Server 完成事务日志备份时，自动截断数据事务日志中不活动的部分（完成的事务日志已经被备份），事务日志被截断后，释放出的空间可以被重复使用，避免了日志文件的无限增长。

backup log 语句可以只截断事务日志，而不对事务日志进行备份，语法格式如下：

 backup log ＜数据库名＞

 with

 no log｜trancate_only

其中，no log 与 trancate _ only 参数的作用一样，可以使用任意一个。

【课堂实例 8-6】对 xsxk 数据库的事务日志中不活动的部分截断，并且不对其进行备份，设计语句如下：

 backup log xsxk

 with no_log

④文件备份：数据库可以由硬盘上的许多文件构成。如果这个数据库非常大，并且一次也不能将它备份完，那么可以使用文件备份每次备份数据库的一部分。由于一般情况下数据库不会大到必须使用多个文件存储，所以这种备份不是很常用。

1.3.6 数据库定时备份计划

(1)每天的某个固定的时刻(如夜晚 01:00:00,时间可以自主设定的)对数据库进行一次"完全备份"。

(2)每天的某个时段(如 0:00:00 至 23:59:59 内)对数据库的事务日志进行"差异备份"。

(3)每天保留最近两天的数据库和事务日志的备份(即前一天和前两天的),自动地删除两天前的所有数据库和事务日志的备份。

1.3.7 SQL Server 操作中备份的限制

在 SQL Server 2008 及更高版本中,可以在数据库在线并且正在使用时进行备份。但是,存在下列限制。

1. 无法备份脱机数据

隐式或显式引用脱机数据的任何备份操作都会失败。典型示例包括:

(1)请求完整数据库备份,但是数据库的一个文件组脱机。由于所有文件组都隐式包含在完整数据库备份中,因此该操作将会失败。若要备份此数据库,可以使用文件备份并仅指定联机的文件组。

(2)请求部分备份,但是有一个读/写文件组处于脱机状态。由于部分备份需要使用所有读/写文件组,因此该操作失败。

(3)请求特定文件的文件备份,但是其中有一个文件处于脱机状态,则该操作失败。若要备份联机文件,可以省略文件列表中的脱机文件并重复该操作。通常,即使一个或多个数据文件不可用,日志备份也会成功。但如果某个文件包含大容量日志恢复模式下所做的大容量日志更改,则所有文件都必须处于联机状态才能成功备份。

2. 备份过程中的并发限制

数据库仍在使用时,SQL Server 可以使用联机备份过程来备份数据库。在备份过程中,可以进行多个操作,如在执行备份操作期间允许使用 insert、update 或 delete 语句。但是,如果在正在创建或删除数据库文件时尝试启动备份操作,则备份操作将等待,直到创建或删除操作完成或者备份超时。在数据库备份或事务日志备份的过程中无法执行的操作包括:

(1)文件管理操作,如含有 add file 或 remove file 选项的 alter database 语句。

(2)收缩数据库或文件操作,这包括自动收缩操作。

(3)如果在进行备份操作时尝试创建或删除数据库文件,则创建或删除操作将失败。

如果备份操作与文件管理操作或收缩操作重叠,则产生冲突。无论哪个冲突操作首先开始,第 2 个操作总会等待第 1 个操作设置的锁超时。(超时期限由会话超时设置控制)如果在超时期限内释放锁,第 1 个操作将继续执行。如果锁超时,则第 2 个操作失败。

任务 2　数据库的还原

▶ 2.1　任务情境

　　数据备份并不是最终目的，最终的目的就是恢复数据。恢复数据就是让数据库根据备份回到备份时状态。当恢复数据库时，SQL Server 会自动将备份文件中的数据全部复制到数据库，并回滚任何未完成的任务，以保证数据库中数据的完整性。针对前面汤小米同学犯的错误，假如她在误操作之前已经做好 xsxk 数据库完整备份，那么遇到删除了整个数据库情况，她应该如何做到恢复呢？下面就让我们一起来学习如何恢复数据吧。

▶ 2.2　任务实现

　　第 1 步：在 SSMS 窗口中，展开服务器组，并展开要还原的数据库所在的服务器。

　　第 2 步：右击"数据库"，在弹出的快捷菜单中选择"还原数据库"。

　　第 3 步：在打开的"还原数据库"窗口中选择"源设备"，再单击"源设置"后面的 ⋯ 按钮，弹出一个选定"指定设备"对话框中，"备份媒体"处选择"备份设备"，然后单击"添加"按钮，选择本章任务 1 中所创建"学生选课管理系统备份集"备份设备，确定后，返回"还原数据库"的"常规"页面，如图 8-15 所示。

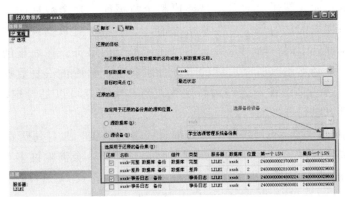

图 8-15　"还原数据库"的"常规"页面

　　第 4 步：在"还原数据库"的"选项"页面，设置如图 8-16 所示。

　　第 5 步：设置完成后，单击"确定"按钮即可开始恢复。

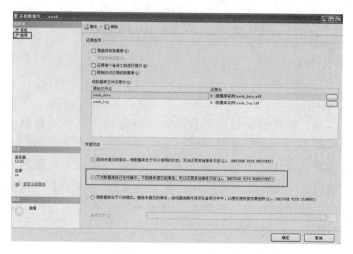

图 8-16　"还原数据库"的"选项"页面

▶ 2.3　相关知识

数据库还原是指将数据库的备份加载到系统中。还原与备份是相对应的操作，备份是还原的基础，没有备份就无法还原。但是，备份系统是在系统正常的情况下执行的操作，而还原是在系统非正常的情况下执行的操作，所以，还原相对于备份而言较复杂。

当然了，数据库完整还原的目的是还原整个数据库。整个数据库在还原期间处于脱机状态。在数据库的任何部分变为联机之前，必须将所有数据恢复到同一点，即数据库的所有部分都处于同一时间点并且不存在未提交的事务。在完整恢复模式下，还原数据备份之后，必须还原所有后续的事务日志备份，然后再恢复数据库。我们可以将数据库还原到这些日志备份之一的特定恢复点。恢复点可以是特定的日期和时间、标记的事务或日志序列号(LSN)。

【课堂实例 8-7】假如 xsxk 数据库每天都有大量的数据，并且每天都会定时什么事务日志备份。假如深夜 23:00:00 的时候服务器出现故障，会清除许多重要的数据，所以，可以对数据库设置时间点还原数据。把时间点设置在深夜 23 点，既保存了 23:00:00 之前的数据修改，又可以对 23:00:00 之后出现的错误忽略。

第 1 步：打开 SSMS 窗口，展开服务器里的数据库节点。

第 2 步：右击 xsxk 数据库，在弹出的快捷菜单中选择"任务"｜"还原"｜"数据库"。

第 3 步：在弹出的"还原数据库"对话框中，选择"目标时间点"后面的按钮，打开"时间还原"窗口，选择"还原日期和时间"单选按钮，在"日期"和"时间"中输入具体时间，如图 8-17 所示。

图 8-17　"时间还原"窗口

第 4 步：单击"确定"按钮，完成设置。

特别提示：

(1)当执行还原最后一个备份时，必须选择 restore with recovery 选项，否则数据库将一直处于还原状态。

(2)时间点恢复只适用于事务日志备份，不适用于完整备份和差异备份。

任务 3　数据的导出

▶ 3.1　任务情境

汤小米同学在学习 SQL Server 数据库之前，已经使用过 Access 数据库管理系统，现在，她想将存储在 SQL Server xsxk 数据库的 s 表中的数据存储到 Access 中。下面让我们一起来帮助她吧。

▶ 3.2　任务实现

第 1 步：在本地 D 盘上事先创建一个 xsxk.mdb 的 Access 文件。

第 2 步：打开 SSMS 管理工具，在"对象资源管理器"窗口中，右键单击"xsxk"节点，在弹出的快捷菜单中选择"任务"|"导出"命令，将打开"SQL Server 导入和导出向导"对话框。

第 3 步：单击"下一步"进入"选择数据源"界面，选择身份证验的方式，再单击"下一步"选择目标页面，如图 8-18 所示。

第 4 步：设置目标、文件名等信息，如图 8-19 所示。

第 5 步：单击"下一步"进入"指定表复制或查询"页面，选中"复制一个或多个表或视图的全部数据"单选按钮后，单击"下一步"。

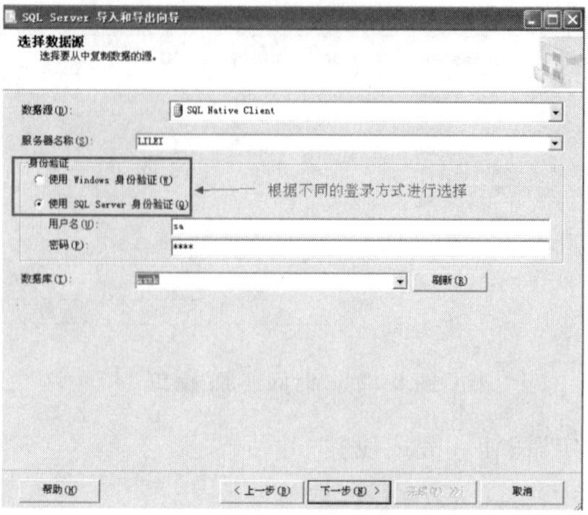

图 8-18　选择数据源

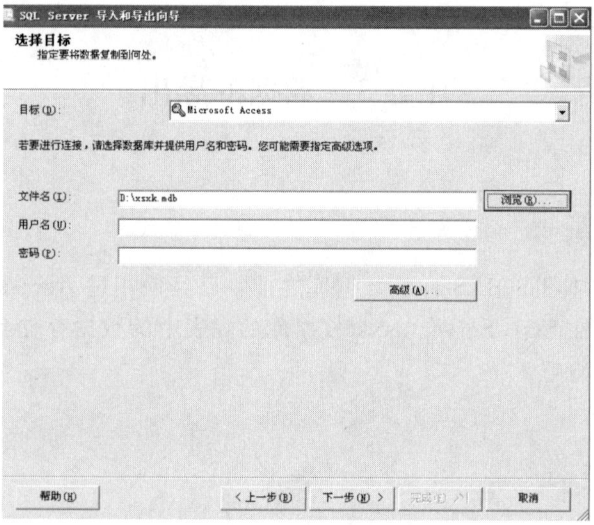

图 8-19　选择目标

第 6 步：进入"选择源表和源视图"对话框，选中☐ ▦ [xsxk].[dbo].[s] 复选框。

第 7 步：单击"下一步"进入"保存并执行包"，无须设置页面，再单击"下一步"｜"完成"，弹出"执行成功"，如图 8-20 所示。

第 8 步：打开 D：\ "xsxk. mdb"数据库，查看导出的结果，如图 8-21 所示。

【课堂实例 8-8】将 xsxk 数据库的 s 表中的所有数据导出为 Excel 数据。

第 1 步：在 D 盘的根目录下创建一个 Excel 电子表格，命名为 student。

第 2 步：选中数据库 xsxk(右键)｜"任务"｜"导出"数据，如图 8-22 所示。

第 3 步：选择数据源选择" ▤ SQL Native Client "，身份验证选择"使用 SQL Server 身份验证"，输入 sa 的账户登录密码(如果此处 sa 账户的密码没用，可选择"使用 Windows 身份验证")，单击"下一步"即可，如图 8-23 所示。

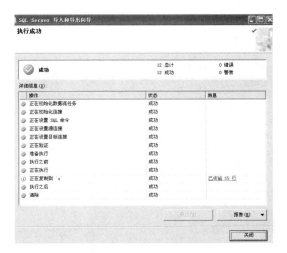

图 8-20　执行成功

图 8-21　查看导出结果

图 8-22　SQL Server 导入和导出向导

图 8-23　选择数据源

第 4 步：选择目标 Microsoft Excel，文件名浏览选择 D 盘根目录下的 xsxk. xls，如图 8-24 所示。

图 8-24　选择目标

第 5 步：单击"下一步"，选中 复制一个或多个表或视图的数据(C) 选项。

第 6 步：选中数据库中需要导出的表"s"，单击"下一步"，弹出"保存并执行"页面，默认设置，再单击"下一步"，弹出"完成该向导"页面，选择"完成"按钮，执行成功后，即完成了将 SQL Server 中的数据表转换成 Excel 的操作。

第 7 步：打开 D 盘面的 xsxk. xls 电子表格文件，查看结果。

【课堂实例 8-9】将 xsxk 数据库的 s 表中的所有数据导出为文本文件。

第 1 步：在本地 D 盘下面创建一个命名为 s 的文本文件 s.txt。

第 2 步：选中数据库 xsxk(右键)｜"任务"｜"导出数据"，弹出"SQL Server 导入和导出向导"对话框。

第 3 步：选择数据源选择 SQL，身份验证选择使用 SQL Server 身份验证，输入 sa 账户的登录密码。

第 4 步：单击"下一步"，弹出"选择目标"页面，设置如图 8-25 所示。

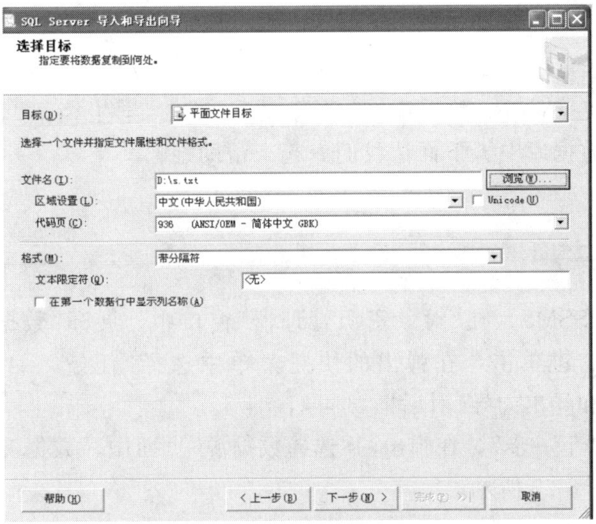

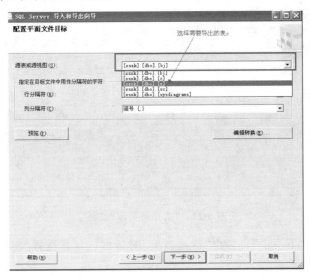

图 8-25　选择目标

第 5 步：单击"下一步"，选中 复制一个或多个表或视图的数据(C) 选项。

第 6 步：在"配置文件目标"窗口中"源表或源视图"的下拉位置处选择需要导出的 s 表，其余默认设计，如图 8-26 所示。

图 8-26　配置平面文件目标

第 7 步：根据提示单击"下一步"，至导出数据执行成功的界面，关闭即可。

第 8 步：查看学生文件夹中 s.txt 文本文件，里面存放的是从 xsxk 数据库中导出的数据表 s。

任务 4 数据的导入

▶ 4.1 任务情境

汤小米同学在学习 SQL Server 数据库之前，已经使用过 Access 数据库管理系统，现在，她想将存储在 Access 数据库"教学管理系统"的"学生档案"表中的数据存储到 SQL Server xsxk 数据库中。下面让我们一起来帮助她吧。

▶ 4.2 任务实现

第 1 步：启动 SSMS，在"对象资源管理器"窗口中，展开"数据库"|"xsxk 数据库"节点。选中并右键单击，在弹出的快捷菜单中选择"任务"|"导入数据"，弹出"SQL Server 导入和导出向导"对话框。

第 2 步：单击"下一步"，在弹出的"选择数据源"页面中，数据源处选择"Microsoft Access"，设置如图 8-27 所示。

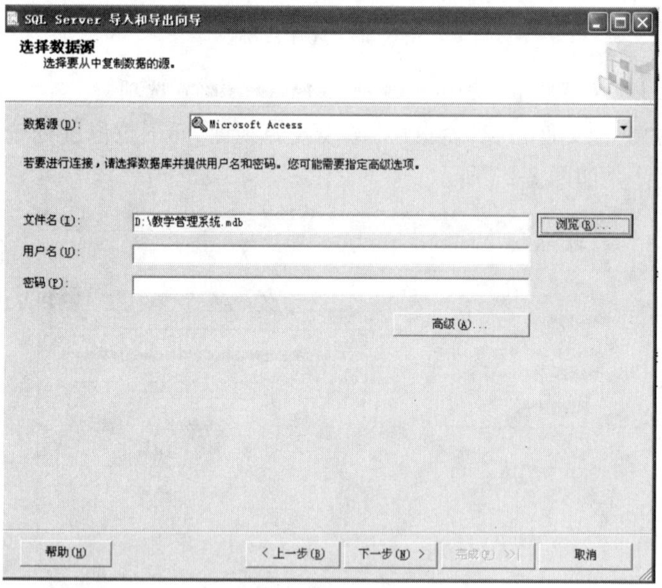

图 8-27 "选择数据源"页面

第 3 步：单击"下一步"，弹出"选择目标"对话框，目标选择"SQL Native Client"，其他设置如图 8-28 所示。

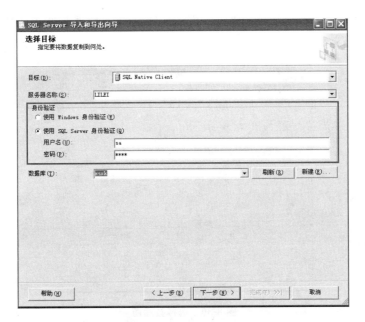

图 8-28　"选择目标"页面

第 4 步：单击"下一步"，弹出"表复制或查询"对话框，选中 ⦿ 复制一个或多个表或视图的数据(C) 选项，继续单击"下一步"，弹出"选择源表和源视图"页面，如图 8-29 所示。

图 8-29　"选择源表和源视图"页面

第 5 步：单击"下一步"，继续数据的导出至弹出"执行成功"对话框。

第 6 步：在"对象资源管理器"窗口中刷新 xsxk 数据库，即可查看到 xsxk 数据库中多增加了一数据表，即为导入的数据表"学生档案表"。

【课堂实例 8-10】将已经创建好的工资 .xls 电子表中的数据导入到 xsxk 数据库中。

第 1 步：启动 SSMS，在"对象资源管理器"窗口中，展开"数据库"|"xsxk 数据库"节点。选中并右键单击，在弹出的快捷菜单中选择"任务"|"导入数据"，弹出"SQL Server 导入和导出向导"对话框。

第 2 步：单击"下一步"，弹出"选择数据源"页面中，数据源处选择"Microsoft Excel"，设置如图 8-30 所示。

图 8-30　选择数据源

第 3 步：单击"下一步"，弹出"选择目标"对话框，目标选择"SQL Native Client"，其他设置如图 8-31 所示。

图 8-31　选择目标

第 4 步：单击"下一步"，弹出"表复制或查询"对话框，选中 复制一个或多个表或视图的数据(C) 选项，继续单击"下一步"，弹出"选择源表和源视图"页面，如图 8-32 所示。

图 8-32　"选择源表和源视图"页面

第 5 步：单击"下一步"，继续数据的导出至弹出"执行成功"对话框。

第 6 步：在"对象资源管理器"窗口中刷新 xsxk 数据库，即可查看到 xsxk 数据库中增加了一数据表，即为导入的数据表"Sheet1＄"。

【课堂实例 8-11】将已经创建好的文本文件数据导入到 xsxk 数据库中。

第 1 步：打开记事本，输入以下内容，保存在 D 盘根下，命名为"c"。

　　c013,PHP 程序设计,2

　　c014,HTML 标记语言,3

　　c015,局域网组建,3

第 2 步：启动 SSMS，在"对象资源管理器"窗口中，展开"数据库"｜"xsxk 数据库"节点。选中并右键单击，在弹出的快捷菜单中选择"任务"｜"导入数据"，弹出"SQL Server 导入和导出向导"对话框。

第 3 步：单击"下一步"，弹出"选择数据源"页面中，数据源处选择"平面文件源"，设置如图 8-33 所示。

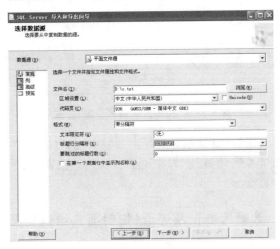

图 8-33　"选择数据源"页面

第4步：单击"下一步"，弹出"选择目标"对话框，目标选择"SQL Native Client"，其他设置如图 8-34 所示。

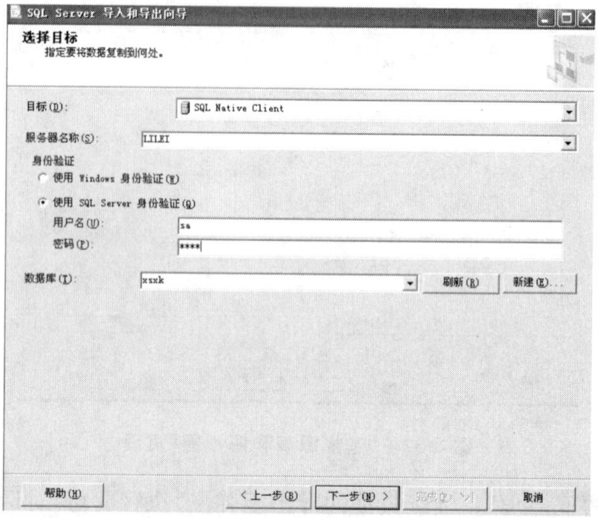

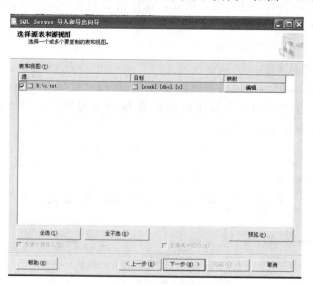

图 8-34　选择目标

第5步：单击"下一步"，弹出"表复制或查询"对话框，选中 ● 复制一个或多个表或视图的数据(C) 选项，继续单击"下一步"，弹出"选择源表和源视图"页面，如图 8-35 所示。

图 8-35　"选择源表和源视图"页面

第6步：单击"下一步"，继续数据的导出至弹出"执行成功"对话框。

第7步：在"对象资源管理器"窗口中刷新 xsxk 数据库，即可查看到 xsxk 数据库中"c"中多增加了一行数据。

 课堂实训 10：数据库备份及还原(扫封面二维码查看)

扩展实践

1. 现在越来越多的公司拥有了 TB 级的数据库，这些数据库称为大型数据库（VLDB）。对于大型数据库，如果每次执行完整备份是不切实际的，当然应当执行数据库文件或文件组备份。

提示：(1)为 xsxk 数据库添加文件组 FileGroup。

(2)在新建的文件组上创建新的文件。

(3)修改 xsxk 数据库中的 s 表属性 Text/Image 文件组 　　FileGroup　　。

(4)执行文件组备份。

2. 以 xsxk 数据库为例，制作组合备份策略如下：

(1)每周执行 1 次完整备份。

(2)每 2 天执行 2 次差异备份。

(3)每天执行 2 次事务日志备份。

使用维护计划向导，创建此备份策略的具体备份计划。

3. 以随书赠送的素材库中的数据库实例："人事管理系统"为例，要求：附加"人事管理系统"数据库至 SQL Server 2008 数据库服务器中。

(1)对"人事管理系统"数据库做一次"完整备份"，备份结果保存在名为"人事管理系统备份集"的备份设备中。

(2)对"人事管理系统"数据库做一次"差异备份"，备份结果保存在名为"人事管理系统备份集"的备份设备中，备份记录 3 天后自动删除。

(3)对"人事管理系统"数据库的"事务日志"做一次"完整备份"，备份结果保存在名为"人事管理系统备份集"的备份设备中，备份记录 30 天后自动删除。

4. 以随书赠送的素材库中的数据库实例："人事管理系统"为例，要求：附加"人事管理系统"数据库至 SQL Server 2008 数据库服务器中。

(1)将"人事管理系统"数据库中的"员工信息"表中数据导出至 Access 数据库中。

(2)将"人事管理系统"数据库中的"员工信息"表中数据导出至 Excel 数据库中。

(3)将以下数据库存放在 depart. txt 文档中。

　　10008,运营部,6

　　10009,外联部,3

　　10010,企划部,2

将此文档中的这三条记录，导入至"人事管理系统"数据库的"部门信息"表中，并用 select 语句检查数据导入的正确性。

进阶提升

1. 使用 MSSQL 的维护计划来备份表分区。

假设这样一个场景：一个数据库现在已经几十 G(图 8-40)，但是占用主要空间的就是两个表的数据(流水记录数据)，其他的表都是配置表，对这些配置表数据安全性要求比较高，而对流水数据比较低，那么有什么方案可以保证这个数据库的数据安全呢？

结果 消息

	nameinfo	rowsinfo	reserved	datainfo	index_size	unused
1	PostSnapshot	128168	16532272 KB	16538864 KB	112 KB	0 KB
2	PostLog	276022	11214544 KB	11209800 KB	1792 KB	2952 KB
3	ReplyTrack	92907	16640 KB	16552 KB	72 KB	16 KB
4	SystemLog	87454	9480 KB	9376 KB	48 KB	56 KB
5	Article	3713	8400 KB	8304 KB	40 KB	56 KB
6	ArticleTrack	8748	2176 KB	2128 KB	24 KB	24 KB
7	AddtionParameter	4498	2048 KB	1976 KB	16 KB	56 KB
8	Board	797	1704 KB	1616 KB	16 KB	72 KB
9	Reply	1276	928 KB	904 KB	16 KB	8 KB

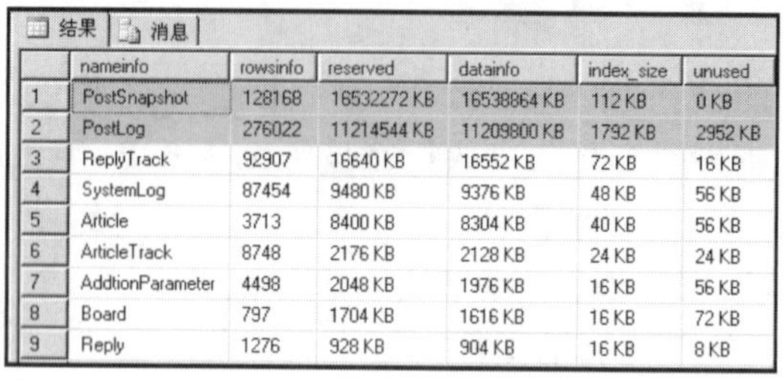

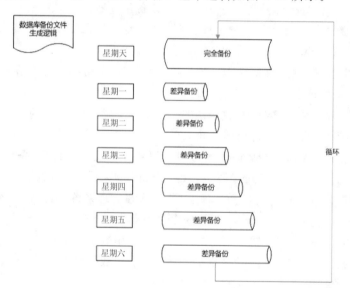

图 8-40　测试数据库

2. 按要求制订备份方案。

假设数据库不是很大，但是数据会比较重要，大概一天一个备份就能满足业务需要，那应该如何设计备份方案呢？

要求：对 xsxk 数据库在星期天晚上 02:00 做一次数据库的完全备份，其他时间星期一至星期六晚上 02:00 做一次差异备份，基本逻辑如图 8-45 所示。

图 8-45　数据备份基本逻辑

互联网+教学资源

1. 更多课程资源访问(http://www.jpzysql.com)，下载教学视频。

2. 扫描二维码，查看手机端教学资源(http://m.jpzysql.com)，有效实现在线教学互动。

课程手机资源

3. 扫描二维码，关注课程微信公众平台，查看更多数据表操作教学资源及相关视频。

课程微信公众平台资源

4. 云端在线课堂＋教材融合，访问教学平台(http://www.itbegin.com)。

第 9 章　数据库的安全管理

章 首 语

　　木桶原理又称木桶效应。其意义为：盛水的木桶是由许多块木板箍成的，盛水量也是由这些木板共同决定的。若其中一块木板很短，则此木桶的盛水量就被短板所限制。这块短板就成了这个木桶盛水量的"限制因素"（或称"短板效应"）。若要使此木桶盛水量增加，只有换掉短板或将短板加长。人们把这一规律总结为"木桶原理"。

　　如果把木桶比作人生，那么"短板"实际上就是我们生命中的一些弱点。比如，很多人不注意个人习惯，导致在生活和工作中出现失误。缺点和毛病就是人的"短板"，因为它们的存在，制约了一个人才能的发挥。有时候，一些不良的习惯甚至有可能葬送一个人的事业。所以，我们不能被缺点牵着鼻子走，而要主动将"短板"加长，将缺点纠正过来。

　　如果将知识与技能分门别类来看，每一门知识都可以被看作一个独立的小木桶。由于个体的差异，也许一个人因为在某一方面的知识和技能不如他人，而拥有一个相对较小的木桶，但是，他在其他方面的知识与技能却强于他人，这就意味着他同时还拥有几个容量相对较大的木桶，这样他所拥有木桶的总容量就会相对较大。一个人掌握知识的种类越多，也就相当于他所拥有木桶的数量越多，那么他可以容纳水的总量也就相对较大。因此，当一个人的知识深度（板高）难以增加时，那就不妨增加自己的知识广度（半径）和门类（木桶的数量），而且后一种方法可能会更有效的提升自己的知识总量和技能水平。

　　如果把木桶运用到如今的数据安全防护之中又会有什么样的效果呢？

子项目 7：学生选课管理系统数据库的安全管理

项目概述：安全管理对于 SQL Server 2008 数据库管理系统而言是至关重要的，数据库的安全性涉及对用户的管理、对数据库对象操作权限的管理和对登录数据权限的管理等方面。汤小米通过前面子项目的学习，基本掌握了数据库常用对象的操作与管理，那么在实际应用中，该如何根据系统对数据库的安全性要求采用合适的方式来完成数据库的安全体系设计呢？这就是本章要讲的内容。

【知识目标】

1. SQL Server 2008 身份验证模式及配置方法。

2. 数据库用户。

3. 权限和角色的概述。

【能力目标】

1. 能根据数据库安全需求设置 SQL Server 登录身份验证模式。

2. 能根据数据库安全需求创建 SQL Server 登录名和数据库用户。

3. 能根据数据库安全需求进行权限和角色管理。

4. 能处理好维护数据库安全和为用户服务之间的关系。

【重点难点】

1. 登录名。

2. 数据库用户。

3. 权限和角色。

【知识框架】

本章知识内容为如何更好地管理数据库系统的安全，保护数据不受内部和外部侵害，学习内容知识框架如图 9-1 所示。

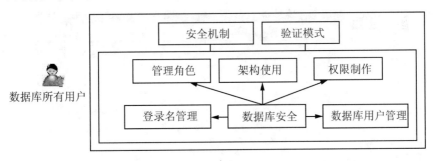

图 9-1　本章内容知识框架

任务 1   创建登录账户

▶ 1.1   任务情境

成功安装了 SQL Server 2008 之后会产生一些内置的登录账户，由于这些内置的登录账户都具有特殊的含义和作用，因此通常不将它们分配给普通用户服务使用。所以，现在汤小米同学创建一个适用于自己的用户权限登录账户，以便于为 Windows 授权用户创建支持 Windows 身份验证的登录名（设置 xsxk 数据库的登录账户为：txm01）和 SQL Server 授权用户创建支持 SQL Server 身份验证的登录账户（设置 xsxk 数据库的登录账户为：txm02，密码：123456）。

▶ 1.2   任务实现

子任务 1   为 Windows 授权用户创建登录名

方法 1：利用 SSMS 创建 Windows 用户的登录账户

第 1 步：启动 SSMS，在"对象资源管理器"窗口中，展开"安全性"｜"登录名"节点。

第 2 步：右键单击"登录名"节点，选择"新建登录名"命令，打开"登录名—新建"对话框。在"登录名—新建"对话框的"常规"页面，选择"Windows 身份验证"，搜索登录名：txm01（需事先创建好），设置默认数据库和默认语言，如图 9-2 所示。

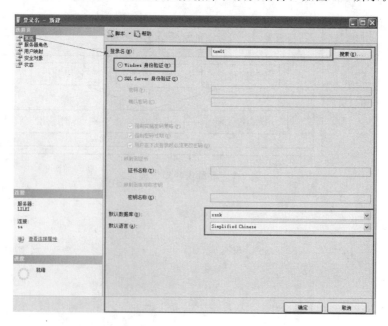

图 9-2   "登录名—新建"对话框的"选项"页面

第 3 步：在"登录名—新建"对话框的"服务器角色"页面，选中 ☑ sysadmin 。

第 4 步：在"登录名—新建"对话框的"用户映射"页面，"映射到此登录的用户—数据库：xsxk"，"数据库角色成员身份"选中 ☑ db_owner ，默认选中 ☑ public ，如图 9-3 所示。

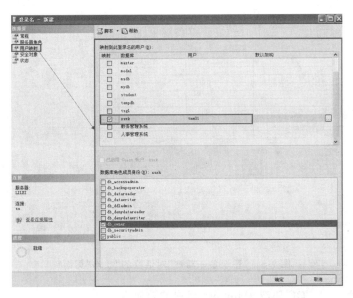

图 9-3　"登录名—新建"对话框的"用户映射"页面

第 5 步：在"登录名—新建"对话框的"安全对象"页面中，设置如图 9-4 所示。

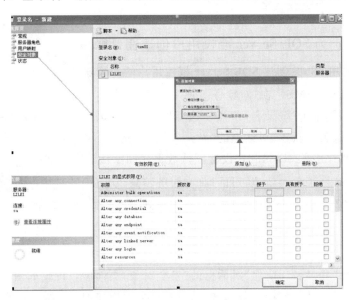

图 9-4　"登录名—新建"对话框的"安全对象"页面

第 6 步：在"登录名—新建"对话框的"状态"页面中，设置如图 9-5 所示，确定即完成所有的设置。

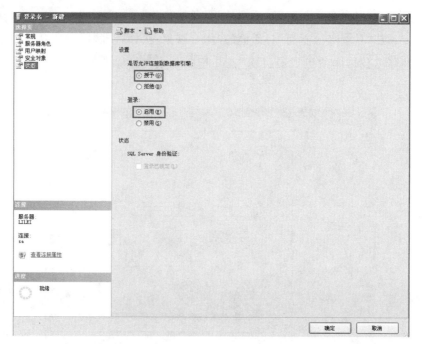

图 9-5 "登录名—新建"对话框的"状态"页面

方法 2：利用 T-SQL 创建 Windows 用户的登录名

在"新建查询"对话框中，输入使用 sp ＿ login 系统存储过程创建 windows 登录名 txm01，无密码验证，其代码参照下如：

```
exec sp_addlogin'txm01','xsxk'
```

子任务 2 为 SQL Server 授权用户创建登录账户

方法 1：利用 SSMS 创建 SQL Server 授权用户的登录账户

第 1 步：启动 SSMS，在"对象资源管理器"窗口中，展开"安全性"｜"登录名"节点

第 2 步：右键单击"登录名"节点，选择"新建登录名"命令，打开"登录名—新建"对话框。在"登录名—新建"对话框的"常规"页面，选择"SQL Server 身份验证"，输入登录名：txm02，密码：123456，设置默认数据库和默认语言，如图 9-6 所示。

第 3 步：在"登录名—新建"对话框的"服务器角色"页面，选中☑ sysadmin 。

第 4 步：在"登录名—新建"对话框的"用户映射"页面，"映射到此登录的用户—数据库：xsxk"，"数据库角色成员身份"选中☑ db_owner ，默认选中☑ public ，如图 9-3 所示。

第 5 步：在"登录名—新建"对话框的"安全对象"页面中，设置如图 9-4 所示。

第 6 步：在"登录名—新建"对话框的"状态"页面中如图 9-5 所示，确定即完成所有的配置。

第 7 步：以 SQL Server 身份验证登录数据库服务器，如图 9-7 所示。在"对象资源管理器"窗口中即可查看 ☐ 🗊 LILEI (SQL Server 9.0.1399 - txm02) 。

图 9-6　"登录名—新建"对话框的"选项"页面

图 9-7　验证登录

方法 2：利用 T-SQL 创建 SQL Server 授权用户的登录账户

在"新建查询"对话框中，输入使用 sp _ login 系统存储过程创建 SQL Server 授权用户的登录名 txm02，代码如下：

```
exec sp_addlogin'txm02','123456','xsxk'
```

▶ 1.3　相关知识

对于数据库系统的用户来说，数据的安全性是最为重要的。数据的安全性主要是指允许那些具有相应数据访问权限的用户能够登录到 SQL Server 并访问数据，以及对数据库对象实施各种权限范围内的操作。同时，拒绝所有非授权用户的非法操作。

1.3.1 SQL Server 2008 安全技术概述

SQL Server 的安全模型分为服务器安全管理、数据库安全管理、数据库对象的访问权限管理三层结构。用户访问数据库时需要经历三个阶段及相应的安全认证过程：

第一阶段：用户首先登录到 SQL Server 实例。在登录时，系统要对其进行身份验证，被认为是合法时才能登录到 SQL Server 实例。

第二阶段：用户在每个要访问的数据库里必须获得一个用户账号。SQL Server 将 SQL Server 登录映射到数据库用户账号上，在这个数据库的用户账号上定义数据库的管理和数据对象的访问安全策略。

第三阶段：用户访问数据库。用户访问数据对象时，系统要检查用户是否具有访问数据库对象、执行动作的权限，经过语句许可权限的验证，才能实现对数据的操作。

当然在学习数据库安全技术前，需要对安全领域中涉及的一些概念有基本的认识，常用的安全技术有以下几种：

（1）身份验证：计算机网络世界中一切信息包括用户的身份信息都是用一组特定的数据来表示的，计算机只能识别用户的数字身份，所有对用户的授权也是针对用户数字身份的授权。如何保证以数字身份进行操作的操作者就是这个数字身份合法拥有者，也就是说保证操作者的物理身份与数字身份相对应，身份认证就是为了解决这个问题，作为防护网络资产的第一道关口，身份认证有着举足轻重的作用。在真实世界，对用户的身份认证基本方法可以分为以下三种：

①根据你所知道的信息来证明你的身份；

②根据你所拥有的东西来证明你的身份；

③直接根据独一无二的身体特征来证明你的身份，如指纹、面貌等。

在网络世界中手段与真实世界中一致，为了达到更高的身份认证安全性，某些场景会将上面三种挑选两种混合使用，即所谓的双因素认证。

（2）授权：当登录的身份被确认之后，系统就可以决定允许使用的资源了。授权根据登录账户的验证凭据定义哪些资源拥有使用权限。这允许网络或者应用程序管理员保护敏感的资源以及通过网络共享的资源，但同时确保只有正确的用户可访问资源。授权是控制资源访问的一种有效且简单的手段，但它需要安全可信地存储用户名和密码，对于防止他人窃听通过网络传输的数据也表现的无能为力，此时需要使用加密来抵制这种攻击。

（3）加密：加密是以某种特殊的算法改变原有的信息数据，使得未授权的用户即使获得了已加密的信息，但因不知解密的方法，仍然无法了解信息的内容。

加密之所以安全，绝非因不知道加密解密算法方法，而是加密的密钥是绝对的隐藏，现在流行的 RSA 和 AES 加密算法都是完全公开的，一方取得已加密的数据，就算知道加密算法，若没有加密的密钥，也不能打开被加密保护的信息。单单隐蔽加密算法以保护信息，在学界和业界已有相当讨论，一般认为是不够安全的。公开的加密算法是给黑客和加密专家长年累月攻击测试，对比隐蔽的加密算法要安全的多。

加密可以用于保证安全性，但是其他一些技术在保障通信安全方面仍然是必须的，尤其是关于数据完整性和信息验证；例如，信息验证码（MAC）或者数字签名。另一方面的考虑是为了应付流量分析。

加密或软件编码隐匿(Code Obfuscation)同时也在软件版权保护中用于对付反向工程、未授权的程序分析、破解和软件盗版及数位内容的数位版权管理(DRM)等。

(4)数据签名：数字签名(又称公钥数字签名、电子签章)是一种类似写在纸上的普通的物理签名，但是使用了公钥加密领域的技术实现，是一种用于鉴别数字信息的方法。一套数字签名通常定义两种互补的运算，一个用于签名，另一个用于验证。

身份验证和权限管理是数据库系统本身的一个重要组成部分。安全性就是确保只有授权用户才能使用数据库中的数据和执行相应的操作，要确保存储在 SQL Server 2008 中的数据及对象由经授权的用户访问，必须正确地设置数据库的安全性，进行权限管理。

1.3.2 服务器登录账号和用户账号管理

1. SQL Server 2008 的验证模式

当用户使用 SQL Server 2008 时，需要经过两个安全性阶段：身份验证阶段和权限认证阶段。

身份验证阶段：用户在 SQL Server 2008 上获得对任何数据库的访问权限之时，必须登录到 SQL Server 2008 上，并且被认为是合法的。SQL Server 2008 或 Windows 会对用户进行验证。如果验证通过，就可以连接到 SQL Server 2008 服务器上，否则，服务器将拒绝用户登录，从而保证了数据的安全性。

权限认证阶段：在身份认证阶段，系统只验证用户是否有连接到 SQL Server 2008 的权限，如身份验证通过，只表示用户可以连接到 SQL Server 2008 服务器上，否则，系统将拒绝用户的连接，然后检测用户是否有访问服务器数据的权限。为此需要授权给每个数据库中映射到用户登录账户的访问权限，权限认证可以控制用户对数据库进行操作。

(1)SQL Server 2008 验证模式概述

SQL Server 2008 有两种登录身份验证模式：Windows 身份验证和混合模式身份验证，此两种验证模式主要集中在信任连接和非信任连接。

Windows 身份验证相对于混合模式更加安全，使用本连接模式时候，SQL 不判断 sa 密码，而仅根据用户的 Windows 权限来进行身份验证，称为"信任连接"，但是在远程连接的时候会因 NTML 验证的缘故，无法登录。

混合模式验证就比较安全，当本地用户访问 SQL 时候采用 Windows 身份验证建立信任连接，当远程用户访问时由于未通过 Windows 认证，而进行 SQL Server 认证(使用 sa 的用户也可以登录 SQL)，建立"非信任连接"，从而使得远程用户也可以登录。

更加直接一些就是 Windows 身份验证，不验证 sa 密码，如果 Windows 登录密码不正确，无法访问 SQL，混合模式既可以使用 Windows 身份验证登录，又可以在远程使用 sa 密码登录。准确来说，混合身份验证模式，也就是基于 Windows 身份验证和 SQL Server 身份混合验证。在这个模式中，系统会判断账号在 Windows 操作系统下是否可信，对于可信连接，系统直接采用 Windows 身份验证机制，而非可信连接，这个连接不仅包括远程用户还包括本地用户，SQL Server 会自动通过账户的存在性和密码的匹配性来进行验证。

(2)设置 SQL Server 2008 验证模式

【课堂实例 9-1】利用 SSMS 管理工具,设置用户登录 SQL Server 2008 系统的身份验证模式为"SQL Server"身份验证。

第1步:打开 SSMS 窗口,选择"查看"|"已注册服务器"命令。

第2步:在打开的"已注册的服务器"窗口中右击选中需要设置验证模式的服务器,在弹出的快捷菜单中选择"属性"命令,打开"编辑服务器注册属性"对话框。

第3步:在"常规"选项卡中的"服务器名称"中选择要注册的服务器,在"身份验证"中选择身份验证模式为"SQL Server 身份验证"。

第4步:测试确定设置的正确性,如图 9-8 所示。

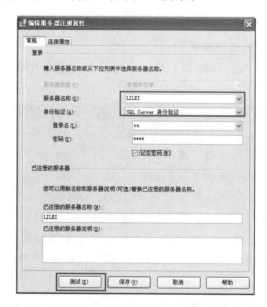

图 9-8 "编辑服务器注册属性"对话框

2. SQL Server 2008 的用户账户管理

在一个数据库中,用户账户唯一标识一个用户,用户对数据库的访问权限,以及对数据库对象的所有关系都是通过用户账号来控制的。

【课堂实例 9-2】利用 SSMS 管理工具,创建一个新的数据库用户账户。

第1步:启动 SSMS 管理工具,在"对象资源管理器"窗口中,展开需要登录的 xsxk 数据库|"安全性"|"用户"|"txm02"(此账户在本章任务 1 中已经创建)。

第2步:右键单击"txm02"这个账户,在弹出的快捷菜单中选择"数据库用户—新建"对话框。

第3步:在"数据库用户—新建"对话框中,"用户名"文本框中输入数据库用户名称,左键单击在"登录名"的文本框右侧的"选择按钮",弹出"选择登录名"对话框,在此对话框中,选择"浏览"按钮,弹出"查找对象"对话框,在该对话框中选择已经创建的登录账户,如图 9-9 所示。

第4步:在"数据角色成员身份"选择框中为该用户选择数据库角色,单击"确定",完成数据库用户账户的创建,如图 9-10 所示。

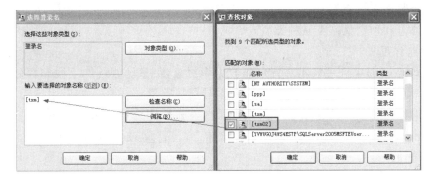

图 9-9　选择已经创建的登录账户

图 9-10　"数据库用户—新建"对话框

【课堂实例 9-3】利用 SSMS 管理工具，查看、修改或删除新创建的数据库用户账户 leafree。

第 1 步：启动 SSMS 管理工具，在"对象资源管理器"窗口中，展开需要登录的 xsxk 数据库 |"安全性"|"用户"|"leafree"。

第 2 步：双击"leafree"数据库用户账户，即可实现数据库用户账户的详情查看和修改，且可重新编辑其权限。

第 3 步：右键单击"leafree"数据库用户账户，在弹出的快捷菜单中选择"删除"命令，则会从当前的数据库中删除该数据库用户。

1.3.3　许可权限管理

许可用来指定授权用户可以使用的数据库对象和这些授权用户可以对这些数据库对象执行的操作。用户在登录到 SQL Server 之后，其用户账号所归属的 NT 组或角色所被赋予的许可（权限）决定了该用户能够对哪些数据库对象执行哪种操作以及能够访问、修改哪些数据。在每个数据库中用户的许可独立于用户账号和用户在数据库中的角色，每个数据库都有自己独立的许可系统，在 SQL Server 中包括的许可有对象许可、语句许可和预定义许可三种类型。

1. 对象许可

SQL Server 对象许可表示对特定的数据库对象（如表、视图、字段和存储过程）的操作许可，它决定了能对表、视图等数据库对象执行哪些操作。如果用户想要对某一对象进行操作，其必须具有相应的操作权限。表和视图许可用来控制用户在表和视图上执行 select、update 和 references 操作的能力。存储过程许可用来控制用户执行 execute 语句的能力。

2. 语句许可

语句许可表示对数据库的操作许可，也就是说，创建数据库或者创建数据库中的其他内容所需要的许可类型称为语句许可。这些语句通常是一些具有管理性的操作，如创建数据库、表和存储过程等。这种语句虽然仍包含有操作的对象，但这些对象在执行该语句之前并不存在于数据库中。因此，语句许可针对的是某个 SQL 语句，而不是数据库中已经创建的特定的数据库对象。只有 sysadmin、db-owner 和 db-securityadmin 角色的成员才能授予语句许可，可用于语句许可的 T-SQL 语句及其含义如下：

- create database：创建数据库；
- create table：创建表；
- create view：创建视图；
- create rule：创建默认；
- create procedure：创建存储过程；
- create index：创建索引；
- backup log：备份事务日志。

3. 预定义许可

预定义许可是指系统安装以后有些用户和角色不必授权就有的许可。其中，用户包括数据库对象所有者，角色包括固定服务器角色和固定数据库角色。只有固定角色或者数据库对象所有者的成员才可以执行某些操作。执行这些操作的许可就称为预定义许可。

许可的管理包括对许可的授权、否定和收回。在 SQL Server 2008 中，可以使用 SSMS 管理工具和 T-SQL 语句两种方式来管理许可。常见的有面向单一用户和面向数据库对象的许可设置的两种类型的管理。

【课堂实例 9-4】面向单一用户的许可：为新建的数据库用户 leafree 创建一个 xsxk 数据库中 s 表的单一许可设置。

第 1 步：启动 SSMS 管理工具，在"对象资源管理器"窗口中，展开需要登录的 xsxk 数据库｜"安全性"｜"用户"｜"leafree"。

第 2 步：右键单击"leafree"，在弹出的快捷菜单中选择"属性"选项，打开"数据库用户—leafree"对话框，在该对话框的"选择页"窗格中，单击打开"安全对象"选项。

第 3 步：在"安全对象"选项中单击"添加"按钮，打开"添加对象"对话框，如图 9-11 所示。

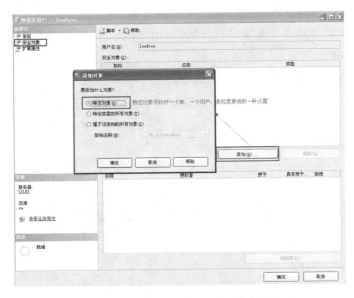

图 9-11　"数据库用户—leafree"对话框

第 4 步：在"添加对象"对话框中，选择"特定对象"单选按钮，确定后，在弹出的"选择对象"对话框中，单击"对象类型"，打开"选择对象类型"对话框，在其窗格中选择"表"，如图 9-12 所示。确定后，完成对象类型的选择。

图 9-12　选择对象类型 1

第 5 步：在"选择对象"对话框的"输入要选择的对象名称"处，单击"浏览"按钮，弹出"查找对象"对话框，在"匹配的对象"的窗格中选择 ☑ ▢ [dbo].[s]，如图 9-13 所示。确定后，即完成对象名称的选择。

图 9-13　选择对象名称 1

第6步：将 s 表中的 References、Select、Update 权限选中（根据需求，选其中一个权限或是都选），方可对 s 表中的列设置不同的权限，确定后，即可完成面向单一用户的许可权限设置，如图 9-14 所示。

图 9-14　设置列权限

【课堂实例 9-5】面向数据库对象的许可：为新建的数据库用户 leafree 创建一个 xsxk 数据库的单一许可设置。

第1步：启动 SSMS 管理工具，在"对象资源管理器"窗口中，展开需要登录的 xsxk 数据库 | "安全性" | "用户" | "leafree"。

第2步：右键单击"leafree"，在弹出的快捷菜单中选择"属性"选项，打开"数据库用户—leafree"对话框，在该对话框的"选择页"窗格中，单击打开"安全对象"选项。

第3步：在"安全对象"选项中单击"添加"按钮，打开"添加对象"对话框，如图 9-11 所示。

第4步：在"添加对象"对话框中，选择"特定对象"单选按钮，确定后，在弹出的"选择对象"对话框中单击"对象类型"，打开"选择对象类型"对话框，在其窗格中选择"数据库"，如图 9-15 所示。确定后，完成对象类型的选择。

图 9-15　选择对象类型 2

第 5 步：在"选择对象"对话框的"输入要选择的对象名称"处，单击"浏览"按钮，弹出"查找对象"对话框，在"匹配的对象"的窗格中选择 ☑ □ [xsxk] 数据库，如图 9-16 所示。确定后，即完成对象名称的选择。

图 9-16　选择对象名称 2

第 6 步：根据需求，选其中一个权限或是都选，方可对 xsxk 数据库设置不同的权限，确定后，即可完成面向数据库对象的许可权限设置。

任务 2　管理角色

▶ 2.1　任务情境

利用角色，SQL Server 管理者可以将某些用户设置为某一角色，这样只要对角色进行权限设置，便可以实现对所有用户权限的设置，大大减少了管理员工作量。现在汤小米同学想为 xsxk 数据库添加备份管理员角色并管理服务器角色，如何实现呢？这就是本任务要讲的内容。

▶ 2.2　任务实现

子任务 1　为数据库添加备份管理员角色

第 1 步：启动 SSMS 管理工具，在"对象资源管理器"窗口中展开指定服务器 | "数据库" | "xsxk" | "安全性" | "角色" | "数据库角色"。

第 2 步：右键单击"数据库角色"，在弹出的快捷菜单中选择"新建数据库角色"，弹出"数据库角色—新建"对话框。

第 3 步：在"数据库角色—新建"对话框的"角色名称"处输入名称 dataM，单击"所有者"右侧的"选项"按钮，弹出"选择数据用户或角色"对话框，在"输入要选择的对象名称"处单击"浏览"按钮，弹出"查找对象"对话框，匹配对象选择 ☑ 🐾 [db_backupoperator]　数据库角色　，如图 9-17 所示。

图 9-17　新建数据库角色

第 4 步：确定后，返回"数据库角色—新建"对话框，在"此角色拥有的架构"处选择对应的许可　☑ db_backupoperator　。然后单击"确定"按钮完成角色设定。

第 5 步：选择在数据服务器│"数据库"│"xsxk"│"安全性"│"角色"中的"dataM"，打开"数据库角色属性"对话框，单击"添加"按钮，弹出"选择数据库用户或角色"对话框，单击"浏览"按钮，打开"查找对象"对话框，选中匹配的对象，如图 9-18 所示。确定后，即完成了向角色中添加用户的操作，当然，用户正是通过角色获得数据库访问的权利，如图 9-19 所示。

图 9-18　"选择数据库用户或角色"│"查找对象"对话框

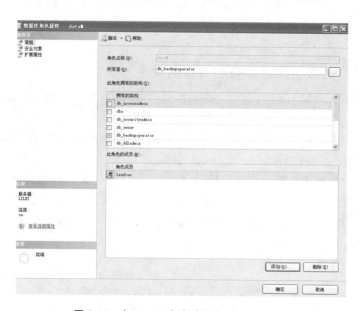

图 9-19　向 dataM 角色中添加 leafree 用户

子任务 2　管理服务器角色

第 1 步：启动 SSMS 管理工具，展开所指定的服务器，单击"安全性"｜"服务器角色"。

第 2 步：在"服务器角色"列表框中，右键单击选中"sysadmin"的服务器角色，在弹出的快捷菜单中选择"属性"，打开"服务器角色属性"对话框。

第 3 步：在此对话框中，单击"添加"按钮，弹出"选择登录名"对话框，单击"浏览"按钮，弹出"查找对象"对话框，在此对话框中选择所需的登录用户名，确定后即可实现添加服务器角色。

第 4 步：如要删除某一角色，在"服务器角色属性"对话框中选择不需要的角色后，单击"删除"操作即可。

▶ 2.3　相关知识

2.3.1　服务器角色

所有的服务器角色都是"固定的"角色，并且，从一开始就存在于那里——自安装完 Server 的那一刻起，你将拥有的所有服务器角色就已经存在了。常用服务器角色的含义如表 9-1 所示。

表 9-1　常用服务器角色

角色	特性
sysadmin（系统管理员）	能够执行 SQL Server 上的任何操作
serveradmin（服务器管理员）	能设置服务器范围的配置选项或关闭服务器。尽管它在范围上相当有限，但是，由于该角色的成员所控制的功能对于服务器的性能会产生非常重大的影响
setupadmin（安装管理员）	仅限于管理链接服务器和启动过程
securityadmin（安全管理员）	用于管理登录名、读取错误日志和创建数据许可权限。对于登录名来说，该角色非常便利。在很多方面，该角色是典型的系统操作员角色，它能够处理多数的日常事务，但是，却不具备一个真正无所不能的超级用户所拥有的那种全局访问
diskadmin（磁盘管理员）	管理磁盘文件（指派出了什么文件组、附加和分离数据库等）
processadmin（进程管理员）	能够管理 SQL Server 中运行的进程。必要的话，该角色能够终止长时间运行的进程
dbcreater（数据库创建者）	仅限于创建和更改数据库
public（特殊的固定数据库角色）	数据库的每个合法用户都属于该角色。它为数据库中的用户提供了所有默认权限。这样就提供了一种机制，即给那些没有适当权限的所有用户以一定的权限（通常是有限的）。该角色为数据库中的所有用户都保留了默认的权限，因此是不能被删除的
bulkadmin（批量数据输入管理员）	管理同时输入大量数据的操作

2.3.2　数据库角色

数据库角色从概念上与操作系统用户是完全无关的。在实际使用中把它们对应起来可能比较方便，但不是必须的。数据库角色在整个数据库集群中是全局的（而不是每个数据库不同）。SQL Server 数据库提供了两种类型的数据库角色，即固定的数据库角色、用户自定义的数据库角色。

1. 固定的数据库角色

固定的数据库角色是指 SQL Server 已经定义了这些角色所具有的管理、访问数据库的权限，而且 SQL Server 管理者不能对其所具有的权限进行任何修改。SQL Server 中的每一个数据库中都有一组固定的数据库角色，在数据库中使用固定的数据库角色，可以将不同级别的数据库管理工作分给不同的角色，从而有效地实现工作权限的传递。SQL Server 提供了以下常用的固定的数据库角色来授予组合数据库级管理员权限，如表 9-2 所示。

表 9-2　常用的固定的数据库角色

角色	特性
db_owner	在数据库中有全部权限
db_accessadmin	可以添加或删除用户 ID
db_ddladmin	可以发出 ALL DDL 操作的所有权
db_securityadmin	可以管理全部权限、对象所有权、角色和角色成员资格
db_backupoperator	可以发出 dbcc、checkpoint 和 backup 语句
db_datareader	可以选择数据库内任何用户表中的所有数据
db_datawriter	可以更改数据库内任何用户表中的所有数据
db_denydatareader	不能选择数据库内任何用户表中的任何数据
db_denydatawriter	不能更改数据库内任何用户表中的任何数据

2. 用户自定义的数据库角色

创建用户自定义的数据库角色就是创建一组用户，这些用户具有相同的一组许可。如果一组用户需要执行在 SQL Server 中指定的一组操作并且不存在对应的 Windows 组，或者没有管理 Windows 用户账户的许可，就可以为数据库表建立一个用户自定义对象。用户自定义的数据库角色有两种类型：标准角色和应用程序角色。

（1）标准角色通过对用户权限等级的认定而将用户划分为不同的用户组，使用户总是相对于一个或多个角色，从而实现管理的安全性。所有固定的数据库角色或 SQL Server 管理者自定义的数据库角色都是标准角色。

（2）应用程序角色是一种比较特殊的角色。当打算让某些用户只能通过特定的应用程序间接地存取数据库中的数据而不是直接地存取数据库数据时，就应该考虑使用应用程序角色。

当某一用户使用了应用程序角色时，他便放弃了已被赋予的所有数据库专有权限，他拥有的只是应用程序角色被设置的角色。通过应用程序角色，能够以可控制方式来限定用户的语句或者对象许可。

　　标准角色是通过把用户加入到不同的角色当中而使用户具有相应的语句许可或对象许可，而应用程序角色是首先将这样或那样的权限赋予应用程序，然后将逻辑加入到某一特定的应用程序中，从而通过激活应用程序角色而实现对应用程序存取数据的可控性。

　　只有应用程序角色被激活，角色才是有效的源码，用户也便可以且只可以执行应用程序角色相应的权限，而不管用户是一个 sysadmin 或者 public 标准数据库角色。

 课堂实训 11：数据库的安全性（扫封面二维码查看）

扩展实践

　　1. 掌握 SQL Server 2008 中有关登录账户、用户角色和权限的管理（以 xsxk 为扩展实践数据库实例）。

　　(1)设置 SQL Server 2008 数据库服务器使用 SQL Server 和 Windows 混合认证模式。

　　(2)创建登录账户，账户名称要求为：＜班级＞_＜学号＞，自行设置密码。

　　(3)创建登录账户＜班级＞_＜学号＞在 xsxk 数据库中对应的用户＜班级＞_＜学号＞_＜姓名＞。

　　(4)在查询分析器上，把 xsxk 数据库中表 s 的 select 操作的许可授予 public 角色，然后再把有关它的 insert、update、delete 操作的许可授予用户＜班级＞_＜学号＞_＜姓名＞。

　　(5)在查询分析器上，把在 xsxk 数据库上创建表和创建视图的命令授予用户＜班级＞_＜学号＞_＜姓名＞

　　(6)在查询分析器上，撤销前面授予 public 角色和＜班级＞_＜学号＞_＜姓名＞用户的所有许可。

　　(7)在查询分析器上，先把在表 s 上执行 select 命令的许可授予 public 角色，这样，所有的数据库用户都拥有了该项许可，然后，拒绝＜班级＞_＜学号＞_＜姓名＞用户的该项目许可。

　　(8)在查询分析器上，先将执行 create table 这个命令的许可授予 public 角色，这样，所有的数据库用户都拥有了该项许可，然后，拒绝＜班级＞_＜学号＞_＜姓名＞用户的该项目许可。

　　2. 掌握 xsxk 数据库登录账户、数据库用户、数据库角色和权限的管理。

　　(1)创建 xsxk 数据库的登录账户"mylogin"。

　　(2)在 xsxk 数据库中创建与登录账户"mylogin"对应的数据库用户"myuser"。

　　(3)在 xsxk 数据库中创建架构"myframe"，其所有者为登录名"myuser"。

　　(4)在 xsxk 数据库中创建用户定义数据库角色"myrole"。

　　(5)将创建的数据库用户"myuser"添加到"myrole"角色中。

　　(6)授予数据库用户"myuser"对 s 的插入和修改权限。

　　3. 创建 Windows 登录账户。

4. 创建 SQL Server 登录账户。

可视化操作参照本章任务 1 的子任务 2，要求：账户名为 demo；密码为 123。

5. 创建数据库用户。

(1)创建名为"teacher"且具有密码的服务器登录名，在 xsxk 数据库中创建对应的数据库用户"penpen"。

(2)更改数据库用户名称。

(3)更改用户的默认架构为 Admining。

(4)删除数据库用户。

6. 将登录名"userTest"添加至"sysadmin"服务器角色的角色成员中。

7. 在 xsxk 数据库中新创建数据库角色 db＿user。

8. 使用 T-SQL 语句授予用户"leafree"对 xsxk 数据库中的 s 表和 c 表插入、删除和检索的权限。

 进阶提升

1. 创建 Windows 登录与创建 SQL Server 登录没有太大的区别，标准登录只适用于单个用户，创建 Windows 登录却可以映射到：单个用户、管理员已创建的 Windows 组和 Windows 内部组（比如 Administrator）等。（以随书赠送的素材库中的数据库实例——"教务管理系统"为例，要求：附加"教务管理系统"数据库。）

待解决的问题：对于数据库"教务管理系统"，内部有 10 人或者更多的人要访问这个数据库，那么就会有个需要管理的登录。如果给这 10 人创建一个 Windows 组，并将一个 SQL Server 登录映射到这个组上，那么就可以只管理一个 SQL Server 登录。

2. 当多个登录名需要同时具有相同的 SQL Server 操作权限时（或者管理权限），可以将它们同时指定到一个角色。（以随书赠送的素材库中的数据库实例——"教务管理系统"为例，要求：附加"教务管理系统"数据库）

待解决问题：假如学校教务处新增了 3 名教务处管理员，他们都具有管理员角色，可以执行管理员角色具有的任何操作，如成绩的修改、学生信息的修改、课程信息的修改等工作。针对这样的情况，目前需要指派角色到多个登录，当然最简单、方便、快捷的方法就是使用"服务器角色属性"窗口，你来和汤小米同学一起操作一下吧。

🌐 **互联网＋教学资源**

1. 更多课程资源访问(http://www.jpzysql.com)，下载教学视频。

2. 扫描二维码，查看手机端教学资源(http://m.jpzysql.com)，有效实现在线教学互动。

课程手机资源

3. 扫描二维码，关注课程微信公众平台，查看更多数据表操作教学资源及相关视频。

课程微信公众平台资源

4. 云端在线课堂＋教材融合，访问教学平台（http://www.itbegin.com）。

第 10 章　简易学生选课管理系统实例开发

章 首 语

　　电影《变形金刚 1》里有这么一个情节：霸天虎袭击了美军位于卡塔尔的军事基地，为了找出潜在的敌人，美国国家安全局(NSA)组织了大量的情报人员来破解外星人留下的信号。从影片看来，这些情报解密人员均是 NSA 从各个高中直接招聘录取的，他们不问你语文考多少分，英文专八成绩如何，历史知晓多少，是不是学生会干部等，只要你拥有他们需要的技能，就能够参与进去。

　　这是电影里面的剧情，对于那些"不走寻常路"的学生来说，这也是一种理想的状态。所谓"尺有所短，寸有所长"，并不是所有的学生都擅长考试，也不是所有学生都能通晓历史古今。闻道有先后，术业有专攻，如是而已。

　　面对因挫折和失败多带来的尴尬，需要一种非凡的勇气相信自己。而当你一旦战胜它，勇敢正视它的时候，你会发现"山重水复疑无路"的你，此时已是"柳暗花明又一村"了。细细想来，其实上帝还是公平的，他不会厚此薄彼。或许他把你这扇门关死了，却给你打开了另一扇门，关键是你有没有足够的自信。

　　一学期就要结束了，你的努力，你的投入，你的学习态度，你的专注程度，都将在翻开下一页的时候开启智慧的验证之门，将你所学的专业基础知识融入到综合应用的项目里，小数据，带来大快乐。你一定可以的，看好你哟！

总项目设计　基于 ASP. NET 的学生选课管理系统设计与实现

　　项目概述：根据前面子项目的学习，汤小米同学从最基础的数据库管理、数据表管理、数据库高级应用及数据库的日常维护与安全管理，都学得津津有味，在不断学习不断的发现问题，不断的提高实践能力的同时，小米同学总是期望着能将数据库真正的用在现实生活中，更能发挥 SQL Server 神奇和强大的功能。依据总项目概述中的要求，我们和汤小米同学顺利地创建了 xsxk 数据库，并在该数据库中创建了几张数据表：depart 表(系部表)、class 表(班级表)、s 表(学生信息表)、c 表(课程信息表)和 cj

表(学生成绩表)，现在要求利用 Visual Studio 2012＋SQL Server2008＋IIS 服务器的集成开发环境开发一个学生学籍管理系统的子系统——简易学生选课管理子系统设计与实现。

【能力目标】

1. 能够根据项目需求分析进行数据库的概念模型和关系模型设计。

2. 通过项目需求分析，培养与客户沟通的能力。

3. 认识 SQL Server 数据库管理系统开发流程。

4. 培养综合应用所学的基础知识解决实际问题的能力。

【重点难点】

1. 使用 SQL Server 2008 创建数据库。

2. 实现检索语句在简易项目中有应用。

3. 实现数据编辑(添加、删除、修改)在简易项目中的应用。

4. 基本的 Visual Studio 2012 的操作。

5. Visual Studio 2012 与 SQL Server 2008 的综合操作。

在实际应用中经常需要使用数据库的知识，而且大部分是与其他开发语言或者开发平台结合起来使用的。本章将学习如何利用所学的知识解决实际的问题，功能结构如图 10-1 所示。

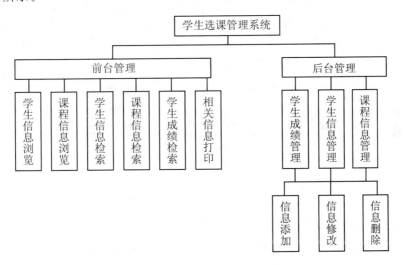

图 10-1 简易学生选课管理系统功能结构

此简易学生选课管理系统对于学生用户来说，可以通过浏览器浏览学生信息、课程信息和学生成绩信息，还可以查询学生信息、课程信息和学生成绩信息等，对于管理员来说，可以实现学生信息、课程信息和成绩信息的编辑(信息添加、信息修改、信息删除)。

(1)添加信息功能，给用户提供一个界面，用户在界面中填入规定的信息。

(2)修改信息功能，首先给用户提供一个信息列表，列表显示了学生、课程或成绩的信息，用户单击需要修改的信息链接，进入修改信息的界面，用户修改了有关信息后，提交给服务器，服务器接收到新的信息后，将数据库对应表的相关内容进行修改。

（3）删除信息功能，首先给用户提供一个信息列表，列表显示了学生、课程或成绩的信息，用户单击需要删除的信息链接，进入删除信息的界面，用户删除了有关信息后，提交给服务器，服务器接收到新的信息后，将数据库对应表的相关内容进行删除。

任务 1　简易学生选课管理子系统的数据库设计

▶ 1.1　任务目标

（1）根据项目总设计描述，进行数据库建模。

（2）进行"学生学籍管理"系统的子模块——学生选课管理子模块的数据库设计，并进行优化，得出 3NF，利用 SSMS 管理工具设计数据库并对其进行管理。

▶ 1.2　任务实现

整个任务实现以学号为 1002021008 的学生汤小米为例。

第 1 步：在非系统盘创建学生文件夹 studentxk，此例以 D:\studentxk 为例。

第 2 步：启动 SQL Server 2008，创建学生自己的登录账户（账户名为姓名的拼音缩写，密码为学号后两位，此例，账户名为 txm；密码为 08）（具体操作参见第 9 章任务 1 之子任务 2）。成功创建登录账户后，以 txm 的身份连接到 SQL Server 服务器中。连接成功后即可在"对象资源管理器"窗口中进行查看，如图 10-2 所示。

图 10-2　创建 txm 的登录身份并连接到服务器

第 3 步：在 SQL Server 环境中，利有 SSMS 管理工具创建数据库主文件 studentxk.mdf 和日志文件 studentxk_log.ldf，文件大小全部采用默认，将数据文件保存在"D:\studentxk\conn"文件夹中。如图 10-3 所示。

第 4 步：根据系统需求分析，该学生选课管理子模块的 studentxk 数据库主要包含系部表（depart 表）、班级表（class 表）、学生信息表（s 表）、课程信息表（c 表）、学生成绩表（cj 表）等数据表，其各个表的表结构分别如表 10-1~表 10-5 所示。

本地磁盘 (D:) ▸ studentxk ▸ conn

名称	类型	大小
studentxk	SQL Server Data...	3,072 KB
studentxk_log	SQL Server Data...	1,024 KB

图 10-3　数据文件保存的目录路径及名称

表 10-1　depart 表

字段名称	数据类型	长度	允许为空	说明
departID	char	8	否	系部编号
departName	char	30	否	系部名称

表 10-2　class 表

字段名称	数据类型	长度	允许为空	说明
classID	char	8	否	班级编号
className	char	30	否	班级名称
departID	char	8	否	所属系部编号
classNum	int	默认	是	班级人数

表 10-3　s 表

字段名称	数据类型	长度	允许为空	说明
sno	char	10	否	学号，主键
sname	char	8	否	姓名(唯一)
ssex	char	2	否	性别(默认"男")
age	smallint	默认	否	年龄(18～25 岁)
classID	char	8	否	所属班级
departID	char	8	否	所属系部
tel	char	11	是	电话
email	char	20	是	邮箱
address	varchar	50	是	住址

表 10-4　c 表

字段名称	数据类型	长度	允许为空	说明
cno	char	4	否	课程号，主键
cname	char	20	否	课程名，唯一
credit	tinyint	默认	否	学分
kind	char	20	否	课程类型
departID	char	8	否	开课系部

表 10-5　cj 表

字段名称	数据类型	长度	允许为空	说明
sno	char	10	否	学号主键
cno	char	4	否	课程号主键
score	decimal	(5，2)	否	成绩

第 5 步：创建 studentxk 数据库中的表间关系，如图 10-4 所示。

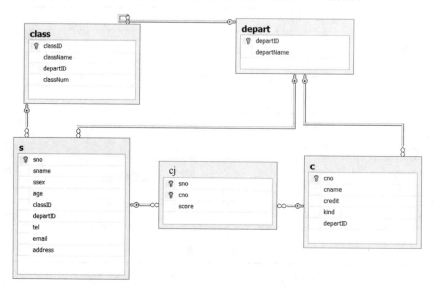

图 10-4　studentxk 数据库表间关系图

任务 2　初识系统的 Web 应用程序平台和开发工具

2.1　任务目标

(1) 了解 ASP. NET 框架结构与 ASP. NET 的特色优势。

(2) 了解开发 ASP. NET 应用程序所需的基本环境和 VS 集成开发环境。

(3) 掌握创建 ASP. NET 项目站点。

(4) 掌握如何启动 Web 服务器(IIS)。

(5) 创建项目虚拟目录。

2.2　任务实现

2.2.1　相关知识概述

1. Microsoft Visual Studio 概述

Microsoft Visual Studio(简称 VS)是美国微软公司的开发工具包系列产品。VS 是一个基本完整的开发工具集，它包括了整个软件生命周期中所需要的大部分工具，如UML 工具、代码管控工具、集成开发环境（IDE）等。所写的目标代码适用于微软支持的所有平台，包括 Microsoft Windows、Windows Mobile、Windows CE、.NET Framework、.NET Compact Framework 和 Microsoft Silverlight 及 Windows Phone。Visual Studio 是目前最流行的 Windows 平台应用程序的集成开发环境。

2. ASP.NET 概述

ASP 的全称为 Active Server Pages（活动服务器页面），是 Microsoft 公司推出的用于 Web 应用开发的一种编程技术。

ASP.NET 不仅是 ASP 的下一版本，更是统一的 Web 开发平台，用来提供开发人员生成企业级 Web 应用程序所需的服务。ASP.NET 的语法在很大程度上与 ASP 兼容，同时它还提供一种新的编程模型和结构，用于生成更安全、可伸缩和稳定的应用程序。可以在现有的 ASP 应用程序中逐渐添加 ASP.NET 功能，以增强该 ASP 应用程序的功能。ASP.NET 是一个已编译的、基于 .NET 的环境，可以用任何与 .NET 兼容的语言（包括 Visual Basic.NET、C♯ 和 JScript.NET.）创作应用程序。另外，任何 ASP.NET 应用程序都可以使用整个 .NET 框架。开发人员可以方便地获得这些技术的优点，其中包括托管的公共语言运行库环境、类型安全、继承等。此外，强大的可伸缩性和多种开发工具的支持，语言灵活，也让其具有强大的生命力。

ASP.NET 以其良好的结构、扩展性、简易性、可用性、可缩放性、可管理性、高性能的执行效率、强大的工具和平台支持以及良好的安全性等特点成为目前最流行的Web 开发技术之一。而采用 ASP.NET 语言的网络应用开发框架，目前也已得到广泛的应用，其优势主要是为搭建具有可伸缩性、灵活性、易维护性的业务系统提供了良好的机制。

2.2.2　创建 ASP.NET 网站项目

第 1 步：启动 Visual Studio 2012。

第 2 步：选择"文件"菜单｜"新建"｜"网站"，弹出"新建网站"对话框。在此对话框模板处选择"ASP.NET 网站"；语言选择"Visual C♯"；所有文件存放于新创建的D:\studentxk 文件夹中。如图 10-5 所示。

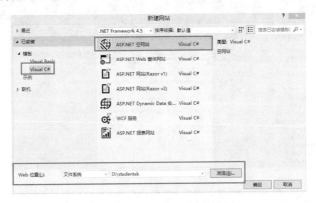

图 10-5　"新建网站"对话框

第 3 步：单击"确定"时，如果事先已经创建了 studentxk 文件夹，则会弹出"网站已存在"对话框，在此对话框中选择"打开现有网站"单选按钮，则在 Visual Studio 2012 主窗口的"解决方案资源管理器"窗口中看到所创建的网点及站点中所包括的文件。

任务3　简易学生选课管理子系统后台功能模块设计与实现

▶ 3.1　设计要求

学生学籍管理系统包括班级、学生、课程、教师等实体，含有学生选课管理子模块、学生档案管理子模块、学生成绩管理子模块、课程管理子模块、教师授课管理子模块、教师档案管理子模块等，其中学生选课管理子模块中包含"学生"和"课程"两个实体，在"学生"和"课程"之间，学生通过"选课"与"课程"发生联系，因此把"选修"确定为联系类型，并且"学生"和"课程"之间是 m：n 联系，具体的 E-R 图如图10-6 所示。

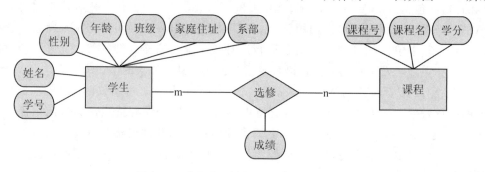

图 10-6　学生选课管理子系统实体 E-R 图

目前想对学生、课程、成绩进行管理，后台可以对数据进行编辑，包括数据的添加、数据的删除、数据的修改等，请你为该学生选课管理系统子模块设计后台运行界面 defualt. aspx，实现数据库连接，其运行效果如图10-7 所示。

图 10-7　学生选课管理子系统后台管理界面

3.2　任务目标

(1)能构建安全的 Web 应用系统。

(2)掌握在 VS 2012 中创建 SQL Server 数据连接。

(3)熟悉 ADO. NET 中连接、操作数据库的简单方法。

(4)能使用数据源控件。

(5)能使用数据绑定控件。

(6)掌握构建有导航、统一风格和布局的个性化系统的方法。

(7)了解母版页在整个页面公共元素、统一页面风格中的作用。

(8)掌握在 VS 2012 中创建 SQL Server 数据连接。

(9)熟练应用 T-SQL 语句实现数据编辑。

3.3　任务实现

子任务 1　简易学生选课管理系统后台登录界面设计

第 1 步:在 D:\studentxk\admin 文件夹中创建一个新的 Web 窗体,保存为 login. aspx。

第 2 步:在空白的页面中,添加 4×2 表格,在此表格中设计如图 10-8 所示的界面。

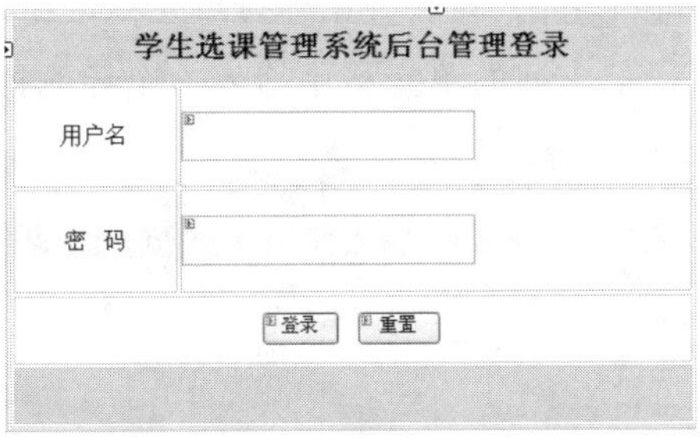

图 10-8　后台登录界面设计

第 3 步:双击"登录"按钮,在其单击事件中输入如下代码:

```
if(TextBox1. Text =="txm" && TextBox2. Text =="08")
{
    Response. Redirect("sadd. aspx");   //当密码验证成功,直接进入到 s. aspx 页面。
}

else
{
    Response. Write("<script>alert('你的账户或密码有误,请重新输入!')</script>");
}
```

第 4 步:双击"重置"按钮,在其单击事件中输入如下代码:

```
TextBox1. Text ="";
```

TextBox2. Text ＝"";

子任务 2　简易学生选课管理系统后台之后台母版页面设计

第 1 步：右键单击 D:\studentxk\admin，在弹出的快捷菜单中，选择"添加新项"按钮，打开"添加新项"对话框，在已安装的模板处选择"母版页"，文件名为mainAdmin. master，设置如图 10-9 所示。

图 10-9　创建后台母版页面文件 mainAdmin. master

第 2 步：单击"添加"按钮，成功创建 mainAdmin. master 页面。在该页面中有一个已经存在内容的设计视图，在设计视图的"布局"菜单中选择"插入表"命令，插入一个 3×2 的表格，将内容页区域拖至第 2 行第 2 列的位置，合并第 1 行单元格，在其中插入事先设计好的主图 header. jpg；再合并第 3 行单元格，在其中插入事先设计好的底图 bottom. jpg，并在第 2 行第 1 列的单元格中拖入一个导航控件 TreeView。编辑该 TreeView 控件，如图 10-10 所示。

图 10-10　"TreeView 节点编辑器"对话框

设置所有子节点中的导航链接页面：
- 系部信息添加：departAdd. aspx
- 系部信息修改/删除：departUpdate. aspx
- 班级信息添加：classAdd. aspx
- 班级信息修改/删除：classUpdate. aspx

- 学生信息添加：sadd. aspx
- 学生信息修改/删除：sUpdate. aspx
- 课程信息添加：cadd. aspx
- 课程信息修改/删除：cUpdate. aspx
- 学生成绩添加：cjadd. aspx
- 学生成绩修改/删除：cjUpdate. aspx
- 退出选课子系统：default. aspx

第 3 步：将 TreeView1 控件所在单元格的宽设置为 180 像素，将内容页所有的单元格的宽度设置为 844 像素。母版页的设计界面如图 10-11 所示。

图 10-11　后台母版页界面设计

子任务 3　简易学生选课管理系统后台之系部信息添加页面设计

第 1 步：在 D:\studentxk\admin 文件夹中创建一个新的 Web 窗体，保存为 departAdd. aspx，选择母版页，单击"添加"按钮，弹出选择"母版页"对话框，选择 mainAdmin. master，确定即可。

第 2 步：在空白的内容页中，插入 3×1 的表格。第 1 行中输入"系部信息添加"的字样；在第 2 行中拖入一个 SqlDataSource1 的数据控件。给 SqlDataSource 控件配置数据源，弹出"配置数据源"对话框，添加数据连接，如图 10-12 所示。

第 3 步：测试连接通过后，返回选择数据连接界面，studentxkConnectionString (studentxk) 为数据连接名，可查看数据连接代码。

以 studentxkConnectionString 的文件名保存至配置程序文件 Web. config 文件中，配置 SQL 语句一种是指定自定义 SQL 语句或存储过程，输入 T-SQL 语句 select　* from depart；另一种是指定来自表或视图中的列，选择 depart 表，选中所有字段，完成数据源配置。

Web. config 配置文件中的数据连接：

```
<connectionStrings>
    <add name="studentxkConnectionString" connectionString="Data Source=LILEI;
Initial Catalog=studentxk;User ID=txm;Password=08"
        providerName="System. Data. SqlClient"/>
    </connectionStrings>
```

图 10-12　添加数据连接

第 4 步：单击右侧的 <u>**高级 (V)...**</u> 按钮，打开"高级 SQL 生成选项"对话框，设置如图 10-13 所示。

图 10-13　"高级 SQL 生成选项"对话框

第 5 步：确定后，单击"下一步"按钮，测试数据，完成设置。

第 6 步：在第 3 行单元格中拖入一个数据控件"FormView"，选择第 3 步创建的数据源 SqlDataSource1，修改 FormView1 的 DefaultMode 属性为 Insert。

第 7 步：编辑 FormView 的模板，模板编辑模式更改为 `InsertItemTemplate` ，在 FormView1 控件的插入编辑模式中，插入 3×2 的表格，将相应的字段拖至相应的表格单元格中，设计效果如图 10-14 所示。

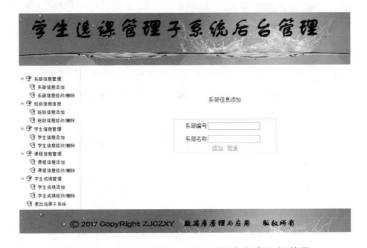

图 10-14　InsertItemTemplate 模板编辑设置

插入的测试数据如表 10-6 所示。

表 10-6　系部信息表中添加的测试数据

系部编号（departID）	系部名称（departName）
01	计信系
02	管理系
03	商务系
04	会计系
05	语言系
06	建筑系

第 8 步：模板编辑完成后，结束模板编辑，在内容页中设计的页面效果如图 10-15 所示。实现系部信息添加功能的 T-SQL 语句：

InsertCommand＝" INSERT INTO［depart］(［departID］,［departName］) VALUES（@departID,@departName)"

图 10-15　departAdd. aspx 页面设计完成运行效果

其中，@departID 和@departName 两个变量的数据采集的代码如下：

＜asp:TextBox ID＝"departIDTextBox" runat＝"server" Text='＜%＃ Bind("departID")％＞'/＞

<asp:TextBox ID = " departNameTextBox " runat = " server " Text ='<% # Bind (" departName")%>'/>

子任务 4 简易学生选课管理系统后台之系部信息编辑页面设计

第 1 步：在 D:\studentxk\admin 文件夹中创建一个新的 Web 窗体，保存为 departUpdate. aspx，选择母版页，单击“添加”按钮，弹出选择“母版页”对话框，选择 mainAdmin. master，确定即可。

第 2 步：在空白的内容页中，插入 3×1 的表格，在第 1 行中输入“系部信息修改”的字样；在第 2 行中拖入一个 SqlDataSource1 的数据控件，给 SqlDataSource 控件配置数据源。在“配置数据源”对话框中，选择已经存在的字符串连接 studentxkConnectionString，从数据库中检索数据处，方法有两种：一种是指定自定义 SQL 语句或存储过程，输入 T-SQL 语句 select * from depart；另一种是指定来自表或视图中的列，选择 depart 表，选中所有字段，完成数据源配置。

第 3 步：单击右侧的 高级(V)... 按钮，打开“高级 SQL 生成选项”对话框，在“生成 INSERT、UPDATE 和 DELEDT 语句”前面的复选框中打勾。“确定”后，单击“下一步”按钮，测试查询，完成设置。

第 4 步：在工具箱中选取数据控件“GridView”，拖至空白的内容页中表格第 3 行，选择数据源 SqlDataSource1，在 GridView 任务中选中“启用分页”“启用排序”“启用编辑”，界面修改后，设计效果如图 10-16 所示，设计完成运行效果如图 10-17 所示。

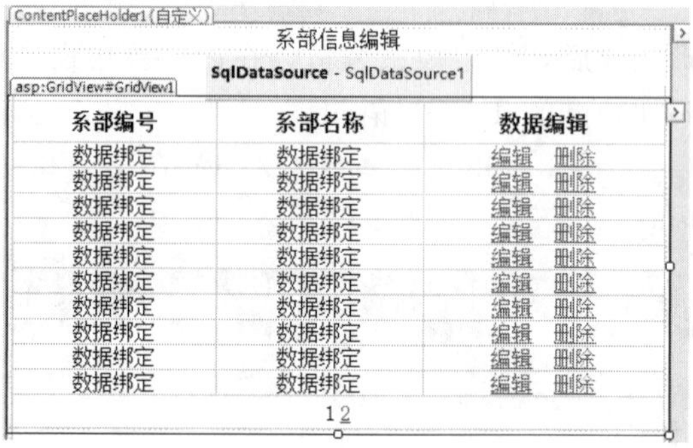

图 10-16 departUpdate. aspx 页面设计效果

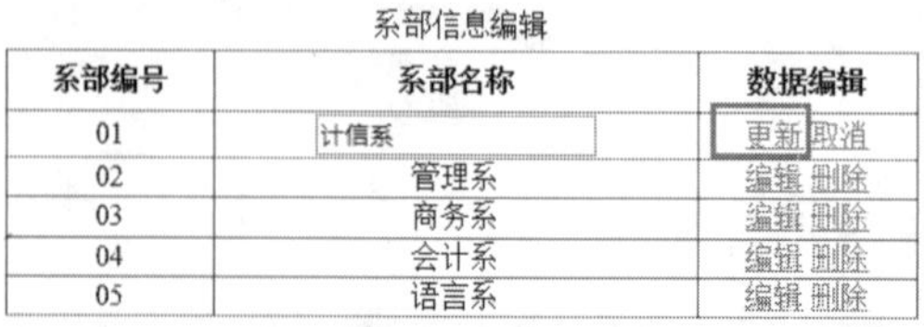

系部信息编辑

系部编号	系部名称	数据编辑
01	计信系	更新 取消
02	管理系	编辑 删除
03	商务系	编辑 删除
04	会计系	编辑 删除
05	语言系	编辑 删除

图 10-17 departUpdate. aspx 页面设计完成运行效果

实现系部信息修改功能的 T-SQL 语句：

UpdateCommand = " UPDATE [depart] SET [departName] = @ departName WHERE [departID]=@departID"

实现系部信息删除功能的 T-SQL 语句：

DeleteCommand="DELETE FROM [depart]WHERE [departID]=@departID"

其中，@departID 和@departName 两个变量的数据采集的代码如下：

<asp:TextBox ID="departIDTextBox" runat="server" Text='<%♯Eval("departID")%>'/>

<asp:TextBox ID="departNameTextBox" runat="server" Text='<%♯Eval("departName")%>'/>

子任务 5   简易学生选课管理系统后台之班级信息添加页面设计

第 1 步：在 D:\studentxk\admin 文件夹中创建一个新的 Web 窗体，保存为 classAdd.aspx，选择母版页，单击"添加"按钮，弹出选择"母版页"对话框，选择 mainAdmin.master，确定即可。

第 2 步：在空白的内容页中，插入 2×1 的表格。第 1 行中输入"班级信息添加"的字样；在第 2 行中拖入一个 SqlDataSource1 的数据控件。给 SqlDataSource 控件配置数据源，弹出"配置数据源"对话框，选择已经存在的字符串连接 studentxkConnectionString，选择 class 表，选中所有字段，打开"高级"选项，在"生成 INSERT、UPDATE 和 DELEDT 语句"前面的复选框中打勾，完成设置。

第 3 步：在第 2 行单元格中拖入一个数据控件"FormView"，选择第 2 步创建的数据源 SqlDataSource1，修改 FormView1 的 DefaultMode 属性为 Insert，编辑 FormView 的模板，模板编辑模式更改为 InsertItemTemplate，在 FormView1 控件的插入编辑模式中，插入 5×2 的表格，将相应的字段拖至相应的表格单元格中，设计效果如图 10-18 所示，插入的测试数据如表 10-7 所示。

图 10-18   InsertItemTemplate 模板编辑设置

表 10-7   班级信息表添加的测试数据

班级编号(classID)	班级名称(className)	所属系部(departID)	班级人数(classNum)
010101	16 网络技术	01	0
010102	16 人力资源	02	0
010103	16 计算机信息管理	01	0

续表

班级编号(classID)	班级名称(className)	所属系部(departID)	班级人数(classNum)
010104	16 软件技术	01	0
010201	15 网络技术	01	0
010202	15 人力资源	02	0
010203	15 电子商务	03	0
010204	15 会计 1 班	04	0
010205	15 汉语言 1 班	05	0
010206	15 建筑设计 1 班	06	0

第 4 步：模板编辑完成后，结束模板编辑，在内容页中设计的页面效果如图 10-19 所示，实现班级信息添加功能的 T-SQL 语句：

InsertCommand="INSERT INTO [class]([classID],[className],[departID],[classNum]) VALUES (@classID,@className,@departID,@classNum)"

班级信息添加

班级编号 [   ]
班级姓名 [   ]
系部编号 [   ]
班级人数 [   ]
添加 取消

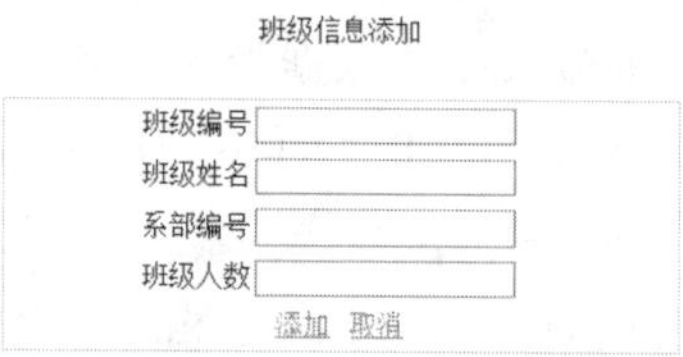

图 10-19　classAdd. aspx 页面设计完成运行效果

其中，@classID、@className、@departID、@classNum 等变量的数据采集代码如下：

<asp:TextBox ID="classIDTextBox" runat="server" Text='<%＃ Bind("classID")%>'/>

<asp：TextBox ID = " classNameTextBox" runat = " server" Text ='<% ＃ Bind(" className")%>'/>

<asp:TextBox ID="departIDTextBox" runat="server" Text='<%＃ Bind("departID")%>'/>

<asp：TextBox ID = " classNumTextBox" runat = " server" Text ='<% ＃ Bind(" classNum")%>'/>

特别提示：此处添加班级信息数据时，班级人数默认为 0。

子任务 6　简易学生选课管理系统后台之班级信息编辑页面设计

第 1 步：在 D：\ studentxk \ admin 文件夹中创建一个新的 Web 窗体，保存为 classUpdate. aspx，选择母版页，单击"添加"按钮，弹出选择"母版页"对话框，选择 mainAdmin. master，确定即可。

第 2 步：在空白的内容页中，插入 2×1 的表格。第 1 行中输入"班级信息修改"的字样；在第 2 行中拖入一个 SqlDataSource1 的数据控件。给 🔲 SqlDataSource 控件配置数据源，弹出"配置数据源"对话框，选择已经存在的字符串连接

studentxkConnectionString，选择 class 表，选中所有字段，打开"高级"选项，在"生成 INSERT、UPDATE 和 DELEDT 语句"前面的复选框中打勾，完成设置。

第 3 步：在工具箱中选取数据控件"GridView"，拖至空白的内容页中表格第 2 行，选择数据源 SqlDataSource1，在 GridView 任务中选中"启用分页""启用排序""启用编辑"，界面修改后，设计效果如图 10-20 所示。设计完成运行效果如图 10-21 所示。

图 10-20　classUpdate. aspx 页面设计效果

图 10-21　classUpdate. aspx 设计完成运行效果

实现班级信息修改功能的 T-SQL 语句：

UpdateCommand=" UPDATE［class］SET［className］=@ className,［departID］=@ departID,［classNum］=@classNum WHERE［classID］=@classID"

其中，@classID、@className、@departID、@classNum 等变量的数据采集代码如下：

＜asp:TextBox ID="classIDTextBox" runat="server" Text='＜%＃ Eval("classID")%＞'/＞

＜asp：TextBox ID=" classNameTextBox" runat=" server" Text ='＜%＃ Eval (" className")%＞'/＞

＜asp:TextBox ID="departIDTextBox" runat="server" Text='＜%＃ Eval("departID")%＞'/＞

＜asp：TextBox ID=" classNumTextBox" runat=" server" Text ='＜%＃ Eval (" classNum")%＞'/＞

实现班级信息删除功能的 T-SQL 语句：

DeleteCommand="DELETE FROM［class］WHERE［classID］=@classID"

子任务 7　简易学生选课管理系统后台之学生信息添加页面设计

第 1 步：在 D：\studentxk\admin 文件夹中创建一个新的 Web 窗体，保存为

sAdd. aspx，选择母版页，单击"添加"按钮，弹出选择"母版页"对话框，选择 mainAdmin. master，确定即可。

第 2 步：在空白的内容页中，插入 2×1 的表格。第 1 行中输入"班级信息添加"的字样；在第 2 行中拖入一个 SqlDataSource1 的数据控件。给 `SqlDataSource` 控件配置数据源，弹出"配置数据源"对话框，选择已经存在的字符串连接 studentxkConnectionString，选择 s 表，选中所有字段，打开"高级"选项，在"生成 INSERT、UPDATE 和 DELEDT 语句"前面的复选框中打勾，完成设置。

第 3 步：在第 2 行单元格中拖入一个数据控件"FormView"，选择第 2 步创建的数据源 SqlDataSource1，修改 FormView1 的 DefaultMode 属性为 Insert，编辑 FormView 的模板，模板编辑模式更改为 `InsertItemTemplate` ⌄，在 FormView1 控件的插入编辑模式中，插入 10×2 的表格，将相应的字段拖至相应的表格单元格中，设计效果如图 10-22 所示。

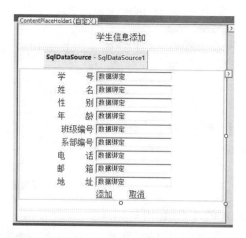

图 10-22　InsertItemTemplate 设计效果

实现学生信息添加的 T-SQL 语句：

InsertCommand="INSERT INTO [s]([sno],[sname],[ssex],[age],[classID],[departID],[tel],[email],[address])VALUES (@sno,@sname,@ssex,@age,@classID,@departID,@tel,@email,@address)"

其中，@ sno、@ sname、@ ssex、@ age、@ classID、@ departID、@ tel、@email、@address 等变量的数据采集代码如下：

```
<asp:TextBox ID="snoTextBox" runat="server" Text='<%# Bind("sno")%>'/>
<asp:TextBox ID="snameTextBox" runat="server" Text='<%# Bind("sname")%>'/>
<asp:TextBox ID="ssexTextBox" runat="server" Text='<%# Bind("ssex")%>'/>
<asp:TextBox ID="ageTextBox" runat="server" Text='<%# Bind("age")%>'/>
<asp:TextBox ID="classIDTextBox" runat="server" Text='<%# Bind("classID")%>'/>
<asp:TextBox ID="departIDTextBox" runat="server" Text='<%# Bind("departID")%>'/>
<asp:TextBox ID="telTextBox" runat="server" Text='<%# Bind("tel")%>'/>
<asp:TextBox ID="emailTextBox" runat="server" Text='<%# Bind("email")%>'/>
<asp:TextBox ID="addressTextBox" runat="server" Text='<%# Bind("address")%>'/>
```

特别提示：学生信息数据添加之前需要创建 INSERT 触发器和 DELETE 触发器，以便添加某班级的学生，对应的班级人数加 1，如若学生信息删除之后，对应的班级人数减 1，此部分内容是第 7 章触发器内容的综合应用。

```
/*编写 INSERT 触发器程序*/
create trigger trig_学生注册 on s after insert
as
begin
update class set classNum＝classNum＋1
where classID in(select classID from inserted)
end
/*编写 DELETE 触发器程序*/
create trigger trig_学生离校 on s after delete
as
begin
update class set classNum＝classNum－1
where classID in(select classID from deleted)
end
```

触发器创建成功之后，运行刚才创建的学生信息添加界面，依据如表 10-8 所示的部分测试数据，其中电话、邮箱和地址的数据可暂且为空，在学生信息修改栏中可以进行信息修改。

表 10-8　学生信息表添加的部分测试数据

学号	姓名	性别	年龄	班级	系部
1502010101	姜正杰	男	20	010201	01
1501020102	陈洪宝	女	21	010201	01
1501020103	钱多多	男	21	010201	01
1601010101	金若梦	女	20	010101	01
1601010102	陈高阳	女	20	010101	01
1601010103	黄步威	男	21	010101	01
1601010104	王康	男	22	010101	01
1601010201	郭源	男	21	010102	02
1601010202	李帆	男	22	010102	02
1601010203	朱泽蕾	女	21	010102	02
1501020601	王路	男	21	010206	06
1501020602	宁晓锐	男	20	010206	06
1501020603	陈星宇	男	20	010206	06
1501020501	张影	女	20	010205	05
1501020502	龚宇晨	女	20	010205	05
1501020503	邵洋洋	女	21	010205	05

续表

学号	姓名	性别	年龄	班级	系部
1501020401	陈文文	女	20	010204	04
1501020402	范曲	女	21	010204	04
1501020403	林俊霞	女	20	010204	04
1501020301	郑豪平	男	20	010203	03
1501020302	汪洋海	男	21	010203	03
1501020303	平同	男	20	010203	03
1601010401	吴楠	女	21	010104	01
1601010402	罗旭文	女	21	010103	01
1501010403	顾欣磊	男	20	010202	02

子任务8　简易学生选课管理系统后台之学生信息编辑页面设计

第1步：在 D:\studentxk\admin 文件夹中创建一个新的 Web 窗体，保存为 sUpdate. aspx，选择母版页，单击"添加"按钮，弹出选择"母版页"对话框，选择 mainAdmin. master，确定即可。

第2步：在空白的内容页中，插入 2×1 的表格。第1行中输入"班级信息修改"的字样；在第2行中拖入一个 SqlDataSource1 的数据控件。给 SqlDataSource 控件配置数据源，弹出"配置数据源"对话框，选择已经存在的字符串连接 studentxkConnectionString，选择 s 表，选中所有字段，打开"高级"选项，在"生成 INSERT、UPDATE 和 DELEDT 语句"前面的复选框中打勾，完成设置。

第3步：在工具箱中选取数据控件"GridView"，拖至空白的内容页中表格第2行，选择数据源 SqlDataSource1，在 GridView 任务中选中"启用分页""启用排序""启用编辑"，界面修改后，设计效果如图 10-23 所示。

图 10-23　sUpdate. aspx 页面设计效果

实现学生信息修改功能的 T-SQL 语句：

UpdateCommand = "UPDATE [s]SET [sname] = @sname,[ssex] = @ssex,[age] = @age, [classID] = @classID,[departID] = @departID,[tel] = @tel,[email] = @email,[address] = @address WHERE [sno] = @sno"

实现学生信息删除功能的 T-SQL 语句：

DeleteCommand = "DELETE FROM [s]WHERE [sno] = @sno"

其中，@sno、@sname、@ssex、@age、@classID、@departID、@tel、@email、@address 等变量的数据采集代码如下：

```
<asp:TextBox ID="snoTextBox" runat="server" Text='<%# Eval("sno")%>'/>
<asp:TextBox ID="snameTextBox" runat="server" Text='<%# Eval("sname")%>'/>
<asp:TextBox ID="ssexTextBox" runat="server" Text='<%# Eval("ssex")%>'/>
<asp:TextBox ID="ageTextBox" runat="server" Text='<%# Eval("age")%>'/>
<asp:TextBox ID="classIDTextBox" runat="server" Text='<%# Eval("classID")%>'/>
<asp:TextBox ID="departIDTextBox" runat="server" Text='<%# Eval("departID")%>'/>
<asp:TextBox ID="telTextBox" runat="server" Text='<%# Eval("tel")%>'/>
<asp:TextBox ID="emailTextBox" runat="server" Text='<%# Eval("email")%>'/>
<asp:TextBox ID="addressTextBox" runat="server" Text='<%# Eval("address")%>'/>
```

子任务 9　简易学生选课管理系统后台之课程信息添加页面设计

第 1 步：在 D:\studentxk\admin 文件夹中创建一个新的 Web 窗体，保存为 cAdd.aspx，选择母版页，单击"添加"按钮，弹出选择"母版页"对话框，选择 mainAdmin.master，确定即可。

第 2 步：在空白的内容页中，插入 2×1 的表格。第 1 行中输入"课程信息添加"的字样；拖入 SqlDataSource1 的数据控件，配置数据源，选择 studentxkConnectionString 字符串连接，选择 c 表，打开"高级"选项，在"生成 INSERT、UPDATE 和 DELEDT 语句"前面的复选框中打勾，完成设置。

第 3 步：拖入数据控件"FormView"，选择数据源 SqlDataSource1，修改 FormView1 的 DefaultMode 属性为 Insert，编辑 FormView 的模板为 InsertTemplate，在 FormView1 控件的插入编辑模式中，插入 6×2 的表格，将相应的字段拖至相应的表格单元格中，设计效果如图 10-24 所示。

图 10-24　InsertItemTemplate 模板编辑设置

实现学生信息添加的 T-SQL 语句：

```
InsertCommand=" INSERT INTO [c]([cno],[cname],[credit],[kind],[departID])
VALUES (@cno,@cname,@credit,@kind,@departID)"
```

其中，@cno、@cname、@credit、@kind、@departID 等变量的数据采集代码如下：

```
<asp:TextBox ID="cnoTextBox" runat="server" Text='<%# Bind("cno")%>'/>
<asp:TextBox ID="cnameTextBox" runat="server" Text='<%# Bind("cname")%>'/>
```

<asp：TextBox ID="creditTextBox" runat="server" Text='<% # Bind("credit")%>'/>

<asp：TextBox ID="kindTextBox" runat="server" Text='<% # Bind("kind")%>'/>

<asp：TextBox ID="departIDTextBox" runat="server" Text='<% # Bind("departID")%>'/>

子任务 10　简易学生选课管理系统后台之课程信息编辑页面设计

第 1 步：在 d：\ studentxk \ admin 文件夹中创建一个新的 Web 窗体，保存为 cUpdate. aspx，选择母版页，单击"添加"按钮，弹出选择母版页的对话框，选择 mainAdmin. master，确定即可。

第 2 步：在内容页中，插入 3×1 的表格。在第 1 行中输入："课程信息修改"；在第 2 行 中 输 入： 需要编辑的课程编号 检索 ；在 第 3 行 拖 入 一 个 SqlDataSource1 的数据控件，选择已经存在的字符串连接 studentxkConnectionString，选择 c 表，打开"高级"选项，在"生成 INSERT、UPDATE 和 DELEDT 语句"前面的复选框中打勾，然后在 where 选项设置的文本框 TextBox. Text 中获取需要检索的课程编号@cno，设置 cno＝@cno 即可。

第 3 步：在工具箱中选取数据控件：FormView1，拖至表格第 3 行，选择数据源 SqlDataSource1，修改其 DeafaultMode 属性为 Edit，并编辑"EditItemTemplate"模板，设计效果如图 10-25 所示。

```
                        课程信息编辑

    需要编辑的课程编号|          |        |检索|
           SqlDataSource - SqlDataSource1

  FormView1 - EditItemTemplate
  EditItemTemplate
       课程编号     [cnoLabel1]
       课程名称     [            ]
       课程学分     [            ]
       课程类型     [            ]
       开课系部     [            ]
                       修改    取消
```

图 10-25　cUpdate. aspx 页面设计效果

实现课程信息修改功能的 T-SQL 语句：

UpdateCommand＝"UPDATE[c]SET[cname]＝@cname,[credit]＝@credit,[kind]＝@kind,[departID]＝@departID WHERE[cno]＝@cno"。

其中，@cno、@cname、@credit、@kind、@departID 等变量的数据采集代码如下：

<asp：TextBox ID="cnoTextBox" runat="server" Text='<% # Eval("cno") %>'/>

<asp：TextBox ID="cnameTextBox" runat="server" Text='<% # Bind("cname") %>'/>

<asp：TextBox ID="creditTextBox" runat="server" Text='<% # Bind("credit") %>'/>

　　<asp:TextBox ID="kindTextBox" runat="server" Text='<%＃ Bind("kind") %>'/>

　　<asp:TextBox ID="departIDTextBox" runat="server" Text='<%＃ Bind("departID") %>'/>

实现学生信息删除功能的 T-SQL 语句：

　　DeleteCommand="DELETE FROM[c] WHERE[cno] = @cno"

子任务 11　简易学生选课管理系统后台之学生选课成绩添加页面设计

第 1 步：在 D：\studentxk\admin 文件夹中创建一个新的 Web 窗体，保存为 cjAdd. aspx，选择母版页，单击"添加"按钮，弹出选择"母版页"对话框，选择 mainAdmin. master，确定即可。

第 2 步：在空白的内容页中，插入 2×1 的表格。第 1 行中输入"学生成绩添加"的字样；拖入 SqlDataSource1 的数据控件，配置数据源，选择 studentxkConnectionString 字符串连接，选择 sc 表，打开"高级"选项，在"生成 INSERT、UPDATE 和 DELEDT 语句"前面的复选框中打勾，完成设置。

第 3 步：拖入数据控件"FormView"，选择数据源 SqlDataSource1，修改 FormView1 的 DefaultMode 属性为 Insert，编辑 FormView 的模板为 InsertTemplate，在 FormView1 控件的插入编辑模式中，插入 4×2 的表格，将相应的字段拖至相应的表格单元格中，设计效果如图 10-26 所示。

图 10-26　InsertItemTemplate 模板编辑设置

实现课程信息添加的 T-SQL 语句：

　　InsertCommand="INSERT INTO [sc]([sno],[cno],[score])VALUES (@sno,@cno,@score)"

其中，@sno、@cno、@score 等变量的数据采集代码如下：

　　<asp:TextBox ID="snoTextBox" runat="server" Text='<%＃ Bind("sno")%>'/>

　　<asp:TextBox ID="cnoTextBox" runat="server" Text='<%＃ Bind("cno")%>'/>

　　<asp:TextBox ID="scoreTextBox" runat="server" Text='<%＃ Bind("score")%>'/>

子任务 12　简易学生选课管理系统后台之学生选课成绩编辑页面设计

第 1 步：在 D：\studentxk\admin 文件夹中创建一个新的 Web 窗体，保存为 cjUpdate. aspx，选择母版页，单击"添加"按钮，弹出选择"母版页"对话框，选择 mainAdmin. master，确定即可。

第 2 步：在空白的内容页中，插入 2×1 的表格。第 1 行中输入"学生成绩修改"；在第 2 行中拖入一个 SqlDataSource1 的数据控件，选择已经存在的字符串连接 studentxkConnectionString，选择 sc 表，打开"高级"选项，在"生成 INSERT、

UPDATE 和 DELEDT 语句"前面的复选框中打勾，完成设置。

第 3 步：在工具箱中选取数据控件"GridView"，拖至空白的内容页中表格第 2 行，选择数据源 SqlDataSource1，在 GridView 任务中选中"启用分页""启用排序""启用编辑"，界面修改后，设计效果如图 10-27 所示。

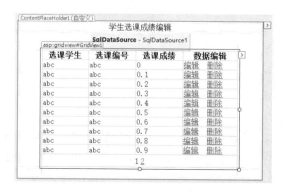

图 10-27　cUpdate.aspx 页面设计效果

实现学生选课成绩修改功能的 T-SQL 语句：

UpdateCommand="UPDATE [sc]SET [score]=@score WHERE [sno]=@sno AND [cno]=@cno"

其中，@cno、@cname、@credit、@kind、@departID 等变量的数据采集代码如下：

```
<asp：TextBox ID="cnoTextBox" runat="server" Text='<% # Eval("cno") %>'/>
<asp：TextBox ID="cnameTextBox" runat="server" Text='<% # Eval("cname") %>'/>
<asp：TextBox ID="creditTextBox" runat="server" Text='<% # Eval("credit") %>'/>
<asp：TextBox ID="kindTextBox" runat="server" Text='<% # Eval("kind") %>'/>
<asp：TextBox ID="scoreTextBox" runat="server" Text='<% # Eval("departID") %>'/>
```

实现学生信息删除功能的 T-SQL 语句：

DeleteCommand="DELETE FROM [c] WHERE [cno] = @cno"

任务 4　简易学生选课管理子系统前台功能模块设计与实现

▶ 4.1　设计要求

学生学籍管理系统包括班级、学生、课程、教师等实体，含有学生选课管理子模块、学生档案管理子模块、学生成绩管理子模块、课程管理子模块、教师授课管理子模块、教师档案管理子模块等。其中，学生选课管理子模块包含"学生"和"课程"两个实体，在"学生"和"课程"之间，学生通过"选课"与"课程"发生联系，因此把"选修"确定为联系类型，并且"学生"和"课程"之间是 m∶n 联系，具体的 E-R 图如图 10-28 所示。

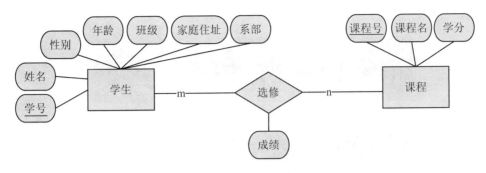

图 10-28　学生和课程之间的 E-R 图

目前想对学生、课程、成绩进行管理，前台可以进行数据的浏览与查询，请你为该学生选课管理系统子模块设计前台运行界面，实现数据库连接。其运行效果如图 10-29 所示。

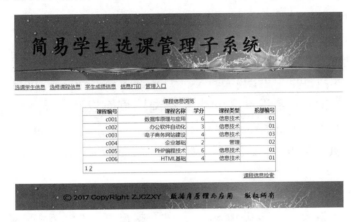

图 10-29　前台界面图

▶ 4.2　任务目标

(1)掌握构建有导航、统一风格和布局的个性化系统的方法。

(2)了解母版页在整个页面公共元素、统一页面风格中的作用。

(3)熟悉 ADO.NET 中连接、操作数据库的简单方法。

(4)能使用数据源控件。

(5)能使用数据绑定控件。

(6)掌握在 VS 2012 中创建 SQL Server 数据连接。

(7)熟练应用 T-SQL 语句实现数据检索。

▶ 4.3　任务实现

子任务 1　简易学生选课管理系统前台母版设计

第 1 步：右键单击 D:\studentxk，在弹出的快捷菜单中，选择"添加新项"按钮，打开"添加新项"对话框，在已安装的模板处选择"母版页"，文件名为 headPage.

master，设计如图 10-30 所示。

图 10-30　母版页界面设计

第 2 步：将功能导航条中的 5 个链接的 `NavigateUrl` 属性作如下链接：

选课学生信息链接到 sInfo. aspx；

选修课程信息链接到 cInfo. aspx；

学生成绩信息链接到 cjInfo. aspx；

信息打印链接到 print. aspx；

管理入口链接到 admin/default. aspx。

子任务 2　系统前台设计之学生信息浏览页面设计

第 1 步：在 D:\studentxk\admin 文件夹中创建一个新的 Web 窗体，保存为 sInfo. aspx，选择母版页，单击"添加"按钮，弹出选择"母版页"对话框，选择 headPage. master，确定即可。

第 2 步：在空白的内容页中，插入 3×1 的表格。第 1 行中输入"学生信息浏览"的字样；在第 2 行中拖入一个 SqlDataSource1 的数据控件。给 `SqlDataSource` 控件配置数据源，弹出"配置数据源"对话框，选择已经存在的字符串连接 studentxkConnectionString，输入满足条件的检索语句（检索所有学生的学号、姓名、性别、年龄、所在班级、所在系部的信息）：

    select s. sno,sname,ssex,age,className,departName

    from class,s,depart

    where depart. departID＝class. departID and class. classID＝s. classID

第 3 步：在内容页中添加控件"GridView"，在弹出的 GridView 任务中，选择数据源 SqlDataSourse1，并且选中"启用分页""启用排序"复选框，还可自动套用不同的格式，设计效果如图 10-31 所示，链接如下：

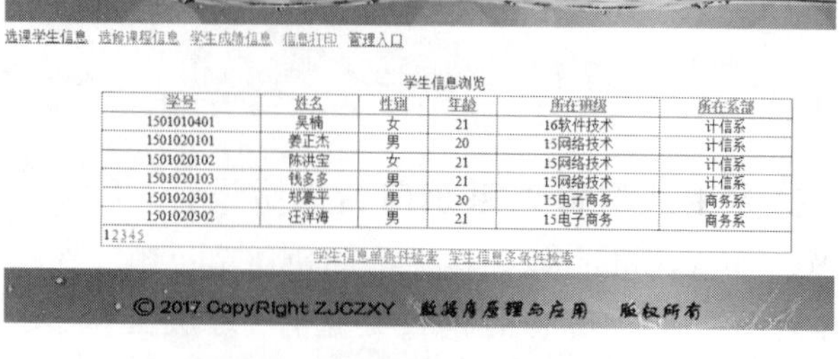

图 10-31　满足条件学生信息浏览

学生信息单条件检索链接：sLocate1.aspx；

学生信息多条件检索链接：sLocate2.aspx。

子任务 3　系统前台设计之学生信息单条件检索页面设计

第 1 步：在 D:\studentxk 文件夹中创建一个新的 Web 窗体，保存为 sLocate1.aspx，选择母版页，单击"添加"按钮，弹出选择"母版页"对话框，选择 headPage.master，确定即可。

第 2 步：在 sLocate1.aspx 内容页设计页面，插入 3×1 的表格，在第 2 行添加一个文本框 TextBox 控件，一个命令按钮 Button（其 text 属性设置为"检索"），一个数据控件 SqlDataSource 。

第 3 步：给 SqlDataSource 控件配置数据源，弹出"配置数据源"对话框，选择已经存在的字符串连接 studentxkConnectionString，输入 T-SQL 语句，配置数据源定义参数如图 10-32 所示，检索执行语句：

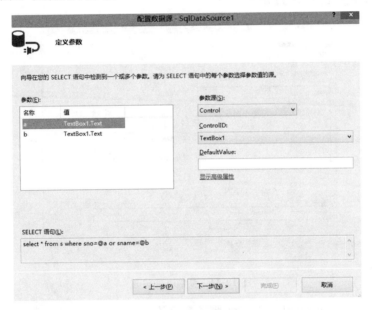

图 10-32　定义参数

select ＊ from s where sno＝@a or sname＝@b

第 4 步：在工具箱中选取数据控件"GridView"，拖至空白的内容页中表格第 3 行，选择数据源 SqlDataSource1，在 GridView 任务中选中"启用分页""启用排序""启用编辑"，界面修改后，设计效果如图 10-33 所示，此处按要求提示输入需要检索的学生学号或学生姓名，即可完成单条件学生信息检索。

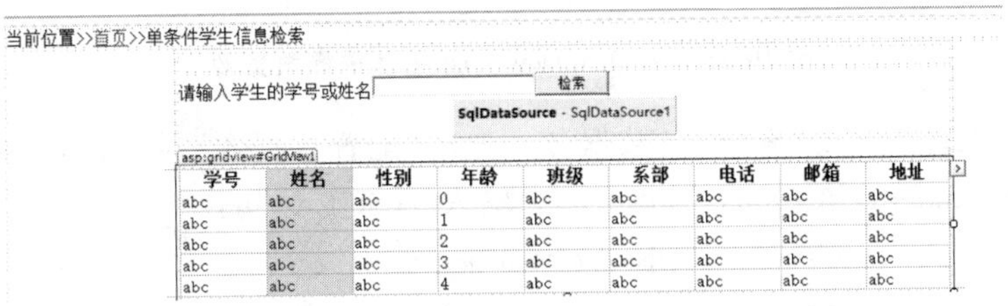

图 10-33　单条件检索信息设计界面

SQL Server 数据库项目化教程

子任务 4　系统前台设计之学生信息多条件检索页面设计

第 1 步：在 D:\studentxk 文件夹中创建一个新的 Web 窗体，保存为 sLocate2. aspx，选择母版页，单击"添加"按钮，弹出选择"母版页"对话框，选择 headPage. master，确定即可。

第 2 步：在 sLocate2. aspx 内容页设计页面，插入 3×1 的表格，在第 2 行添加两个下位框控件 DropDownList，一个命令按钮 Button（其 text 属性设置为"检索"），三个数据控件 ![SqlDataSource]。

第 3 步：SqlDataSourse1 配置的数据源主要用来存放各系部名称的数据。其检索语句：

> select departName from depart

SqlDataSourse2 配置的数据源主要用来存放各系部对应的班级名称的数据，其检索语句：

> select className from class,depart where class. departID＝depart. departID and departName＝@a

变量 a 的设置如图 10-34 所示。

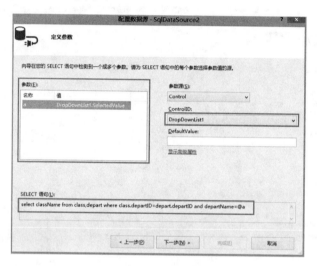

图 10-34　参数 a 的设置

第 4 步：为 DropDownList1 控件选择数据库 SqlDataSourse1，为 DropDownList2 控件选择数据库 SqlDataSourse2，效果如图 10-35 所示。

图 10-35　为 DropDownList 控件选择数据源

第 5 步：配置 SqlDataSourse3 数据源，弹出"配置数据源"对话框，选择已经存在的字符串连接 studentxkConnectionString，输入 T-SQL 语句：

> select s. sno,sname,ssex,age,className,departName
>
> from class,s,depart

where depart. departID＝class. departID and class. classID＝s. classID　and className＝@a1 and departName＝@a

第 6 步：配置参考 a1、a2 的设置如图 10-36 所示。

图 10-36　定义 a1、a2 参数

第 7 步：在工具箱中选取数据控件"GridView"，拖至空白的内容页中表格第 3 行，选择数据源 SqlDataSource3，在 GridView 任务中选中"启用分页""启用排序"，界面修改后，设计效果如图 10-37 所示，按要求提示选择需要检索的指定指所在班级的学生信息，即可完成多条件学生信息检索。

学号	姓名	性别	年龄
abc	abc	abc	0
abc	abc	abc	1
abc	abc	abc	2
abc	abc	abc	3
abc	abc	abc	4

图 10-37　多条件检索学生信息设计界面

子任务 5　系统前台设计之课程信息浏览页面设计

第 1 步：在 D:\studentxk\admin 文件夹中创建一个新的 Web 窗体，保存为 cInfo. aspx，选择母版页，单击"添加"按钮，弹出选择"母版页"对话框，选择 headPage. master，确定即可。

第 2 步：在空白的内容页中，插入 3×1 的表格。第 1 行中输入"课程信息浏览"的字样；在第 2 行中拖入一个 SqlDataSource1 的数据控件。给 [图] SqlDataSource 控件配置数据源，弹出"配置数据源"对话框，选择已经存在的字符串连接 studentxkConnectionString，输入检索所有课程信息的检索语句：select * from c。

第 3 步：在内容页中添加控件"GridView"，在弹出的 GridView 任务中，选择数据源 SqlDataSourse1，并且选中"启用分页""启用排序"的复选框，还可自动套用不同的格式，设计效果如图 10-38 所示，课程信息检索链接：cLocate. aspx。

课程信息浏览

SqlDataSource - SqlDataSource1

课程编号	课程名称	学分	课程类型	系部编号
abc	abc	0	abc	abc
abc	abc	1	abc	abc
abc	abc	0	abc	abc
abc	abc	1	abc	abc
abc	abc	0	abc	abc
abc	abc	1	abc	abc

1 2

asp:hyperlink#HyperLink6

课程信息检索

图 10-38 课程信息浏览

子任务6 系统前台设计之课程信息检索页面设计

第 1 步：在 D：\studentxk 文件夹中创建一个新的 Web 窗体，保存为 cLocate.aspx，选择母版页，单击"添加"按钮，弹出选择"母版页"对话框，选择 headPage.master，确定即可。

第 2 步：在 cLocate.aspx 内容页设计页面，插入 3×1 的表格，在第 2 行添加一个下位框控件 DropDownList1，一个命令按钮 Button（其 text 属性设置为"检索"），两个数据控件 SqlDataSource。

第 3 步：在 SqlDataSourse1 配置的数据源主要来存放各系部的系部名称，其检索语句：

    select departName from depart

第 4 步：为 DropDownList1 控件选择数据源 SqlDataSourse1，如图 10-39 所示。

图 10-39 选择数据源

第 5 步：给 SqlDataSource 控件配置数据源，弹出"配置数据源"对话框，选择已经存在的字符串连接 studentxkConnectionString，输入 T-SQL 语句，配置数据源定义参数如图 10-40 所示，检索执行语句：

    select cno,cname,credit,kind from c,depart

    where depart.departID=c.departID and departName=@dn

其中，变量@dn 的值来源于 DropDownList1。

第 6 步：在工具箱中选取数据控件"GridView"，拖至空白的内容页中表格第 2 行，选择数据源 SqlDataSource2，在 GridView 任务中选中"启用分页""启用排序"，界面修改后，设计效果如图 10-40 所示，此处按要求选择系名称，即可完成按条件对课程信息的检索。

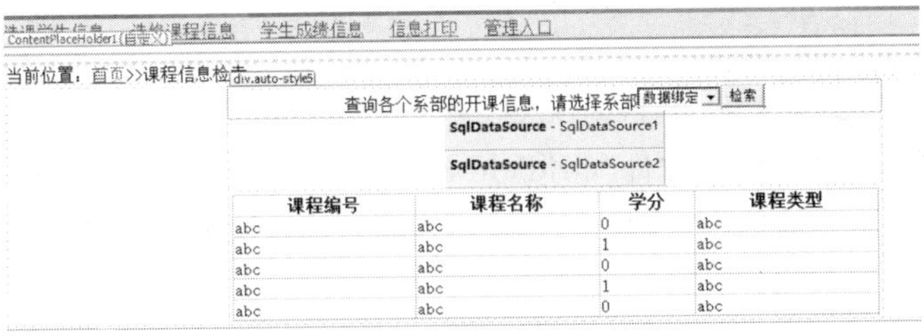

图 10-40　定义参数

子任务 7　系统前台设计之学生选课成绩浏览页面设计

第 1 步：在 D：\studentxk\admin 文件夹中创建一个新的 Web 窗体，保存为 cjInfo.aspx，选择母版页，单击"添加"按钮，弹出选择"母版页"对话框，选择 headPage.master，确定即可。

第 2 步：在空白的内容页中，插入 3×1 的表格。第 1 行中输入"学生成绩浏览"的字样；在第 2 行中拖入一个 SqlDataSource1 的数据控件。给 SqlDataSource 控件配置数据源，弹出"配置数据源"对话框，选择已经存在的字符串连接 studentxkConnectionString，输入检索所有课程信息的检索语句：

select sc.sno,sname,cname,score from s,c,sc where c.cno＝sc.cno and s.sno＝sc.sno

第 3 步：在内容页中添加控件"GridView"，在弹出的 GridView 任务中，选择数据源 SqlDataSourse1，并且选中"启用分页""启用排序"的复选框，还可自动套用不同的格式，设计效果如图 10-41 所示，学生成绩单条件检索链接：cjLocate1.aspx；学生成绩多条件检索链接：cjLocate2.aspx。

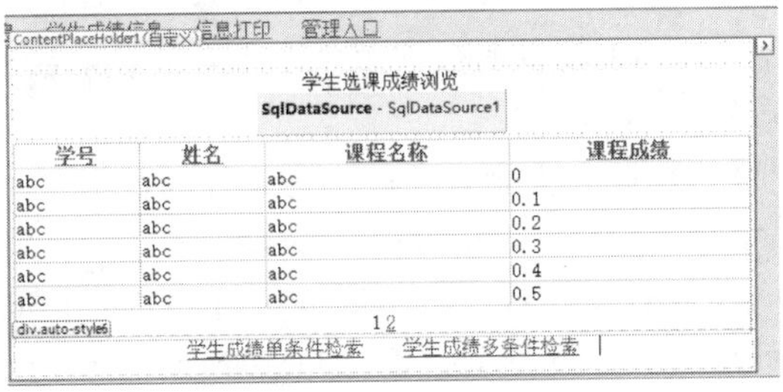

图 10-41　选课成绩浏览

子任务 8　系统前台设计之学生选课成绩单条件检索页面设计

第 1 步：在 D：\studentxk 文件夹中创建一个新的 Web 窗体，保存为 cjLocate1.aspx，选择母版页，单击"添加"按钮，弹出选择"母版页"对话框，选择 headPage.master，确定即可。

第 2 步：在 sLocate1.aspx 内容页设计页面，插入 3×1 的表格，在第 2 行添加一个文本框 TextBox 控件，一个命令按钮 Button（其 text 属性设置为"检索"），一个数据控件 SqlDataSource。

第 3 步：给 SqlDataSource 控件配置数据源，弹出"配置数据源"对话框，选择已经存在的字符串连接 studentxkConnectionString，输入 T-SQL 语句，检索执行语句：

select sc. sno,sname,cname,score from s,c,sc where c. cno＝sc. cno and s. sno＝sc. sno and sc. sno＝@a

其中，变量@a 的值来源于 TextBox1，

第 4 步：在内容页中添加控件"GridView"，在弹出的 GridView 任务中，选择数据源 SqlDataSourse1，并且选中"启用分页""启用排序"的复选框，还可自动套用不同的格式，设计效果如图 10-42 所示。

图 10-42　指定学生成绩检索

子任务 9　系统前台设计之学生选课成绩多条件检索页面设计

第 1 步：在 D:\studentxk 文件夹中创建一个新的 Web 窗体，保存为 cjLocate2. aspx，选择母版页，单击"添加"按钮，弹出选择"母版页"对话框，选择 headPage. master，确定即可。

第 2 步：在 sLocate1. aspx 内容页设计页面，插入 3×1 的表格，在第 2 行添加一个下位框控件 DropDownList1，一个命令按钮 Button，两个数据控件 SqlDataSource 。

第 3 步：在 SqlDataSourse1 配置的数据源主要来存放各班级的班级名称：

select className from class

SqlDataSourse2 配置的数据源主要来存放满足条件的数据：

select s. sno,sname,cname,score from s,c,sc,class,depart

where s. sno＝sc. sno and c. cno＝sc. cno and c. departID＝depart. departID and class. departID＝depart. departID and class. classID＝s. classID and className＝@dd and score＜60

其中，变量@dd 的值来源于 DropDownList1。

第 4 步：在内容页中添加控件"GridView"，在弹出的 GridView 任务中，选择数据源 SqlDataSourse1，并且选中"启用分页""启用排序"的复选框，还可自动套用不同的格式，设计效果如图 10-43 所示。

图 10-43　指定班级不及格成绩检索

扩展实践

1. 前端学生信息管理。

(1)实现指定班级的所有学生信息的检索页面显示。

(2)实现指定班级男生或女生信息的检索的页面显示。

(3)实现指定系部的学生总人数的页面显示。

2. 前端课程信息管理。

(1)实现指定课程类型的课程信息页面显示。

(2)实现指定系部的学分大于某学分的课程信息页面显示。

3. 前端学生成绩管理。

(1)实现指定学生不及格的所有课程信息页面显示。

(2)实现指定某门课程的最高分的页面显示。

(3)实现指定某位学生的所有课程的总分页面显示。

4. 后端学生成绩添加之前需要解决的问题。

(1)实现显示指定某学生成绩添加之前检索已经选修的所有课程信息页面显示。

(2)实现显示指定某学生成绩添加之前检索还没有被选修的所有课程信息页面显示。

进阶提升

参照总项目设计实例，结合本教材实例数据库：简易学生选课管理子系统数据库"studentxk"，综合设计出一个完整的"简易图书信息管理系统"。

要求：

(1)设计出"图书信息管理系统"数据库。

(2)设计数据表结构，包括：字段名、数据类型、长度、主键否、允许空功能描述等信息。

(3)设计表间关系。

(4)创建前后台，前台实现图书信息的浏览与查询；后台实现图书信息的打印、添加、修改和删除等。

(5)后台设计权限登录界面，以保证数据的安全性。

互联网十教学资源

1. 更多课程资源访问(http://www.jpzysql.com)，下载教学视频。

2. 扫描二维码，查看手机端教学资源(http://m.jpzysql.com)，有效实现在线教学互动。

课程手机资源

3. 扫描二维码，关注课程微信公众平台，查看更多数据表操作教学资源及相关视频。

课程微信公众平台资源

4. 云端在线课堂＋教材融合，访问教学平台(http://www.itbegin.com)。

参考文献

［1］何文华. SQL Server 数据库案例教程［M］. 北京：电子工业出版社，2008.

［2］周慧. 数据库应用技术（SQL Server 2005）［M］. 北京：人民邮电出版社，2009.

［3］雷超阳. SQL Server 2005 数据库应用技术［M］. 北京：高等教育出版社，2009.

［4］余芳. SQL Server 2005 数据库管理与开发［M］. 北京：冶金工业出版社，2006.

［5］CEAC 信息化培训认证管理办公室组编等. 数据库原理与 SQL Server［M］. 北京：高等教育出版社，2006.

［6］彭勇. 数据库原理与应用案例教程［M］. 北京：中国铁道出版社，2010.

［7］牟江涛. SQL Server 2005 案例教程［M］. 北京：北京交通大学出版社，2008.

［8］赵森. 中文 SQL Server 2005 程序设计教程［M］. 北京：冶金工业出版社，2006.

［9］郝安林. SQL Server 2005 基础教程与实验指导［M］. 北京：清华大学出版社，2008.

［10］陈承欢. 数据库应用基础实例教程［M］. 北京：电子工业出版社，2007.

［11］刘志成. SQL Server 实例教程（2008 版）［M］. 北京：电子工业出版社，2013.

［12］刘启芬. SQL Server 实用教程［M］. 北京：电子工业出版社，2014.